塔里木盆地碳酸盐岩储层
评价方法及应用

刘瑞林　谢　芳　柳建华　著

科学出版社

北　京

内 容 简 介

本书是作者多年从事碳酸盐岩储层评价工作的一个系统总结。首先,简要介绍塔里木盆地奥陶系地质背景,通过岩心归位,重点研究与地层划分对比相关的地层测井响应特征、在测井资料上可识别的储层成因模式、不同类型储层的测井资料响应特征及应用;应用常规测井资料,构造不同孔隙成分导电性的体积模型,引入相对连通孔隙度评价储层有效性及应用电成像孔隙度谱方法和电成像图像分割方法评价储层有效性;同时也讨论多种流体性质识别方法。然后,针对已有唯象储层评价方法的局限性,开展双侧向侵入半径反演研究,根据反演结果同时评价储层有效性和流体性质。最后,以高分辨率地震资料为基础,寻找度量地层横向与纵向上的非均质性表达,结合井中储层的评价结果,研究井中储层与井周储集体之间的关系,寻找高产稳产井点的分布规律。

本书可供石油勘探开发相关的工程技术人员、研究人员,以及高等院校相关专业教师和研究生参考。

图书在版编目(CIP)数据

塔里木盆地碳酸盐岩储层评价方法及应用/刘瑞林,谢芳,柳建华著.—北京:科学出版社,2017.12

ISBN 978-7-03-055674-5

I.①塔… II.①刘… ②谢… ③柳… III.①塔里木盆地—碳酸盐岩—储集层—研究 IV.①P618.130.2

中国版本图书馆 CIP 数据核字(2017)第 292668 号

责任编辑:杨光华 孙寓明 / 责任校对:石娟娟
责任印制:彭 超 / 封面设计:苏 波

科学出版社 出版

北京东黄城根北街 16 号
邮政编码:100717
http://www.sciencep.com

武汉中远印务有限公司印刷
科学出版社发行 各地新华书店经销

*

开本:787×1092 1/16
2017 年 12 月第 一 版 印张:23
2017 年 12 月第一次印刷 字数:542 400

定价:168.00 元

(如有印装质量问题,我社负责调换)

前　　言

　　碳酸盐岩储层评价的复杂性主要来自于储集空间的复杂性和储集空间分布的非均质性。塔里木盆地奥陶系碳酸盐岩地层,由于地层古老,地层中的原生孔隙几乎消失殆尽,次生的孔、洞、缝是主要的储集空间和流体流动通道。次生的孔、洞、缝按不同的发育强度,在地层中衍生出不同的储集空间类型。不同类型的储层要成为勘探开发上有意义的有效储层(既有储集性,也有渗透性),存在如何统一表达的问题。同时,地层中发育的不同类型储层在横向上、纵向上是非均匀分布的。由于这些原因,要从测井资料上寻找有效储层就变得非常困难。对于有效储层,由于裂缝、连通孔洞的发育,在钻井过程中钻井液(泥浆)会侵入裂缝和连通的孔洞。泥浆的导电性与地层原生流体的导电性存在差异,在测井资料的探测范围内,测井资料难以反映原状地层的导电性,加之孔隙度较低,很难直接用饱和度方法评价储层流体性质。此外,由于储层在纵横向上的非均质,仅用测井资料不能完整评价井中油气层段的产出情况。

　　本书是笔者在碳酸盐岩储层评价研究工作中围绕上述问题进行研究的一个系统总结。第1～3章,简单介绍塔里木盆地地质背景,通过岩心归位研究取心资料、测井资料及相关资料的关系,重点研究与地层划分对比相关的地层测井响应、在测井资料上可识别的储层成因模式及不同类型储层的测井资料响应特征。这些工作既是储层定性识别的基础,也是后续定量评价的工作基础。第4章应用常规测井资料,构造不同孔隙成分导电性体积模型,引入相对连通孔隙度评价储层的有效性,划分有效渗透层。第5章利用高分辨率电成像测井资料,应用电成像孔隙度谱方法和电成像图像分割方法评价储层有效性。第6章是流体性质识别方法方面进行的尝试,主要探讨三孔隙度模型饱和度方程、投影作图、常规视地层水电阻率、成像视地层水电阻率谱等缝洞型碳酸盐岩储层流体性质识别方法。第7章针对碳酸盐岩储层评价唯象方法存在的局限性,提出双侧向侵入半径反演方法,同时评价储层的有效性和流体性质。第8章以高分辨率地震资料为基础,寻找度量地层横向与纵向上的非均质性表达;结合井中储层的评价结果,研究井中储层与井周储集体之间的关系,厘清溶蚀缝洞型储层的空间分布情况,寻找高产稳产井点的分布规律。

　　书中有关储层有效性评价方法和流体性质的识别方法,尽管是以塔里木盆地奥陶系碳酸盐岩缝洞储层评价为背景进行研究的,但是原理上,这些方法也适用于不含泥质附加导电性的裂缝性火山岩储层、裂缝性致密砂岩储层及其他岩性含裂缝的低孔隙度储层的评价。

　　书中第1章、2.1节和2.3节、第4章部分内容、第6章部分内容、第7章、第8章由刘瑞林撰写。2.2节和2.4节、第5章由谢芳撰写,这两章由她的博士论文扩展而来。第3章、4.4节和6.1节由柳建华撰写。全书由刘瑞林统稿,书的图件由谢芳清绘,文字部分也由谢芳录入修改。

笔者的研究工作主要是在油田现场完成的,工作中得到了许多人的帮助与支持。例如,关雎高级工程师早期指导笔者结合岩心资料,研究电成像测井、偶极横波测井及方位电阻率资料的响应问题。中国石油勘探开发研究院的李宁教授级高级工程师与笔者讨论电成像谱方法及三孔隙度模型的应用问题。中国石油新疆油田公司的孙仲春教授级高级工程师与笔者讨论电成像测井逐点刻度问题,并提供宝贵意见。中国石油化工股份有限公司西北油田分公司勘探开发研究院的樊政军教授级高级工程师与笔者讨论根据成像测井岩心归位结果总结塔河地区储层成因模式问题;蔺学旻高级工程师与笔者讨论成像视地层水电阻率谱计算的相关问题及其局限性;张卫峰高级工程师与笔者讨论三孔隙度模型计算出的孔隙成分的含义等相关问题;俞仁连教授级高级工程师和傅恒教授与笔者讨论测井资料得到的地质认识如何与地质上已有的认识协调的问题。中国石油塔里木油田分公司勘探开发研究院的肖承文教授级高级工程师与笔者讨论研究储层有效性、流体性质表达方式的问题;祁新忠高级工程师与笔者讨论图像分割与实现相关问题;刘兴礼高级工程师与笔者讨论碳酸盐岩缝洞储层流体性质识别相关问题;张承森高级工程师与笔者讨论储层划分、反演方法验证等问题,并提出有益的意见。在此表示衷心的感谢。此外,中国石油化工股份有限公司西北油田分公司勘探开发研究院的高级工程师周家驹、仵岳奇、苏江玉、何友良、胡国山、农小品、金意志等,中国石油塔里木油田分公司勘探开发研究院的朱志芳、陈伟中、顾宏伟、郭秀丽、王青、海川、袁仕俊、李进福、陈明、张耀堂、宋凡等也为笔者提供了帮助与支持,在此表示感谢。感谢在此未列出的,在笔者的研究过程中提供过帮助的人们。

笔者的历届硕士研究生,在读期间也参与了书中涉及的方法研究、资料处理、绘图及方法验证等工作。例如,张丽莉初步研究了电成像图像分割方法;张晓明主要参与了常规测井资料优化处理及化学元素测井资料在储层评价中的应用等问题的研究;信毅、王现兵主要参与了偶极声波资料在碳酸盐岩储层评价中的处理与应用等工作;吴兴能参与研究了岩心归位、电成像测井资料处理及三孔隙度模型的验证等;陈海祥参与研究了电成像视地层水电阻率谱计算问题;应海玲参与研究了三孔隙度模型饱和度计算及其在火山岩中的应用等问题;陈波参与研究了岩心 CT 资料缝洞参数提取问题;肖红琳参与研究了常规视地层水电阻率计算、气录井资料与测井资料结合识别流体性质等问题;冯周参与研究了成像视地层水电阻率谱计算问题;赵新建参与研究了偶极阵列声波资料应用条件问题;王珍珍参与研究了含泥缝洞储层的流体性质识别问题;马洪敏参与研究了充填缝洞的有效性识别、井震结合评价缝洞储层平面分布问题;朱晓露参与研究了三孔隙度模型及成像孔隙度谱方法在白云岩储层的应用;蔡琳参与研究了碳酸盐岩储层电阻率各向异性校正问题;黄亚参与研究了双侧向测井正演模拟、不含泥质附加导电的凝灰质白云岩储层评价问题。另外,张春雷参与了塔河油田岩心资料归位整理工作。没有他们的工作,笔者不可能完成相应研究的工作量和方法验证,在此表示衷心的感谢。

此外,笔者还要感谢妻子屈定芬长期的支持。没有她的理解与支持,是不可能完成相应研究工作与本书的撰写的。

最后,感谢中国石油化工股份有限公司西北油田分公司和中国石油塔里木油田分公司对笔者在碳酸盐岩储层评价方面研究工作中给予的信任与支持。

本书的出版也得到国家科技重大专项课题(2011ZX05020-008)的资助,在此表示感谢。

谨以此书献给那些为祖国石油事业辛勤工作的人们。

刘瑞林

2017.7.28

于武汉·蔡甸

目　　录

第1章 绪 论

1.1 塔里木盆地奥陶系地质概况

1.1.1 塔北地区奥陶系地质概况

塔里木盆地北部隆起东、西分别为库鲁克塔格断隆和阿瓦提凹陷,南、北分别为满加尔凹陷、库车拗陷,如图 1-1-1 所示。塔北地区发育震旦系至泥盆系海相沉积、石炭系至二叠系海陆交互相沉积、三叠系至第四系陆相沉积。目前钻探揭示发育奥陶系、上泥盆统、下石炭统、二叠系、三叠系、下侏罗统、白垩系、新近系、第四系。塔北地区以奥陶系海相碳酸盐岩裂缝-古岩溶或古岩溶-裂缝成藏为特色。

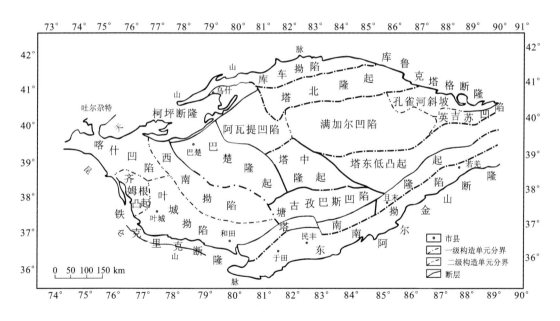

图 1-1-1 塔里木盆地构造分区图

1. 塔北地区奥陶纪沉积与地层划分

塔北地区塔河油田奥陶系钻井揭示相关地层见表 1-1-1,从下至上依次为:下奥陶统蓬莱坝组(O_1p)、中-下奥陶统鹰山组($O_{1-2}ys$)、中奥陶统一间房组(O_2yj)、上奥陶统恰尔巴克(吐木休克)组(O_3q)、上奥陶统良里塔格组(O_3l)及上奥陶统桑塔木组(O_3s)。

下奥陶统蓬莱坝组发育两个藻席沉积序列,沉积环境为潮坪。岩性主要为灰白色藻纹层白云岩、(藻)砂砾屑白云岩、粉细晶白云岩,偶见中、粗晶白云岩。顶部为深灰色、浅黄灰色白云质泥微晶灰岩、白云质藻纹层灰岩、白云质藻砂屑灰岩与泥微晶、粉细晶白云岩不等厚互层,白云石化多沿缝合线进行。

表 1-1-1   塔北地区塔河油田奥陶系钻井揭示相关地层简表

地层				反射波组	代号	岩性特征	沉积相
界	系	统	组				
古生界	石炭系	下石炭统	卡拉沙依组	T_6^0	C_1kl	上部棕褐色、褐灰色泥岩、粉砂质泥岩与灰色粉细砂岩不等厚互层;下部深灰色、棕褐色泥岩、粉砂质泥岩	扇三角洲,潮坪相
			巴楚组		C_1b	顶部深灰色灰岩夹深灰色含膏泥岩,中上部为深灰色泥岩,下部以砂砾岩为主	潟湖-潮坪相
	泥盆系	上泥盆统	东河组		D_3	褐灰色、灰色砂砾岩,石英砂岩,岩屑石英砂岩,浅灰色粉砂岩	滨海海岸砂坝
	奥陶系	上奥陶统	桑塔木组	T_7^4	O_3s	上段灰绿色、暗棕色粉砂质泥岩,局部夹生屑灰岩及鲕粒灰岩;下段灰色泥晶灰岩与粉砂质泥岩互层	混积陆棚相
			良里塔格组		O_3l	褐灰色泥微晶灰岩,角砾状生屑灰岩,细-粉晶,局部夹灰绿色泥质纹层层	开阔台地相
			恰尔巴克组		O_3q	上段紫红色泥灰岩及瘤状泥灰岩夹棕色灰质泥岩;下段灰色、棕色泥微晶灰岩夹灰绿色泥质条带或纹层	深水台地
		中奥陶统	一间房组		O_2yj	灰白色、灰色含生物屑或鲕粒灰岩,亮晶砂屑灰岩、泥微晶灰岩及细-粉晶灰岩,夹层孔虫-海绵礁灰岩、藻黏结灰岩	开阔台地-台缘相
			鹰山组		$O_{1-2}ys$	浅褐灰色泥微晶灰岩、细-粉晶灰岩、亮晶砂屑灰岩,局部夹褐色白云质灰岩、灰质白云岩;上段多含硅质团块;下段多为斑状灰岩,其中斑块多为云质灰岩被油染	
		下奥陶统	蓬莱坝组		O_1p	浅灰白色白云质灰岩、灰质白云岩、泥微晶藻白云岩、砂砾屑白云岩	

中-下奥陶统鹰山组据沉积序列暂分 4 段,发育 4 个、5 个藻席或建滩沉积序列,沉积环境为潮坪向台地过渡。藻席沉积序列发育在鹰山组第一、二段,纵向上主要由两部分组成,下部为潮间沉积的藻席(局部可见藻丘,为藻纹层灰岩或泥微晶灰岩)夹潮道沉积的

砂、砾屑灰岩(砂、砾屑成分主要为藻屑、藻鲕,部分为砂屑);上部为潮道叠置沉积的砾屑灰岩,顶部多见同生期暴露溶蚀的鸟眼、窗孔构造。建滩沉积序列发育在鹰山组第三、四段,下部为台坪沉积的泥微晶灰岩,上部为台内浅滩沉积的藻鲕灰岩、砂砾屑灰岩,顶部也可见同生期暴露溶蚀,含腕足、三叶虫、腹足、棘屑等岩性主要为(藻)砂屑灰岩、微晶灰岩、藻鲕灰岩、斑状含白云质-白云质灰岩及藻纹层灰岩,偶见鲕粒灰岩、砾屑灰岩。由于埋深较大底部钻探多揭示不全,或后期剥蚀顶部缺失。

中奥陶统一间房组发育潮下-潮间-潮上和"高能"浅滩及礁沉积序列,相当于碳酸盐台地-生物礁演化序列,以海绵礁和礁前塌积带代表台地镶边过程。海绵礁的发育程度不等,塔河油田见三套海绵礁,沉积序列完整,在巴楚一间房剖面也见三套海绵礁。生物礁沉积序列由下向上为藻屑灰岩—藻鲕灰岩—鲕粒灰岩—海绵礁。礁体的岩石组合由礁灰岩、生物骨架灰岩、黏结岩和礁块、砾屑斑块、斑团灰岩组成,前者以亮晶胶结为主,砾屑灰岩则为亮晶、泥晶及杂基支撑。向上有礁顶暴露和礁前塌积带,其特征为砾屑灰岩,井下因沥青充填和油染而呈斑块、斑团状。砾屑灰岩中的砾屑,成分多样,以藻屑灰岩、藻鲕岩和礁灰岩碎块为主,充填砾、砂、粉屑级的各类灰岩。

晚奥陶世早期,是塔里木盆地沉积-构造转换的重要时期。上奥陶统恰而巴克(吐木休克)组为深水台地沉积的含介屑的泥微晶灰岩、灰绿色瘤状灰岩和含泥粉砂质的褐红色瘤状灰岩,与大湾沟剖面萨尔干组上部和坎岭组相对应。在塔河油田的S8X、T2AY井恰尔巴克组底部岩心和T7AE井恰尔巴克组底部岩屑薄片中,均见有火山碎屑,说明在晚奥陶世早期是构造活跃期,有火山活动[①]。在塔河油田南部的S7G、T7AB井成像测井资料上恰尔巴克组底部可见沿坡滑塌的角砾,S1AA井一间房组顶与上覆恰尔巴克组有较明显的沉积间断。说明一间房组沉积之后恰尔巴克组沉积之前台地有构造抬升或海平面的相对下降。

上奥陶统良里塔格组为台地-缓坡碳酸盐岩沉积,沉积环境为台地浅滩-滩间,局部见藻礁或藻。岩石组合为灰色、灰白色藻(砾)屑灰岩、生物碎屑灰岩、微晶灰岩,灰岩多已重结晶,含灰绿色泥质条纹,局部井区底部可见瘤状灰岩。厚度最大在150 m左右,向南至S102-LN46厚度减薄为40余米,再向南逐渐相变为台盆沉积。

上奥陶统桑塔木组纵向上残留1~3个旋回的碳酸盐塌积序列,沉积环境为台缘斜坡。背景沉积物为含钙质的碎屑岩,多为灰绿色、灰褐色、深灰色泥岩、钙质泥岩、粉砂质泥岩、泥质粉砂岩夹碳酸盐岩滑塌沉积物。

2. 塔北地区构造特征

区域构造演化特征表明,塔北地区为前震旦系变质基底上发育的一个长期发展的、经历了多期构造运动、变形叠加的古凸起,先后经历了加里东期、海西早期、海西晚期、印支-

---

① 许效松,傅恒,楼雄英,等.2003.塔河地区奥陶系小层对比及沉积微相研究. 内部报告,中国石油化工股份有限公司西北油田分公司勘探开发研究院。

燕山期及喜马拉雅期等多次构造运动[①]。对塔北地区奥陶系沉积、沉积物影响较大的主要有三期构造运动:加里东中-晚期、海西早期、海西晚期(俞仁连 等,2006;徐国强 等,2005a,2005b;俞仁连,2005;楼雄英 等,2004)。

1) 加里东中-晚期

震旦纪—奥陶纪沉积时期为稳定台地沉积。早奥陶世末的加里东中期运动,南天山洋自东段开始汇聚-俯冲,封闭库-满拗拉槽并造成盆地内大面积隆升和剥蚀,使塔里木克拉通北部边缘形成前缘隆起,在克拉通内部形成挤压挠曲拗陷。受志留纪末的加里东晚期运动的影响,前缘隆起向南迁移至沙雅一带,沙雅的沙西-阿克库勒地区表现为统一的继承性巨型隆起构造,即今沙雅隆起的前身。位于沙雅隆起之上的阿克库勒地区抬升,形成一个向北抬升、向南倾没的鼻凸,即阿克库勒鼻凸,其北部露出水面,遭受风化剥蚀,并发生早期岩溶作用。

2) 海西早期

海西早期运动发育于泥盆纪末,表现强烈,是塔里木盆地地史上最重要的构造运动之一。塔里木盆地南部和卡塔克隆起东南部主要受北昆仑洋的终极闭合碰撞控制,表现异常强烈。例如,铁克里克隆起、昆仑山见上泥盆统角度不整合于下伏较老地层之上;巴楚隆起区见下石炭统角度不整合于上泥盆统之上;卡塔克隆起区表现为强烈的隆起、断裂(块断)和剥蚀,泥盆系、志留系、奥陶系受到不同程度的剥蚀,石炭系角度不整合于不同时代地层之上。

塔里木盆地北部则受南天山洋俯冲、消减的影响,也有较强烈的表现。南天山库米什、库鲁克塔格隆起、柯坪隆起等地见下石炭统或石炭系角度不整合于上泥盆统之上;沙雅隆起区也见石炭系角度不整合于不同时代的地层之上。阿克库勒凸起,海西早期运动是它的主变形期,其受南天山洋俯冲、消减的影响,在 NW-SE 方向挤压应力作用下,形成NE 走向的大型古隆起,褶皱-裂缝发育,断裂活动不发育,隆起上下古生界遭受了强烈剥蚀,凸起顶部中上奥陶统、志留系、泥盆系剥蚀殆尽,有关海西早期的剥蚀量恢复表明,剥蚀地层厚度达 500~1 250 m,由南向北剥蚀程度加大[②]。

3) 海西晚期

海西晚期运动发生于早二叠世末,主要与南天山洋关闭、向南挤压有关,塔里木盆地北部表现强烈,以断裂、褶皱和岩浆活动为特征;研究区在 SN 向挤压应力作用下,形成 EW 走向的阿克库木、阿克库勒断垒,以及众多的 EW 向、SN 向、NW 向、NE 向次级逆断层;海西末期运动在塔里木盆地北部表现强烈,以进一步抬升和强烈剥蚀为标志;海西晚期和末期剥蚀

① 王君奇,叶德胜,李宗杰,等.2002.塔河油田南部平台地区奥陶系储层预测与油气勘探靶区评价研究.内部报告,中国石油化工股份有限公司西北油田分公司勘探开发研究院。

② 李国蓉,吴征,徐国强,等.2004.塔里木盆地阿克库勒凸起奥陶系碳酸盐岩岩溶作用及成藏机制.内部报告,中国石油化工股份有限公司西北油田分公司勘探开发研究院。

主要为石炭系-二叠系由南向北逐层剥蚀,剥蚀地层厚度在 $250\sim750$ m。

对阿克库勒凸起古应力场演化特征的研究表明[①],海西早期区域主应力为 NW-SE 向,形成了向南西倾伏的 NE-SW 走向的阿克库勒大型鼻凸;海西晚期区域主应力为 NS 向挤压作用,在大型构造鼻凸上叠加形成的一系列近 EW 走向的逆冲断层和局部褶曲,如阿克库木、阿克库勒近 EW 向断裂构造带。断层断开层位主要为奥陶系,向上断层基本消失于石炭系,只有个别大断层延伸到中生界(发育在北侧两断裂构造带)。奥陶系碳酸盐岩在海西晚期以后基本上处于稳定埋藏状态,对阿克库勒凸起南部地区奥陶系的构造特征及变形起主要控制作用的为海西早期、晚期运动,尤以海西早期的古构造面貌对后期构造变形的控制作用较为明显。

上述构造运动在塔北地区奥陶系碳酸盐岩地层钻井资料中的主要表现为:早奥陶世末的加里东中期运动,在克拉通内部形成挤压挠曲,可能伴随有火山喷发,在鹰山组地层中普遍见沿层分布的硅质团块,其分散的 SiO_2 可能来源于火山喷发物质;一间房组下段沉积后的大面积出露也可能与构造抬升有关;在 S7F、T7AB、S9E 井等井见鹰山组巨晶方解石溶洞,可作为加里东期岩溶的佐证。海西早期 NW-SE 向挤压形成的褶皱-裂缝,为海西早期的古岩溶提供了古地貌条件和岩溶通道。研究表明,海西早期 NW-SE 向挤压形成的裂缝系统可能为一区域性的共轭剪节理,分布范围很广。在中-上奥陶统剥蚀区,鹰山组与石炭系巴楚组不整合接触处,多口井(S6X、TK4CG、TK3BB、S6G、S7E、TK4AY、TK4CZ、S9E)的顶部见 SE 倾向的溶蚀裂缝,其中 TK4AY 井也见 NW 向的裂缝,表明该区岩溶主要沿裂缝进行。在 NW 倾向与 SE 倾向裂缝的交叉处,经溶蚀扩大形成溶洞。

3. 塔北地区储层特征概述

1) 塔北地区基本储集空间类型

根据规模、产状及成因,塔北地区奥陶系碳酸盐岩储层的储集空间类型可分为:①溶蚀孔隙;②溶蚀孔洞;③溶蚀洞穴;④裂缝。

(1) 溶蚀孔隙

孔径小于 2 mm。主要见于一间房组,多为颗粒灰岩粒间溶蚀孔隙(如 T7AE 井 O_2yj_1),也见粒内(如生物体腔内)溶蚀孔隙。溶蚀孔隙集中发育可有效改善碳酸盐岩的储渗性,如 S7G 井一间房组 $5\,590.25\sim5\,595.86$ m 井段,孔隙度因溶蚀孔隙发育而增至 $3.1\%\sim6.4\%$,岩心均匀含油。此外,鹰山组斑状白云石化灰岩及蓬莱坝组白云岩中还发育白云石晶间(溶蚀)孔隙。鹰山组斑状白云石化灰岩发育较为普遍,白云石化常沿缝合线进行,白云石晶间多充填沥青[②],如 T2AE 井,但鹰山组白云化孔隙不具有储渗性。

———————————

① 许效松,傅恒,楼雄英,等.2003.塔河地区奥陶系小层对比及沉积微相研究.内部报告,中国石油化工股份有限公司西北油田分公司勘探开发研究院.

② 李国蓉,吴征,徐国强,等.2004.塔里木盆地阿克库勒凸起奥陶系碳酸盐岩岩溶作用及成藏机制.内部报告,中国石油化工股份有限公司西北油田分公司勘探开发研究院.

（2）溶蚀孔洞

孔径 2～100 mm。普遍发育在鹰山组、一间房组、恰尔巴克组下部、良里塔格组、桑塔木组灰岩基质中，也见于蓬莱坝组白云岩基质中。溶蚀孔洞常与溶蚀裂缝伴生，多充填或部分充填方解石、泥质、灰岩碎屑。S7C 井一间房组 5 516.30～5 516.38 m 发育孔径 1～5 mm 的溶蚀孔洞；S7G 井一间房组 5 590～5 595.38 m 发育孔径 1～3 mm 的溶蚀孔洞（洞内充填原油）111 个；T9AB 井良里塔格组发育 1～50 mm 的溶蚀孔洞，且与溶蚀裂缝伴生。

（3）溶蚀洞穴

直径大于 1 m。主要发育在鹰山组，是塔北地区奥陶系碳酸盐岩储层重要的储集空间之一。溶蚀洞穴多见灰岩角砾（溶蚀洞穴垮塌和挤碎角砾）、砂质、粉砂质-泥质充填或部分充填，偶见巨晶方解石充填（如 S7F 井，T7AB 井 $O_{1-2}y$）。T7AC、S7E、S7F 井鹰山组溶蚀小洞穴内见绿灰色粉-细砂岩沉积。T6BF 井 5 534～5 553 m 井段的溶洞因处于东河砂岩尖灭线附近，沉积有褐灰色分选性和磨圆性均较好的砂岩，属海岸砂[①]。

溶蚀洞穴在塔北地区奥陶系碳酸盐岩中普遍发育。对塔北地区 130 口井的统计表明，在 99 口井中共有 144 个奥陶系层段发育溶蚀洞穴，溶蚀洞穴发现率高达 76% 以上。其中溶洞层厚度 1～9 m 的层段有 88 个（占溶洞层总数的 61%），10～19 m 的 29 个（占 20%），20～29 m 的 17 个（占 12%），30 m 以上的 10 个（占 7%）。溶洞层厚度最大可达 73 m（TK409,5 586～5 659 m）。有 37 口钻井发育 2 套以上的溶洞层。

（4）裂缝

裂缝在塔北地区奥陶系碳酸盐岩储层中普遍发育，根据成因可分为构造缝、压溶缝及溶蚀缝。其中溶蚀缝是塔河地区奥陶系碳酸盐岩地层中重要的储集空间之一。

构造缝由岩石破裂作用形成。构造缝宽度范围变化很大，有 0.1 mm 以下的微裂缝，也有大于 50 mm 的大型裂缝甚至小断层（如 S9G 井 O_3l）。岩心观察发现，构造缝产状多为斜交或垂直。宽度 5 mm 以下的构造缝多充填或半充填方解石、泥质，偶见硅质、石膏质充填。宽度 5 mm 以上构造缝多充填或半充填泥质-粉砂质及灰岩碎屑，未充填部分多被油染。早期构造缝经溶蚀扩大变为溶蚀缝，构成塔北地区奥陶系碳酸盐岩储层重要的储集空间。

压溶缝由岩石压溶作用形成，通称缝合线。岩心观察发现，塔河地区奥陶系碳酸盐岩普遍发育缝合线。缝合线宽度多小于 5 mm，产状主要为水平，也见斜交、垂直。下、中奥陶统灰岩、白云岩中的缝合线多充填方解石、沥青（T2AE 井 $O_{1-2}y$），鹰山组灰岩中还常见白云石化沿缝合线进行，后期被油染或沥青充填。上奥陶统灰岩中的缝合线主要被泥质充填。荧光下，缝合线位置多发棕黄色光（油染）。

溶蚀缝由岩石溶蚀作用形成。塔河地区奥陶系碳酸盐岩地层中溶蚀缝发育的特点

① 李国蓉,吴征,徐国强,等.2004.塔里木盆地阿克库勒凸起奥陶系碳酸盐岩岩溶作用及成藏机制.内部报告,中国石油化工股份有限公司西北油田分公司勘探开发研究院.

为:鹰山组的 NW 倾向和 SE 倾向的高倾角溶蚀缝直接与溶蚀洞穴的发育相关联(如 S7D 井、S8Z 井、T6BF 井、TK3BB 井等);一间房组的 NW 倾向和 SE 倾向的高倾角溶蚀缝则叠加在早期形成的溶蚀孔(如 T453 井等)上;良里塔格组的溶蚀缝常与溶蚀孔洞伴生,缝内被方解石部分充填(如 T9AB 井)。岩心观察发现,溶蚀缝宽度可达 5 mm 以上,产状主要为斜交、垂直。缝壁不规则,多生长结晶方解石。充填或部分充填泥质,未充填部分多被油染。

对 2 000 个物性样品的统计显示[①],塔北地区奥陶系碳酸盐岩地层基质的孔隙度为 0.1%~1.3%(92.9%的样品小于 1%),平均 0.62%;基质渗透率为 $0.001 \times 10^{-3} \sim 1.97 \times 10^{-3}\ \mu m^2$(约 80%的样品小于 $0.1 \times 10^{-3}\ \mu m^2$,仅 2 件样品大于 $1 \times 10^{-3}\ \mu m^2$),平均 $0.066 \times 10^{-3}\ \mu m^2$;部分样品的最大孔喉半径多为 0.06~0.144 mm,个别低至 0.018 mm。各项物性参数均远低于储层下限。据此认为,塔北地区奥陶系鹰山组碳酸盐岩基质不具储渗性。塔北地区奥陶系碳酸盐岩地层中普遍发育的次生“孔”、“洞”、“缝”及其组合作为有效储渗空间不均匀分布在不具储渗性的碳酸盐岩基质中,构成塔北地区奥陶系鹰山组微晶灰岩碳酸盐岩非均质性储集层。

2) 塔北地区储层主要岩石类型

根据 50 余口奥陶系岩心观察发现,构成奥陶系各组储层的碳酸盐岩岩石类型有差异,如表 1-1-1 所示。

蓬莱坝组储层主要为(藻)白云岩、灰质白云岩,发育白云岩晶间孔隙、溶蚀孔洞。

鹰山组储层主要为藻砂砾屑灰岩、微晶灰岩、砂屑灰岩、藻鲕灰岩及斑状白云石化灰岩,发育溶蚀裂缝-洞穴、溶蚀孔洞、裂缝、白云化斑块内的白云岩晶间孔隙。

一间房组储层主要为鲕粒灰岩、藻鲕(砾屑)灰岩、海绵礁灰岩及生物屑灰岩,发育颗粒间溶孔、溶蚀孔洞、溶蚀缝-洞穴。

良里塔格组储层主要为藻(砂砾屑)灰岩、微晶灰岩及重结晶(粉—细晶)灰岩,发育溶蚀裂缝、溶蚀孔洞。

1.1.2 塔中地区奥陶系地质概况

塔里木盆地中央隆起西与巴楚隆起相接,东邻塔东低凸起,南、北分别为塘古孜巴斯凹陷、满加尔凹陷,如图 1-1-1 所示。目前钻探揭示,塔中地区发育新生界第四系、新近系、古近系,中生界白垩系、三叠系,古生界二叠系、石炭系、泥盆系、志留系、奥陶系地层,缺失侏罗系地层。

1. 塔中地区奥陶纪沉积与地层划分

塔中地区奥陶系钻井揭示相关地层见表 1-1-2,从下至上依次为:下奥陶统蓬莱坝组

① 李国蓉,吴征,徐国强,等. 2004.塔里木盆地阿克库勒凸起奥陶系碳酸盐岩岩溶作用及成藏机制.内部报告,中国石油化工股份有限公司西北油田分公司勘探开发研究院.

（O_1p）、中-下奥陶统鹰山组（$O_{1-2}ys$）、上奥陶统良里塔格组（O_3l）及上奥陶统桑塔木组（O_3s），缺失中奥陶统。主要目的层为良里塔格组，含油气层段多为良里塔格组颗粒灰岩段。盖层为上覆桑塔木组泥岩段，储盖组合条件优越（康玉柱，1999）。

表 1-1-2　塔中地区奥陶系钻井揭示相关地层简表

界	系	统	组	段	代号	岩性特征	沉积相
	石炭系	下统	巴楚组		C_1b		
	泥盆系				D		
	志留系	中统	依木干他乌组		S_2y		
		下统	塔塔埃尔塔格组		S_1t		
			柯坪塔格组		S_1k		
古生界	奥陶系	上统	桑塔木组		O_3s	深灰色泥岩、钙质泥岩为主，有少量粉砂岩、灰岩薄层，由北向南消蚀	
			良里塔格组	泥质条带灰岩段	O_3l^1	岩性主要为灰色泥晶灰岩夹泥质条带和泥质纹层，由西向东逐渐减薄	台地边缘相
				颗粒灰岩段	O_3l^2	岩性主要为灰色亮晶颗粒灰岩，少量泥晶颗粒灰岩	
				含泥灰岩段	O_3l^3	岩性主要为灰色、深灰色泥晶灰岩、泥质泥晶灰岩夹褐灰色薄-中层状藻屑或藻砂屑泥晶灰岩	
			受加里东中期Ⅰ幕构造运动影响塔中隆起遭抬升，吐木休克组、一间房组及鹰山组顶部地层遭受风化剥蚀，吐木休克组、一间房组缺失					
		中统	鹰山组		$O_{1-2}ys$	亮晶砂屑灰岩、泥晶灰岩，含燧石团块，底部为云质灰岩	开阔台地相
		下统	蓬莱坝组		O_1p		

桑塔木组由北向南消蚀,与下伏良里塔格组呈平行不整合接触。岩性以深灰色泥岩、钙质泥岩为主,有少量粉砂岩、灰岩薄层,属潮坪-潮上至潮间带的局限台地至台地边缘相沉积。

良里塔格组厚度为 $200\sim800$ m,为礁相、丘相、滩相发育段。根据岩性、电性特征,自上而下又细分为三个岩性段:泥质条带灰岩段、颗粒灰岩段、含泥灰岩段(杨海军 等,2000)。泥质条带灰岩段,以夹泥质条带的灰岩发育为特征,由西向东厚度逐渐减薄。岩性主要为灰色泥晶灰岩夹泥质条带和泥质条纹。灰岩多为泥晶灰岩、少量亮晶灰岩。颗粒灰岩段以灰岩较纯为特征,岩性主要为颗粒灰岩、隐藻泥晶灰岩、生物礁灰岩,少量泥晶颗粒灰岩,颗粒类型以砂屑、砂砾屑、藻砂屑及生屑为主,少量鲕粒、球粒、核形石等。含泥灰岩段以灰岩泥质含量增加为特征,岩性主要为亮晶粒屑灰岩,灰色、深灰色泥晶灰岩,泥质泥晶灰岩夹褐灰色薄-中层状藻屑或藻砂屑泥晶灰岩,局部发育颗粒灰岩。有效储集层段集中在良里塔格组颗粒灰岩段,厚度为 $111\sim161$ m,沉积相带为礁滩相;优质储层主要为礁滩复合体中的礁滩微相;主要的储集空间为孔洞和裂缝。

鹰山组岩性主要为亮晶砂屑灰岩、泥晶灰岩,有少量的泥晶砂屑灰岩和隐藻泥晶灰岩,底部为云质灰岩,含燧石团块。鹰山组为奥陶系下统,与上统的良里塔格组不整合接触。鹰山组主要发育溶孔、溶洞及裂缝三种储集空间,因钻至该层的井极少将鹰山组钻穿,不能确定鹰山组地层厚度。

2. 塔中地区构造特征

塔中地区为一个受加里东中期构造运动及其后续构造运动作用形成的残留古隆起(贾承造,1999)。对塔中地区奥陶系沉积、沉积物及储层发育影响较大的构造运动主要为:加里东中期Ⅰ幕、加里东中期Ⅱ幕、加里东中期Ⅲ幕。加里东晚期、海西早期及海西晚期构造运动对塔中地区影响不大(徐国强 等,2005a,2005b)。

在中奥陶世末期,塔里木板块南部与南昆仑板块发生碰撞,产生加里东中期Ⅰ幕构造运动。塔里木盆地中南部构造活动强烈,北部构造运动较弱。塔中地区受加里东中期Ⅰ幕构造运动影响较大,强烈隆升形成前陆隆起,一间房组全部和鹰山组顶部地层长期暴露地表,遭受强烈风化剥蚀,缺失一间房组全部和鹰山顶部地层(赵宗举 等,2009),在鹰山组发育加里东中期Ⅰ幕的风化壳岩溶储层。

良里塔格组沉积末期又一次地壳抬升产生加里东中期Ⅱ幕构造运动,致使良里塔格与上覆桑塔木组之间为平行不整合接触。

在晚奥陶世末期,塔里木板块南部继续与南昆仑板块发生碰撞产生加里东中期Ⅲ幕构造运动。加里东中期Ⅲ幕构造运动是塔中地区影响最为深远的一次构造运动。受加里东中期Ⅲ幕构造运动影响,在塔中地区形成塘东冲断褶皱构造带、塘北冲断褶皱构造带及塔中Ⅰ、Ⅱ、Ⅲ冲断褶皱构造带,塔中隆起被改造成复合背斜,背斜顶部强烈隆升暴露。靠近断裂带,剥蚀作用强烈,形成沿塔中Ⅰ号断裂带呈带状分布的溶蚀孔洞性储层。

3. 塔中地区储层特征概述

1) 塔中地区基本储集空间类型

与塔北地区类似,塔中地区奥陶系碳酸盐岩储层主要储集空间类型也有四类:溶蚀孔隙、溶蚀孔洞、溶蚀洞穴及裂缝。

（1）溶蚀孔隙

铸体薄片显微镜观察显示,塔中地区奥陶系碳酸盐岩储层发育的溶蚀孔隙包括粒间溶孔、粒内溶孔、晶间溶孔。粒内溶孔是主要的溶蚀孔隙类型之一,主要见于砂屑内,少数见于生屑和鲕粒内,多为同生期大气淡水选择性溶蚀所致。粒内溶孔孔径大多为0.01～0.9 mm,平均面孔率0.19%,部分被后期粒状方解石充填,粒状方解石经埋藏溶蚀,可再发展成有效的粒内溶孔。粒间溶孔指粒间方解石胶结物被溶蚀形成的孔隙,是在铸体薄片中出现频率最高的一种溶蚀孔隙类型,多出现在亮晶颗粒灰岩中。晶间溶孔指粒间、孔洞和裂缝中的方解石、石膏胶结物、充填物的晶间溶孔,其形成具有多期性,多在重结晶的方解石晶体之间,孔径大小0.1～0.5 mm,出现频率相对低。

（2）溶蚀孔洞

岩心显示塔中地区奥陶系碳酸盐岩储层溶蚀孔洞比较发育。溶蚀孔洞的孔径多为1～5 mm,部分大的溶蚀孔洞的孔径可达10 mm左右。溶蚀孔洞呈圆形、椭圆形及不规则状,大多半充填-未充填,大多顺层或沿斜缝分布,溶蚀孔洞发育段岩石呈蜂窝状。

（3）溶蚀洞穴

溶蚀洞穴主要表现为钻井过程中泥浆漏失、放空等,取心中可见洞内充填物,且岩心破碎,收获率常常较低。塔中2E井第7筒心中上部大型溶洞半充填或少量充填,充填物为细晶方解石(沿洞周边)及灰黑色泥质,井径显著扩大、电阻率降低,表现出典型溶洞测井响应特征。塔中2E井第11筒心可见到岩溶角砾岩以及充填泥质的岩溶缝。塔中2ED井第4筒心中部见0.35 m的溶洞,被灰绿色泥岩和黑色泥晶灰岩充填;在井段4 371～4 547.9 m进行中测,累计漏失压井液85.31 m³。塔中2GD井4 339.0～4 341.5 m井段发育半充填大型溶洞,自然伽玛和去铀伽玛30～65 API,深电阻率在20～100 Ω·m,井径扩大、中子声波增大、密度突然降低,结合FMI成像上极板拖行暗色条带和DSI图像上的干涉条纹可以判别本段为溶洞测井响应特征。塔中4E井4 920.85～4 923.84 m井段发育近3 m的大型溶洞,内充填含黄铁矿的钙质泥岩。塔中2EE井钻进至井深4 432.32 m时发生放空1.32 m,放空井段4432.32～4 433.64 m,继而发生井漏。累计漏失钻井液体1 051.90 m³。塔中6C-1井在4 959.1～4 959.3 m和4 973.21～4 973.76 m井段分别放空0.2 m、0.55 m,漏失泥浆799.2 m³。

（4）裂缝

裂缝是塔中地区奥陶系碳酸盐岩储层重要的储集空间,也是主要的渗流通道之一。从成因来分,裂缝主要有三种类型:即构造缝、溶蚀缝和成岩缝。

构造缝与区域构造活动有关,在裂缝中出现频率达80%以上。塔中地区奥陶系碳酸盐岩储层中的构造缝主要有三期。第一期形成于加里东晚期,缝细而平直,宽 0.2～2 mm,为细粉晶方解石充填,其中还常见沥青。第二期形成于海西期,以近直立的张裂缝为特征,缝宽且延伸长,岩心可见其宽达 1～3 cm,延伸长达 1 m,其缝壁不平整,具溶蚀现象,有的可扩溶成溶缝和溶洞,其中为中粗晶方解石、萤石、石膏、沥青或原油充填,具有实际价值。该期缝常切割第一期缝。第三期形成于印支—喜山期,呈斜交状、低角度-水平状以及网状,宽 0.2～5 mm,扩溶现象较明显,常见沿缝分布有小型溶洞,缝内充填物少,见少量马牙状方解石和原油。

在取心中常见溶蚀缝或与溶蚀有关的缝,宽度较大,常见 0.2～5 mm。在潜流带溶蚀缝以低角度-水平缝为主,溶蚀常沿构造缝或缝合线发生。

较常见的成岩缝为缝合线,是压溶作用的产物。缝合线形成于埋藏早中期,在泥晶灰岩及生屑灰岩中最发育,缝宽 0.2～0.5 mm,被泥质和溶蚀残余物充填,有的可见沥青(镜下可见沿缝合线发生扩溶现象)。

塔中地区与塔北地区奥陶系碳酸盐岩储层储集空间的主要差别在于溶蚀缝洞发育规模不同。因塔中地区受构造运动的影响很弱,地层中岩溶形成的溶蚀缝洞规模要小于塔北地区。

2) 塔中地区储层主要岩石类型

塔中地区奥陶系主要目的层为良里塔格组地层和鹰山组地层。根据取心资料,构成良里塔格组颗粒灰岩段储层的主要岩石类型为礁滩相骨架礁灰岩、亮晶颗粒灰岩和砂屑、生屑灰岩等,颗粒灰岩中颗粒含量通常大于 50%。薄片观察统计,按照岩石结构及成因分类,颗粒灰岩段储层岩性有:亮晶砂砾屑灰岩、亮晶生屑灰岩、亮晶鲕粒灰岩、泥晶灰岩、泥晶生屑灰岩、生物骨架礁灰岩,以亮晶生屑灰岩、亮晶砂砾屑灰岩居多。

1.2　塔里木盆地奥陶系碳酸盐岩储层评价存在的问题与评价思路

1.2.1　塔里木盆地奥陶系碳酸盐岩储层评价存在的基本问题

塔里木盆地奥陶系碳酸盐岩地层的主要储集空间是经岩溶作用形成的次生孔、洞、缝。按照储集空间的不同组合,塔里木盆地奥陶系碳酸盐岩储层类型可以分为:溶蚀孔洞型、裂缝-溶蚀孔洞型、溶蚀裂缝型、溶蚀洞穴型。对于溶蚀孔洞型、裂缝-溶蚀孔洞型、溶蚀裂缝型储层,一般要经过酸压改造才能形成工业产能。储层评价面临的基本问题与困难主要有三个:①如何根据测井资料划分有效渗透层;②如何根据测井资料评价有效储层的流体性质;③如何评价井中储层段与井周储集体的空间关系,理解不同井况的产出情况,在此基础上寻找高产稳产井点的缝洞体空间分布规律,为进一步寻找高产稳产井打下基础。

对于如何划分有效渗透层问题,进一步将其归结为如下三个方面:①为解决测井资料的多解性问题,研究取心资料与测井资料的关系;②研究不同类型储层及地质现象测井资料响应,为定性划分储层提供依据;③有效渗透层的定量评价。

研究取心资料与测井资料的关系,就是要解决测井资料是如何反映井周岩石地层的问题。由于测量原理不同,分辨率也各异,不同的测井仪器从不同的侧面反映井周地层的特性。钻井取心是最直接的资料,从分辨率的角度来看,钻井取心上肉眼能观察到的地质现象在测井资料上不一定有响应。岩心资料上见到的最细致,电成像测井资料次之(分辨率为 5 mm),电阻率测井资料对于裂缝的响应最为灵敏,地层密度测井资料对溶蚀孔隙、溶蚀孔洞响应较好,所有这些是研究取心资料与测井资料关系的基础。根据不同井、不同层段部位的取心资料与比例尺合适的测井资料对比进行岩心归位,以解决不同测井资料及组合是如何反映井周地层特性这一问题。经过归纳整合、去伪存真,形成塔里木盆地奥陶系碳酸盐岩岩石地层的柱状图结构及储层纵向分布规律。

塔里木盆地奥陶系碳酸盐岩地层中存在与储层段有类似测井响应的地质现象。例如,鹰山组地层中发育的燧石结核(俗称硅质团块)在多种测井资料上有类似溶蚀孔洞的响应。若不注意燧石结核与储层段在不同测井资料上响应特征的细致差别,就容易把燧石结核发育层段划分为有效储层段。因此,有必要总结不同类型储层及地质现象在测井资料上的响应特征。以典型的储层测井响应特征为指导划分储层段,为后续储层定量评价奠定基础。

储层的定性划分是储层定量评价的基础。在定性划分储层段的基础上,开展储层定量评价工作。储层有效性评价的困难在于用什么样的物理量来定量表达储层的有效性。缝洞性碳酸盐岩储层具备一定的孔隙度后,由于缝洞的存在,孔隙度的大小不能完整地表达储层的好坏(或酸压效果的好坏——有效性),需要寻找相应的物理量或表达方式来表达储层的有效性。

造成储层流体性质识别问题复杂性的原因有如下三点:①缝、洞型储层的泥浆侵入较深,测井资料较难反映原状地层的特性;②在勘探开发初期,据不完全统计,碳酸盐岩储层 20% 是放空出油水的,80% 是经大段酸压出油水的,酸压后的出油水信息并不能完全代表测井探测范围内探测到的油水信息,为完井资料与测井资料解释结果对比带来困难;③碳酸盐岩储层孔隙度较低,测井资料对储层中油、水的响应较弱。针对这些问题,需要在酸压改造前从测井资料上寻找能够定性和定量表达储层流体性质的物理量或表达方式。

在塔里木盆地奥陶系碳酸盐岩储层评价过程中有时遇到这一类问题:井中储层段发育好,但酸压改造后不产出工业油流;或是井中储层不好,但酸压改造后油气产出好。仅用测井资料不能解释为什么有的井解释连续产出(高产、稳产),而有的井解释结果与实际产出不符。对这一类问题,要结合高分辨率地震资料,考虑不同地球物理方法的探测范围来解决。

1.2.2　塔里木盆地奥陶系碳酸盐岩储层评价的思路

针对塔里木盆地奥陶系碳酸盐岩储层评价存在的问题,经过多年研究与摸索,总结了一套塔里木盆地碳酸盐岩储层评价思路。为了减少碳酸盐岩地层测井资料在储层评价中的多解性和不确定性,弥补取心资料在储层井段的不完整性,以及充分利用成像测井资料连续性好、分辨率高的特点,首先采用岩心资料标定成像资料;再用成像资料标定常规资料进行研究;然后在成像、常规资料多解性减少的条件下用常规、成像资料进行储层的有效性评价和流体性质识别;最后在井中储层评价结果较为可靠的前提下,结合高分辨率地震资料研究有效油气储层在井旁的延伸发育情况。

在上述研究思路的指导下,归纳建立塔里木盆地碳酸盐岩储层评价的流程:第一步,在宏观地质背景指导下,用岩心资料标定测井资料,研究不同类型储层及地质现象在测井资料上的响应特征;第二步,在储层测井资料定性响应特征研究的基础上,定性识别储层;第三步,在储层定性识别的基础上,寻找能够定量表达储层有效性的物理量或表达方式,评价储层有效性,划分有效储层段;第四步,寻找能够定量表达储层流体性质的物理量或表达方式,识别储层流体性质,找出有效油气储层;第五步,结合高分辨率地震资料研究井筒储层段与井旁储集体之间的关系,弄清楚有效储层的空间分布及油气的空间分布。

测井、地震资料储层评价的结果和归属是为勘探开发井的储层评价、储量计算,也为储层酸压改造,侧钻井、大斜度井及水平井的钻井设计提供依据。

1.3　本书的材料组织

按照塔里木盆地奥陶系碳酸盐岩储层评价思路与流程,将本书的内容分为 8 章。

第 1 章主要介绍塔里木盆地奥陶系地质概况和碳酸盐岩储层评价思路与材料安排。第 2 章主要讨论岩心归位、塔里木盆地北部地区奥陶系不同组段地层测井资料响应特征、几种在不同电成像测井资料上可识别的储层成因模式分析、地层划分、地层对比及剥蚀量估计。第 3 章主要讨论塔里木盆地北部地区和塔中地区不同类型碳酸盐岩储层的测井响应特征,为储层定性识别奠定基础。第 4 章讨论应用常规测井资料评价储层的有效性,从一个三孔隙成分的体积模型出发,按照裂缝、孤立孔洞在双侧向测井在导电机理上的差异,讨论如何应用常规测井资料计算岩石孔隙成分,用定义的物理量——相对连通孔隙度定量评价碳酸盐岩储层有效性。第 5 章从两个角度讨论电成像测井资料在碳酸盐岩缝洞储层有效性定量评价中的应用,一个角度是利用浅电阻率刻度后的电成像资料计算孔隙度分布谱,应用孔隙度谱形状参数定量评价储层有效性;另一个角度是从电成像图像上分割出裂缝-孔洞子图像,提取缝洞参数度量碳酸盐岩缝洞储层的有效性。第 6 章讨论三孔隙度模型饱和度方程、投影作图、常规视地层水电阻率、成像视地层水电阻率谱等缝洞型碳酸盐岩储层流体性质识别方法。第 7 章针对第 4～6 章中讨论的碳酸盐岩储层评价方法存在的局限性,从推导的双侧向测井基本的响应方程出发,应用井筒的泥浆电阻率、井径等资料,根据双侧向测井的实际测井值,对双侧向测井资料进行反演;引入一个称为侵入带电阻率径向分布系数的物理量表达地层的渗透特性;应用反演出来的储层真电阻率值,结合孔隙度测井资料,直接度量储层流体特性。第 8 章是对井震结合评价碳酸盐岩储层进行的尝试。将缝洞储层发育引起的地层纵横向非均质性的分析问题转换为面元的相邻地震道波形积累振幅差随时间(深度)的变化问题,采用动态波形匹配方法计算面元的积累振幅差,对积累振幅差进行高分辨率分解,与测井解释的储层段对比,找出合适的分量构造数据体研究井中储层与井周储集体之间的关系,厘清溶蚀缝洞储层的空间分布情况,寻找高产稳产井点储层分布规律。

第 2 章　塔里木盆地北部奥陶系地层
测井资料响应特征及应用

针对塔里木盆地奥陶系碳酸盐岩储层评价存在的问题与困难,为了减少测井资料在储层评价中的多解性和不确定性,弥补取心资料在储层井段的不完整性,以及充分利用成像测井资料连续性好、分辨率高的特点,采用如下思路进行研究:首先采用岩心资料标定成像资料,然后用成像资料标定常规资料进行研究,最后在成像、常规资料多解性减少的条件下,用常规、成像资料进行塔里木盆地奥陶系碳酸盐岩储层有效性评价和流体性质识别。按照上述研究思路开展塔里木盆地奥陶系碳酸盐岩储层评价工作,需要解决的问题是在宏观地质背景知识的指导下,研究塔里木盆地奥陶系不同组段地层在测井资料上的响应特征,弄清楚不同组段地质现象与测井资料之间的关系,为后续研究工作奠定基础。

本章主要讨论塔里木盆地北部地区奥陶系不同组段地层测井资料响应特征及其在地层划分、地层对比中的应用。2.1 节介绍碳酸盐岩储层岩心归位方法;2.2 节详细讨论塔北地区奥陶系不同组段地层测井资料响应特征;2.3 节结合岩心资料,讨论在成像测井资料上可识别的 6 种储层成因模式;2.4 节根据塔北地区奥陶系不同组段地层测井资料响应特征研究塔北地区地层对比及剥蚀量估计问题。

2.1　碳酸盐岩地层岩心归位

2.1.1　岩心归位与电成像响应特征

在碳酸盐岩地层测量到的测井资料(包括成像测井资料)是多种因素(如岩性、储集层特性、地层流体性质、井眼条件、钻井液特性等)影响的结果。为了研究这些岩石地层和储集层的特性,就必须将岩心深度归位到测井深度上。岩心归位与测井资料响应特征研究是交织在一起的关系。岩心资料的归位要以不同地质现象在成像、常规测井资料上的响应特征的知识为基础;反过来,岩心归位后,可进一步研究岩心上更多更细致的地质现象的成像、常规资料的响应特征,为地层划分对比和储层评价奠定基础。

塔河油田奥陶系碳酸盐岩因埋藏深,探井一般见显示才取心,在取心井段因缝-洞发育而岩心破碎严重,收获率较低。较之砂泥岩剖面,归位要困难得多。

采取的方法是先对成像测井资料和常规测井资料进行深度校正后进行处理,绘出大比例尺综合剖面图,然后到岩心库对照实物岩心进行归位。岩心归位实现两个方面的目的:一方面,通过归位,研究更多地质现象的响应特征,减少成像、常规测井资料的多解性问题;另一方面,将岩心上的地质特征对应到成像测井资料上,弥补岩心资料的不足,对于未取心井段,可根据取心井段的响应特征进行类比,为后续研究提供基础资料。

用于岩心与成像测井归位的主要地质现象有硅质团块、条带,含泥质纹层微晶灰岩段,裂缝、洞穴充填物段,滩、礁相岩性界面,瘤状灰岩段等。

对于归位效果,采用两种方法表达:①每一回次归位点地质现象岩心照片的特写;②将德国岩心扫描仪扫描的岩心图片按回次拼接为一整体,然后用三点归位法进行归位。下面分别讨论岩心扫描照片的拼接及归位方法。

2.1.2　岩心照片的拼接

取心资料的深度是按钻杆深度标定的。每一回次岩心取上来后,井场地质人员已标好了每一回次的块号。岩心被送进岩心库后,岩心库管理人员对探井及评价井的岩心进行扫描。由于扫描仪每次只能扫描约 1 m 长的岩心,而对岩心进行成像测井深度归位时,因塔河油田奥陶系灰岩基本为块状地层,不是每一小块岩心上都有明显的可由电成像测井资料测量到的地质现象,故不可能将一回次的每一小块岩心都归位到测井深度上。因此,为了表达、评价归位效果,就要将一回次分段扫描的岩心照片严格按照比例拼接为一个回次的照片,然后进行归位。图 2-1-1 是 T5AC 井 15 回岩心的拼接结果,其中图 2-1-1(a)是原始扫描照片,图 2-1-1(b)是拼接结果。

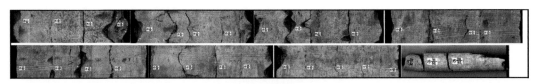

（a）原始扫描照片

（b）拼接结果

图 2-1-1　T5AC 井 15 回岩心拼接结果

2.1.3　测井资料综合图与实物岩心的归位方法

如前所述,在实物岩心上,并不是每一小块的岩心上都有地质现象与成像测井资料的响应对应。采用的办法是按取心回次进行归位,即在一回次的实物岩心上,取 2～3 个在电成像测井上有响应的地质现象进行归位。其中岩心上 1～2 个地质现象为归位点,第 2个或第 3 个地质现象作为验证的深度点,如图 2-1-2 所示。

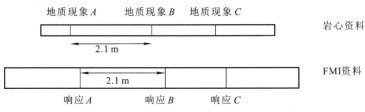

图 2-1-2　岩心与电成像测井资料归位示意图(三点归位法)

FMI 指电成像测井资料

　　因为测量到的电成像测井资料是井眼条件下的综合响应,进行归位时,由于碳酸盐岩地层的纵横向上非均质性强,实际归位过程是一个假设—验证—再假设—再验证反复进行的过程。对一回次岩心的归位,往往要花费较多的时间反复进行才能将取心深度较准确地归位到电成像测井深度上。归位人员要熟悉两方面的内容:①识别岩心上的主要地质现象及成因;②对相应地质现象在电成像测井上的响应特征应有较好的理解。实际上,灰岩岩心的归位过程就是归位人员根据地质现象的成因在大脑中反复进行成像测井正演的过程。

　　例如,对 T5AC 井第 15 回次的鹰山组岩心的归位。该回次岩心取心深度为 5 444.81～5 450.78 m,岩心破碎为 32 块,岩心上可找到 3 个较为明显的地质现象。在 $15\frac{13\sim14}{32}$ 上有一硅质条带;在 $15\frac{21}{32}$ 上有另一硅质条带;在 $15\frac{24}{32}$ 的底部可见一斜裂缝,充泥。那么在成像测井上如何找到相应的对应点呢?首先要知道硅质条带、充泥缝在电成像测井上的响应特征是高导电相关的地质现象;其次要验证这三个地质现象对应的电成像测井深度点。这只能应用假定—验证—再假定—再验证的方法确定。当然如果幸运的话,一次假设—验证就确定下来了。对于这一回次假定 $15\frac{13\sim14}{32}$ 上的硅质团块对应于电成像测井资料 5 447.64 m 处,因 $15\frac{13\sim14}{32}$ 至 $15\frac{24}{32}$ 在岩心上相差约 1.5 m,若在电成像测井上的 5 447.64+1.5＝5 449.14 m 深度点上找到另一硅质条带的响应,则验证了假定。继续第三个地质现象的验证,若也得到验证,则该回次的归位完成。反之,若未验证第一个地质现象所做假定的深度,则要重新假定一个开始位置进行验证,直到不矛盾为止。T5AC 井第 15 回次归位结果如图 2-1-3 所示。

　　值得注意的是,应用非层状的地质现象进行归位,实际上是很复杂的。例如,上面讨论的应用岩心上的硅质团块归位,由于硅质团块在地层中为团块状,若某个团块在水平方向上的大小大于井径,则岩心上有团块,必在电成像测井上有响应;反之,若某个硅质团块的大小在水平方向上小于井径,则在电成像测井资料上就未必有响应。这是因为岩心的直径仅为 7 cm,岩心与井壁之间还有约 4 cm 的间隙,如图 2-1-4 所示。反过来,若电成像测井上有小硅质团块的响应,在岩心上也不一定有对应。类似地,对于斜裂缝的响应在于岩心上见到的裂缝长度要小一些。

　　由于塔河油田奥陶系碳酸盐岩地层不同组段地质现象各不相同,不同的组段进行归位时所用的地质现象和响应特征是不相同的。例如,对于恰尔巴克组要用到瘤状灰岩的响应特征进行归位;对于良里塔格组地层,则要利用该组岩心组合的特点,结合自然伽马测井资料和孔隙度测井系列计算的孔隙度进行归位;对于一间房组滩礁灰岩,则要用到礁相、滩相灰岩的岩性界面特征和古暴露产生的溶蚀特征进行归位;对于鹰山组上段的岩心,主要用硅质团块与裂缝特征进行归位;对于鹰山组缝洞岩心段,主要用到洞穴段充填物使自然伽马测井值变化等特征将岩心深度归位到电成像测井深度上;对于鹰山组下段的岩心,要用到白云化灰岩与灰岩互层及缝合线藻纹密集层段在电成像测井资料上的响应特征进行归位;对于蓬莱坝组,要用到溶蚀孔段及计算的孔隙度值进行归位,以及白云岩-白云化灰岩互层段进行归位等等。

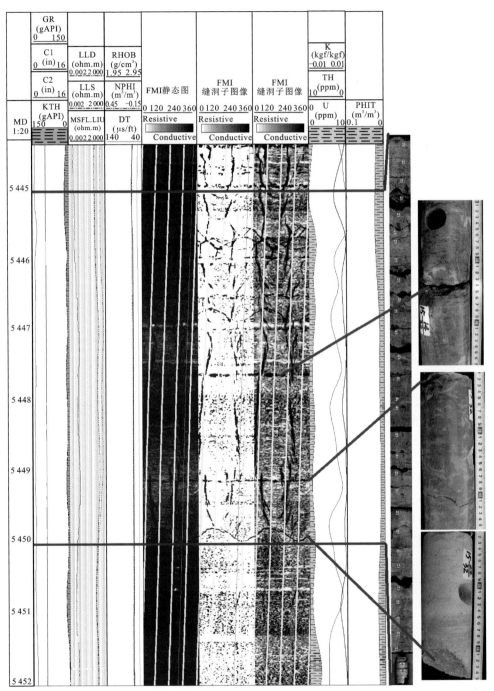

图 2-1-3　T5AC 井鹰山组成像归位图

从左至右依次为成像测井资料、岩心扫描拼接图、归位点照片。$15\frac{13\sim14}{32}$，硅质团块，黄灰色砂屑微晶灰岩；$15\frac{21}{32}$，硅质团块，顶部断面为绿泥层，黄灰色砂屑微晶灰岩；$15\frac{24}{32}$，斜裂缝，黄灰色砂屑微晶灰岩，FMI 深度为 5449.92 m

对塔北地区 44 口井、398 回次岩心资料进行了实物岩心与成像测井资料的归位，为后续塔北地区奥陶系不同组段地层测井响应研究，几种在不同电成像测井资料上可识别的储层成因模式分析、地层划分、地层对比及剥蚀量估计奠定了基础。

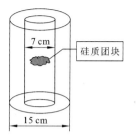

图 2-1-4　岩心与井筒关系示意图

2.1.4　塔北地区奥陶系不同组段地层岩心归位

1. 良里塔格组（O_3l）的岩心归位

良里塔格组岩性为灰色、深灰色薄层状、瘤状与厚块状间互的含生物屑、砂屑泥微晶灰岩，薄层间或瘤灰岩间含泥质，局部含生物（屑）。生物主要有角石、三叶虫、棘屑、介形虫、腕足类及藻类等。

良里塔格组主要为含泥质纹层微晶灰岩段与不含泥质纹层微晶灰岩段互层。在不含泥质纹层的微晶灰岩中可见裂缝，裂缝多被方解石部分充填。在成像资料的静态图像上良里塔格组含泥质纹层微晶灰岩段可以识别，表现为在亮色背景下含有细的条纹，同时自然伽马测井值略有增高。

良里塔格组与下伏恰尔巴克组地层存在明显的岩性界面。下伏恰尔巴克组顶部为棕红色瘤状灰岩，瘤体间含泥较重。而良里塔格组通常为灰绿色含泥质纹层微晶灰岩，含泥相对较少。在经过处理的静态成像测井资料上，良里塔格组的含泥质纹层微晶灰岩电导率低（电阻率高）一些，表现为较亮的颜色；下伏恰尔巴克组由于含泥较重，导电性好，电导率高，表现为较暗的颜色。此外，在自然伽马测井资料上也有明显的差别，下伏恰尔巴克组的瘤状灰岩自然伽马值高，良里塔格组的含泥质纹层微晶灰岩自然伽马值低。

利用该组岩心组合的特点，可结合自然伽马测井资料和孔隙度测井系列计算的孔隙度对良里塔格组地层进行归位。

S1BY 井第 7 回次为良里塔格组地层，图 2-1-5 中，红色粗线为回次归位后的 FMI 起止深度，蓝色线指引图像上对应的岩心照片。图中各列表示：第一道为深度索引；第二道为自然伽马、双井径和去轴伽马；第三道为双侧向测井曲线；第四道为三孔隙度曲线，即补偿中子测井曲线、密度测井曲线、声波时差测井曲线；第五道为 FMI 静态图像；第六道为经过分割后的 FMI 图像；第七道为 FMI 动态图像；第八道为伽马能谱曲线，即铀、钍和钾；第九道为有效孔隙度。该井段主要现象为泥质条纹，母岩岩性为灰色泥晶生屑灰岩。例如，$7\frac{1}{60}$ 岩心，见灰绿色泥质充填缝，$7\frac{19}{60}$、$7\frac{33}{60}$、$7\frac{51}{60}$ 岩心，均见密集的泥质条纹。泥质由于电阻率小（电导率高），在 FMI 图像上呈较暗的黑色。经过归位后，它们对应的 FMI 深度分别为 5 847.58 m、5 849.54 m、5 852.04 m 和 5 854.28 m。

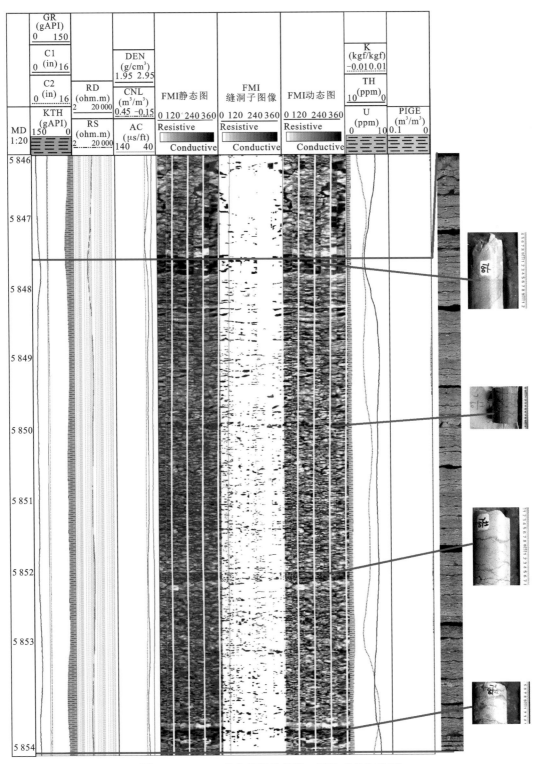

图 2-1-5　S1BY 井良里塔格组第 7 回次成像归位图

2. 恰尔巴克组(O_3q)的岩心归位

恰尔巴克组岩性为紫红色、紫褐色、棕红色薄层状、不规则瘤状含铁泥质泥晶生物屑灰岩、生物屑泥晶灰岩与薄层、条带、不规则条纹状钙质泥岩互层。

该组下部为浅灰色、灰色含泥质纹层泥微晶灰岩,岩性均一,含丰富的介壳(毫米级、絮状分布),底部多见海绿石。上部为灰色、灰绿色过渡为紫红色瘤状灰岩。瘤体为泥微晶灰岩,瘤体间为灰绿色、紫红色泥质或粉砂质条纹、条带。该组顶部泥质含量增加,见同生期暴露标志(淡水胶结方解石、生物外壳发育铁质氧化膜),厚 10 余米。该组总厚度 20 余米,且很稳定。

恰尔巴克组在成像测井上的响应特征明显。瘤状灰岩瘤体间的灰绿色、紫红色泥质条纹在成像测井上表现为近水平状的纹层。泥质纹层为高电导,在成像测井上表示为黑色。值得注意的是,在成像测井上的一个高电导纹层,由于成像测井仪器分辨率和图像显示比例的限制,可以是岩心上若干条泥质纹层的综合响应。

T1BE 井第 5 回次成像归位图,如图 2-1-6 所示。在该井段见岩性界面,从去铀伽马曲线上看,该井段去铀伽马值上部较低、中部高,下部介于上部与中部之间,可见中部的泥质含量高。从岩心上看,该井段上部为泥晶灰岩,中部为绿色泥岩,下部为棕红色瘤状灰岩。$5\frac{3}{54}$岩心为岩性界面,上部为泥晶灰岩,下部为绿色泥岩。$5\frac{14}{54}$岩心为绿色泥岩和棕红色瘤状灰岩的岩性界面,$5\frac{44}{54}$岩心为棕红色瘤状灰岩和泥晶灰岩界面。归位后的这三个界面对应的 FMI 深度分别为 5 572.28 m、5 573.2 m 和 5 577.3 m。

3. 一间房组(O_2yj)的岩心归位

该组岩性为浅灰色厚层状砂屑灰岩及海绵礁灰岩。下部为浅灰色-深灰色中厚层状亮晶砂屑灰岩、含生物屑亮晶砂屑灰岩,间夹薄层、条带状含鸟眼示底构造的藻屑泥晶灰岩。中部为灰色、深灰色厚层、块状泥微晶生物灰岩、生物屑灰岩,偶夹中薄层鸟眼泥晶灰岩、微晶砂屑、鲕粒灰岩。上部和下部见燧石薄层、条带与团块。包含 2~3 个大的由台地边缘生屑滩向上演变为障积型丘状生物礁的沉积序列。沉积环境为台地浅滩-台内礁。纵向上分两部分:下部建滩序列,岩石组合主要为砂砾屑灰岩、藻鲕灰岩、鲕粒灰岩,含丰富的底栖生物(三叶虫、腕足、介形虫、苔藓等);上部造礁序列,岩石组合主要为海绵礁灰岩、藻黏结灰岩、生物骨架灰岩。

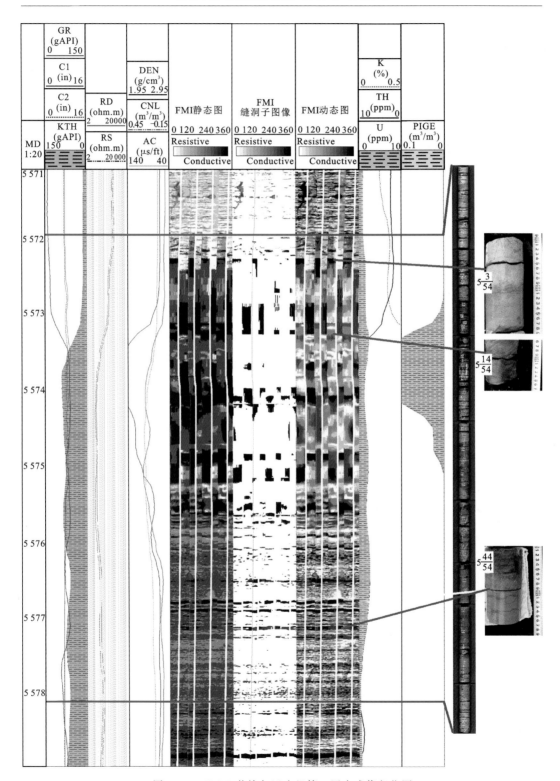

图 2-1-6　T1BE 井恰尔巴克组第 5 回次成像归位图

该组与上覆恰尔巴克组的界线在有的井可从常规测井曲线上识别,恰尔巴克组自然伽马曲线在底部附近多有一个指状尖峰(高值)。一间房组顶部为粒屑灰岩或海绵礁灰岩,恰尔巴克组底部为含泥质纹层微晶灰岩,在成像测井资料上恰尔巴克组的含泥质纹层微晶灰岩与一间房组的粒屑灰岩可以识别。前者在成像测井资料上有近水平状的黑色条纹,后者无纹。

硅质团块在一间房组上部和下部都有分布。前面的研究表明,硅质团块条带在成像测井资料上较易识别。由于成像测井的分辨率高,在成像测井资料上表现为宽黑色的条状或"嘴唇"状,较易识别。若硅质团块、条带的大小大于井径,表现为条带状;若硅质团块小于井径表现为"嘴唇"状。因此,硅质团块可作为归位标志。

在一间房组地层,一般发育三个储层段,这些储层段的含油岩心或溶孔层也可以作为一个归位层段。

在一间房组地层中,也发育较多的缝合线,且其中含黑色有机质。在成像资料上的响应明显,也可作为归位标志。

S1BY 井第 8 回、第 10 回次为一间房组地层(图 2-1-7、图 2-1-8)。在该井的第 8 回次的上部,多发育缝合线,在下部发育硅质团块。由于缝合线发育,地层的渗透性增强,其导电性相应的增强;缝合线的宽度比成像测井的分辨率小得多,因此,较密集的缝合线在 FMI 成像测井图上显示为暗黑色的条带;若缝合线较少且稀疏,在 FMI 测井图上则可能无明显的响应。由于硅质团块周围比硅质团块中心的导电性强,因此在 FMI 分割图像上呈"嘴唇"状。该回次的母岩岩性为灰白色砂屑微晶灰岩。在 $8\frac{5}{52}$、$8\frac{7}{52}$、$8\frac{10}{52}$ 岩心上见较粗的缝合线,$8\frac{19}{52}$、$8\frac{32}{52}$、$8\frac{38}{52}$、$8\frac{46}{52}$ 岩心上见不规则斑状疏松的硅质团块。它们的归位深度如图 2-1-7 所示。

图 2-1-8 为 S1BY 井一间房组第 10 回次成像归位图。该回次溶蚀孔发育,母岩的岩性为生屑灰岩。$10\frac{13\sim14}{57}$ 岩心发育较多的溶蚀孔,归位深度如图 2-1-8 所示。

4. 鹰山组($O_{1-2}ys$)的岩心归位

该组与上覆一间房组的界线在常规测井资料与成像资料上均不易识别。该组顶部为含藻鲕的泥微晶灰岩,多含硅质团块,也见(含沥青)斑块。一间房组底部主要为含藻鲕砂屑灰岩。

在成像测井资料上,鹰山组可较好识别的地质现象有硅质团块、裂缝、白云岩灰岩互层、缝合线藻纹层、泥质条带、方解石充填裂缝和充填与未充填的溶洞等。这些地质现象都可作为岩心归位标志。

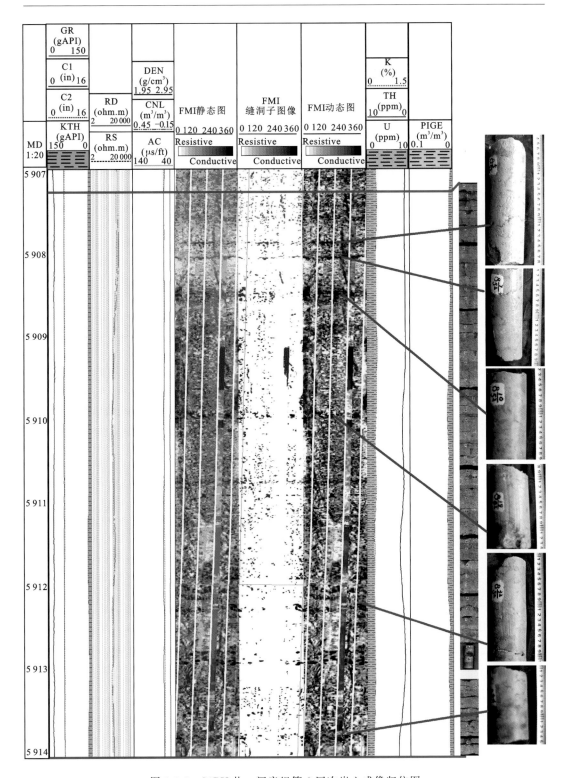

图 2-1-7　S1BY 井一间房组第 8 回次岩心成像归位图

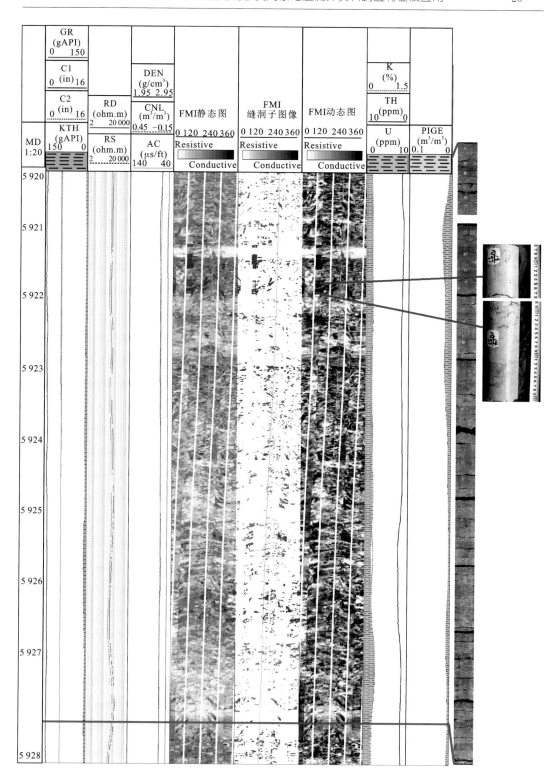

图 2-1-8　S1BY 井一间房组第 10 回次岩心成像归位图

1）鹰山组第四段岩心归位

S1BB 井第 6 回次为鹰山组第四段地层。该井段主要发育硅质团块，且其体积较大，在 FMI 图像上的响应比较明显（图 2-1-9），母岩岩性为砂屑灰岩-藻屑灰岩-藻灰岩沉积序列。具体如下，$6\frac{6}{53}$ 岩心上见硅质团块，宽约 3.5 cm，长约 8 cm；$6\frac{20}{53}$ 岩心上的硅质团块呈圆形，直径约 6.5 cm；$6\frac{28}{53}$ 岩心的硅质团块过岩心，宽约 2 cm；$6\frac{32}{53}$ 岩心上的硅质团块长约 6 cm，宽约 3.5 cm；$6\frac{39}{53}$ 岩心上硅质团块长约 6 cm，宽约 1 cm。它们对应的 FMI 深度如图 2-1-9 所示。

2）鹰山组第三段岩心归位

T1BE 井第 10 回次也发育较的多缝合线（图 2-1-10），且沿缝合线白云化，岩性为黄灰色砂屑微晶灰岩。$10\frac{7}{32}$、$10\frac{11}{32}$、$10\frac{21}{32}$、$10\frac{25}{32}$、$10\frac{18}{32}$ 岩心均见缝合线发育，且沿缝合线不规则斑块白云化，归位效果如图 2-1-10 所示。

T7GA 井第 5 回次为鹰山组第三段地层（图 2-1-11），该回次为黄灰色、褐灰色泥晶砂屑灰岩、（含）砾屑砂屑灰岩、砂屑灰岩、含生物屑砂屑灰岩。砾屑发育，呈不规则砾状，见较多生物化石碎片。在图 2-1-11 上，该回次的孔隙度较大。在 $5\frac{14\sim17}{52}$ 岩心上发育较多的溶孔，$5\frac{18\sim21}{52}$ 块岩心也发育较多的溶孔，总体上该回次溶孔较为发育。$5\frac{14}{52}$ 岩心归位后的 FMI 深度为 5 976.76 m。

3）鹰山组第二段岩心归位

T7FD 井第 7 回次为鹰山组第二段地层（图 2-1-12），基岩岩性为灰色含砂屑泥晶灰岩。$7\frac{2}{10}$ 岩心上发育缝合线，且缝合线中含黑色有机质；$7\frac{7}{10}$ 岩心上见硅质团块。它们归位后的 FMI 深度分别为 5 909.9 m 和 5 911.24 m。

4）鹰山组第一段岩心归位

该段仅部分井钻井揭示，且没有取心，因此没有用成像测井资料归位。

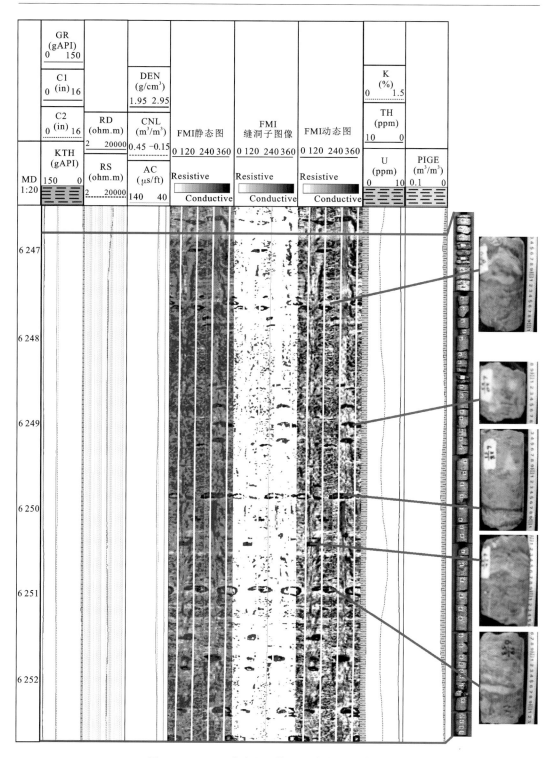

图 2-1-9　S1BB 井鹰山组第 6 回次岩心成像归位图

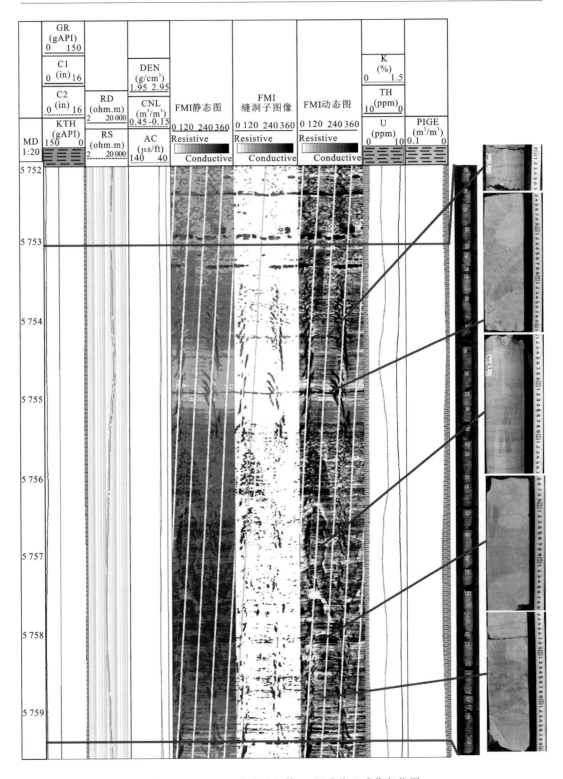

图 2-1-10　T1BE 井鹰山组第 10 回次岩心成像归位图

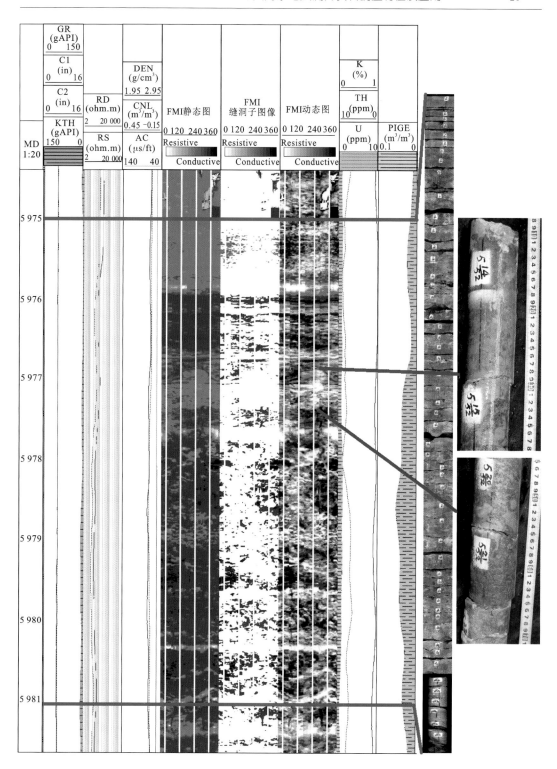

图 2-1-11 T7GA 井鹰山组第 5 回次岩心成像归位图

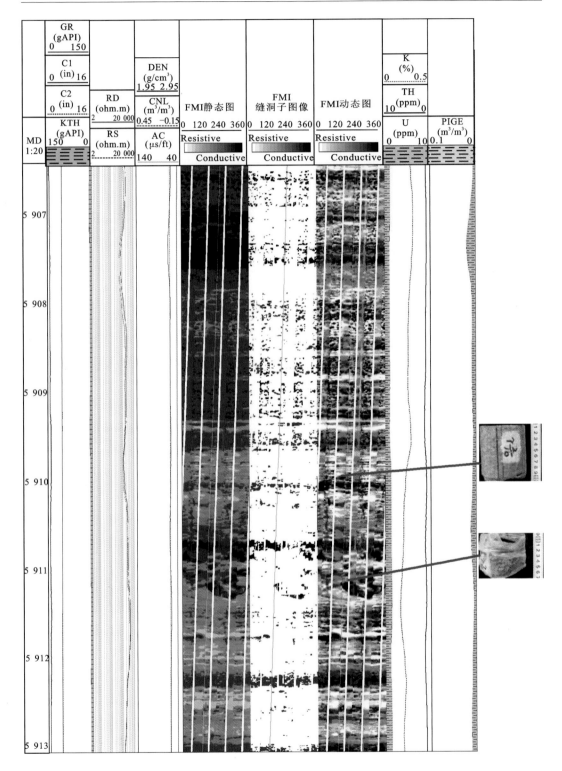

图 2-1-12　T7FD 井鹰山组第 7 回次岩心成像归位图

2.2　塔北地区奥陶系不同组段地层测井资料响应特征

钻探揭示塔里木盆地北部地区奥陶系自上而下发育的地层为上奥陶统桑塔木组、上奥陶统良里塔格组、上奥陶统恰尔巴克(吐木休克)组、中奥陶统一间房组、中-下奥陶统鹰山组、下奥陶统蓬莱坝组。除桑塔木组有较多碎屑岩之外,其余各组地层均为碳酸盐岩地层。塔里木盆地北部地区除蓬莱坝组地层分布较全之外,其余各组地层均遭受不同程度的风化剥蚀。

2.2.1　桑塔木组

在塔里木盆地北部地区,桑塔木组是奥陶系内重要的沉积构造转换面。从桑塔木组沉积开始的海侵淹没了晚奥陶世的碳酸盐台地,奥陶系碳酸盐岩台地从此消亡,塔里木盆地性质也从被动大陆边缘开始向前陆盆地转化。受晚奥陶世末期加里东中期III幕构造运动、志留系末期加里东晚期构造运动及晚泥盆世末及早石炭世初期海西早期构造运动,特别是海西早期构造运动的影响,桑塔木组地层遭受风化剥蚀,仅在S9B—T7AB—S8X—T2AF—S1AA 一线以南有残留(图 2-2-1),纵向上残留 1~3 个旋回的碳酸盐岩塌积序列。

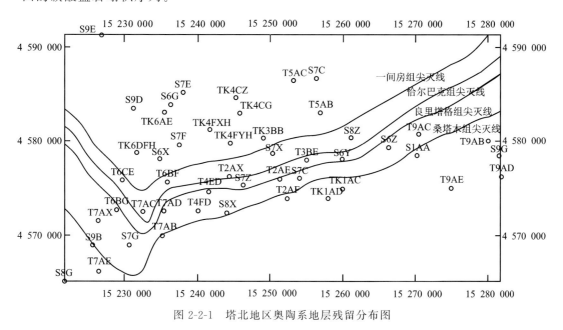

图 2-2-1　塔北地区奥陶系地层残留分布图

桑塔木组地层的含钙质碎屑岩直接覆盖于良里塔格组含泥的微晶灰岩之上,两者之间的岩性存在重大差别,这导致桑塔木组与下伏的良里塔格组的界面在常规测井资料、成像测井资料及化学元素测井资料上均具有明显的响应特征(柳建华 等,2007)。

　　桑塔木组岩性主要为灰绿色泥岩、灰褐色泥岩、深灰色泥岩、钙质泥岩、粉砂质泥岩、泥质粉砂岩(图 2-2-2),在常规测井上为典型的砂泥岩剖面响应,相对于灰岩剖面具有高

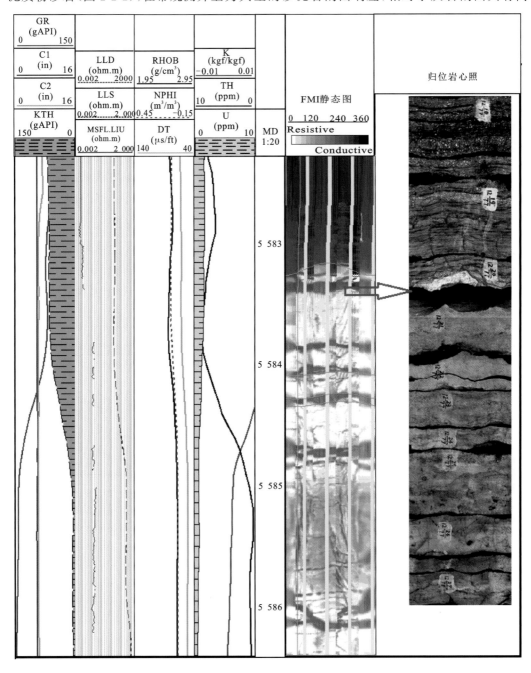

图 2-2-2　桑塔木组与下伏地层接触关系的测井响应特征(T9AB 井)

自然伽马、高去铀自然伽马、高钍含量、低电阻率、低密度、高中子孔隙度及高声波时差等特征。良里塔格组岩性主要为含泥质纹层的微晶灰岩(图 2-2-2),在常规测井资料上为典型的灰岩剖面响应,相对于砂泥岩剖面具有低自然伽马、低去铀自然伽马、低钍含量、高电阻率、高密度、低中子孔隙度及低声波时差等特征。因此,在常规测井资料上,桑塔木组与下伏的良里塔格组界面具有自然伽马、去铀自然伽马、钍含量曲线值降低,电阻率曲线值增大,密度曲线值增大,中子孔隙度曲线和声波时差曲线值减小的响应特征,如图 2-2-2 和图 2-2-3 所示。

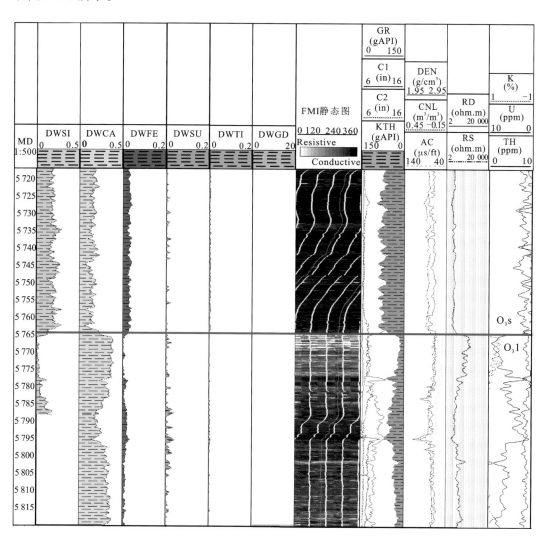

图 2-2-3　桑塔木组与下伏地层接触关系的测井响应特征(S1AY-1 井)

相对于良里塔格组,桑塔木组地层岩石导电性好,在成像测井资料的静态图像上表现为相对较暗的颜色。而相对于桑塔木组,良里塔格组地层导电性差,在成像测井资料的静态图像上表现为相对较亮的颜色。因此,在成像测井资料静态图像上从桑塔木组到良里塔格组,桑塔木组与下覆的良里塔格组界面具有颜色明显变亮的响应特征,如图 2-2-2 和图 2-2-3 所示。

因桑塔木组地层岩性以灰绿色泥岩、灰褐色泥岩、深灰色泥岩、钙质泥岩、粉砂质泥岩、泥质粉砂岩为主,良里塔格组地层岩性以含少量泥质纹层的微晶灰岩为主,故桑塔木组地层中的石英和黏土的含量明显高于良里塔格组地层,碳酸盐岩含量明显低于良里塔格组。化学元素测井测量得到的硅元素(Si)含量多用来指示石英含量,铁元素(Fe)含量的多少与泥质有关,钙元素(Ga)含量的多少可以用来指示碳酸盐岩含量的多少。因此,在化学元素测井资料上从桑塔木组到良里塔格组,桑塔木组与下覆的良里塔格组界面具有硅元素含量突然减小、铁元素减少、钙元素含量突然增大的响应特征,如图 2-2-3 所示。

2.2.2 良里塔格组

受志留系末期加里东晚期构造运动和晚泥盆世末期及早石炭世初期海西早期构造运动,特别是海西早期构造运动的影响,塔北地区良里塔格组地层遭受强烈的风化剥蚀,仅在 T6BG—T7AD—T4ED—T2AE—S6Y 一线以南有残留(图 2-2-1),为奥陶系最后的碳酸盐台地沉积。沉积环境为台地浅滩或滩间,局部见藻礁或藻丘。

塔北地区良里塔格组与中、下奥陶统灰岩明显不同,有两个显著特点:含泥质,普遍重结晶。塔北地区良里塔格组地层主要为含泥质纹层泥微晶灰岩与不含泥质纹层微晶灰岩互层。在不含泥质纹层的微晶灰岩中可见裂缝(图 2-2-4)、溶蚀孔洞(图 2-2-5)发育,多充填结晶方解石,未充填部分是奥陶系碳酸盐岩储层重要的储渗空间。塔北地区良里塔格组含泥质纹层泥微晶灰岩段结合电成像成测井资料和常规测井资料是可以识别的,在成像资料的静态图像上表现为在亮色背景下含有细的条纹,同时自然伽马测井值略有增高(图 2-2-6)。

塔北地区良里塔格组含泥微晶灰岩覆盖于恰而巴克组瘤状灰岩之上,两者之间存在明显的岩性界面。因此,塔北地区良里塔格组与下伏的恰尔巴克组的界面在常规测井资料、成像测井资料及化学元素测井资料上均具有明显的响应特征。

塔北地区良里塔格组下伏的恰尔巴克组顶部的瘤状灰岩的瘤体含泥较重,其含泥量要高于良里塔格组地层含泥微晶灰岩。因此,在常规测井资料上从良里塔格组到恰尔巴克组,良里塔格组与下伏的恰尔巴克组界面具有自然伽马和去铀伽马值明显增大,钾和钍含量值增大,双测向电阻率测井值降低,密度测井值减小,中子孔隙度增大的响应特征,如图 2-2-7 所示。

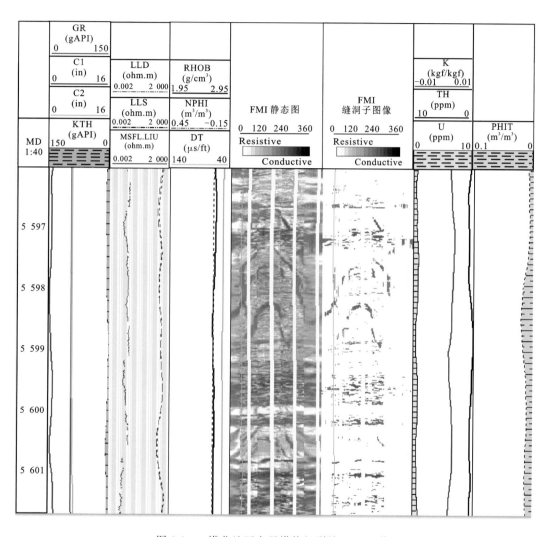

图 2-2-4 塔北地区良里塔格组裂缝(T9AB 井)

良里塔格组的含泥质纹层微晶灰岩电导率低(电阻率高)一些,在电成像测井资料静态图上表现为较亮的颜色;下伏恰尔巴克组由于含泥较重,导电性好,电导率高,在电成像测井资料静态图上表现为较暗的颜色。因此,在电成像静态图上从良里塔格组到恰尔巴克组,良里塔格组与下伏的恰尔巴克组界面具有颜色明显变暗的响应特征,如图 2-2-7 所示。

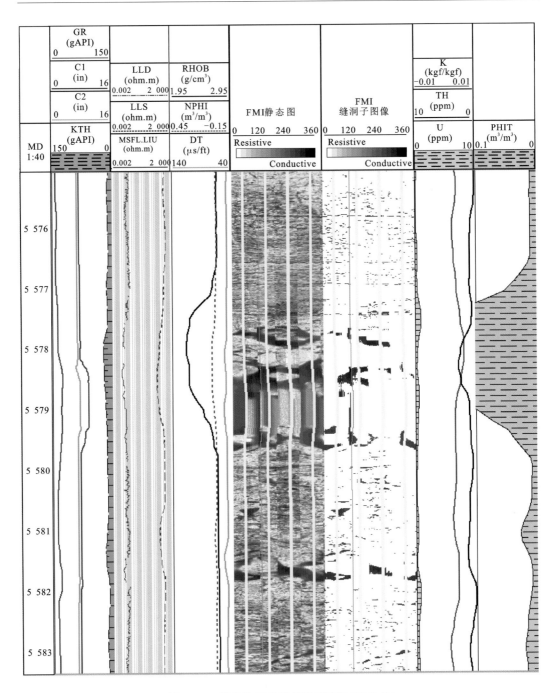

图 2-2-5 塔北地区良里塔格组溶洞(S9G 井)

塔北地区良里塔格组地层中的泥质含量明显低于恰尔巴克组,即良里塔格组地层中的石英和黏土的含量明显低于恰尔巴克组,碳酸盐岩含量明显高于恰尔巴克组。在

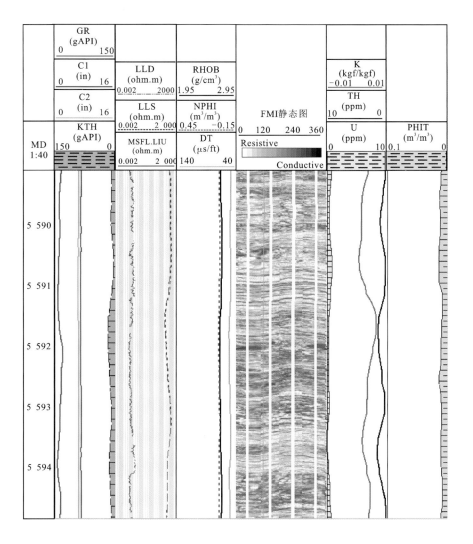

图 2-2-6　塔北地区良里塔格组泥质纹层(S9G 井)

化学元素测井响应上表现为良里塔格组底部硅元素含量较少,其含量一般小于 10%;而钙元素含量较多,含量一般为 25%~40%;铁元素含量较少。但恰尔巴克组顶部硅元素含量增多,含量在 25% 左右;钙元素含量减少,一般为 10%~25%;铁元素含量增多。因此,在化学元素测井资料上良里塔格组到恰尔巴克组,良里塔格组与下伏的恰尔巴克组界面具有硅元素含量突然增大,钙元素含量减小,铁元素增大的响应特征,如图 2-2-7 所示。

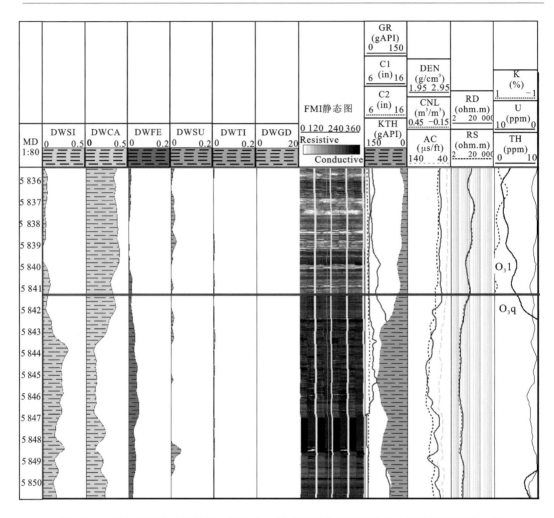

图 2-2-7　塔北地区良里塔格组与下伏恰尔巴克组接触关系的测井响应特征(S1AY-1 井)

2.2.3　恰尔巴克(吐木休克)组

在中奥陶世末期,塔里木板块南部与南昆仑板块发生碰撞,产生加里东中期Ⅰ幕构造运动。塔北地区受加里东中期Ⅰ幕构造运动中期构造运动相对较弱,沉降为深水台地沉积恰尔巴克组。之后塔北地区受晚泥盆世末及早石炭世初期海西早期构造运动影响强烈,中-上奥陶统、下奥陶统顶部地层依次被剥蚀,恰尔巴克组在 T7AC—T2AX—T3BE 一线以南有残留(图 2-2-1)。

塔北地区恰尔巴克组地层上部为灰色、灰绿色、紫红色瘤状灰岩(图 2-2-8),厚度约为10 m,瘤体为泥微晶灰岩,瘤体间为灰绿色、紫红色泥质或粉砂质条纹、条带,顶部泥质含量增加。下部为浅灰色、灰色(含泥质)生屑泥微晶灰岩(图 2-2-8),厚度约为 10 m,泥质从上至下从有到无逐渐减少。

图 2-2-8　塔北地区恰尔巴克组岩心照片(T2AY 井)

塔北地区恰尔巴克组地层底部的含泥质生屑泥微晶灰岩覆盖于一间房组顶部的粒屑灰岩或海绵礁灰岩之上,两者在岩性上存在较大差别。因此,恰尔巴克组与下伏的一间房组的界面在常规测井资料、成像测井资料及化学元素测井资料上均具有较为明显的界面响应特征。

一间房组地层顶部的粒屑灰岩或海绵礁灰岩比恰尔巴克组地层底部的含泥质生屑泥微晶灰岩纯净。因此在常规测井资料上从恰尔巴克组到一间房组,恰尔巴克组与下伏的一间房组的界面具有自然伽马值和去铀伽马值都降低,钍含量降低,电阻率增大的响应特征,如图 2-2-9 所示。

恰尔巴克组地层底部的含泥质生屑泥微晶灰岩中的泥质为灰绿色泥质纹层,在电成像静态图上整体颜色较暗,且有近水平状的纹层。而一间房组顶部为粒屑灰岩或海绵礁灰岩,相对于上覆的恰尔巴克组地层导电性变差,在成像测井资料上表现为较亮的颜色。因此,在电成像测井静态图上从恰尔巴克组到一间房组,恰尔巴克组与下伏的一间房组的界面具有颜色变亮,近水平状纹层消失的响应特征,如图 2-2-9 所示。

由于一间房组地层顶部灰岩比恰尔巴克组地层底部灰岩纯净。在化学元素测井资料上从恰尔巴克组到一间房组地层,恰尔巴克组与下伏的一间房组的界面具有如下响应特征(图 2-2-9),硅元素含量逐渐变低,有时甚至有突变;钙元素含量有所增加,但增加幅度不大。

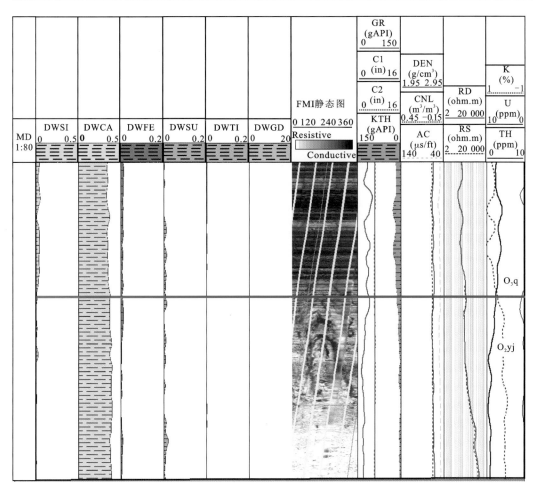

图 2-2-9　塔北地区恰尔巴克组与下伏地层接触关系测井响应图（S1AG-3 井）

2.2.4　一间房组

中奥陶世末期的加里东中期 I 幕构造运动在塔里木盆地中南部活动强烈，北部运动较弱。塔北地区受加里东中期 I 幕构造运动中期构造运动相对较弱，抬升幅度明显小于塔中地区，一间房组顶部地层大面积暴露地表，局部遭受风化剥蚀。之后塔北地区受晚泥盆世末及早石炭世初期海西早期构造运动影响强烈，中上奥陶统、下奥陶统顶部地层依次被剥蚀，一间房组在 T6CE—T6BF—S7X 一线以南有残留（图 2-2-1）。

塔北地区一间房组发育 2 个建滩-造礁沉积序列，沉积环境为台地浅滩-台缘生物礁。岩性主要为浅灰色-黄灰色亮晶砂屑灰岩、亮晶砂屑-生屑灰岩、亮晶生屑灰岩、微晶颗粒灰岩、（泥）微晶灰岩不等厚互层，部分钻孔夹层孔虫-海绵礁灰岩，属开阔台地浅海、滩间海、生屑、砂屑滩沉积，局部为海绵障积礁沉积。塔北地区一间房组地层中一般发育三套礁滩相颗粒灰岩储层（翟晓先 等，2002），平面上为似层状分布（张抗，2003），如图 2-2-10 所

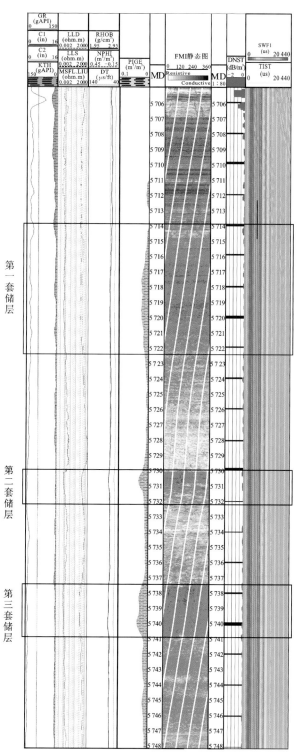

图 2-2-10　塔北地区一间房组礁滩相颗粒灰岩三套储层（TK2AZ 井）

示。礁滩相颗粒灰岩中发育的裂缝和溶蚀孔洞是塔北地区一间房组礁滩相颗粒灰岩储层的主要储渗空间。大部分井在一间房组只发育下部的一套或两套储层,其中以第二套最发育,一间房组顶部附近的第三套储层通常不发育。

　　塔北地区一间房组底部的浅灰-深灰色中厚层状亮晶砂屑灰岩、含生物屑亮晶砂屑灰岩,间夹薄层、条带状含鸟眼示底构造的藻屑泥晶灰岩覆盖于鹰山组顶部(即鹰山组第四岩性段 $O_{1-2}ys^4$)的硅质团块发育的微晶灰岩之上。一间房组底部的灰岩纯度与鹰山组顶部的基本一致,区别较大的是鹰山组顶部微晶灰岩中硅质团块较为发育,而一间房组底部硅质团块发育较少。硅质团块在电成像测井资料和化学元素测井资料上有较为明显的响应,在常规测井上的响应不明显。因此,一间房组与下伏的鹰山组的界面在常规测井资料上不易识别(图 2-2-11、图 2-2-12),而在成像测井资料和化学元素测井资料上有明显响应。

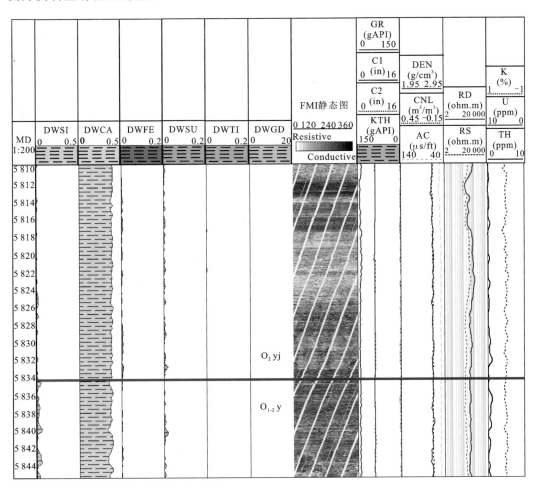

图 2-2-11　一间房组与下伏地层接触关系测井响应图(S1AG-3 井)

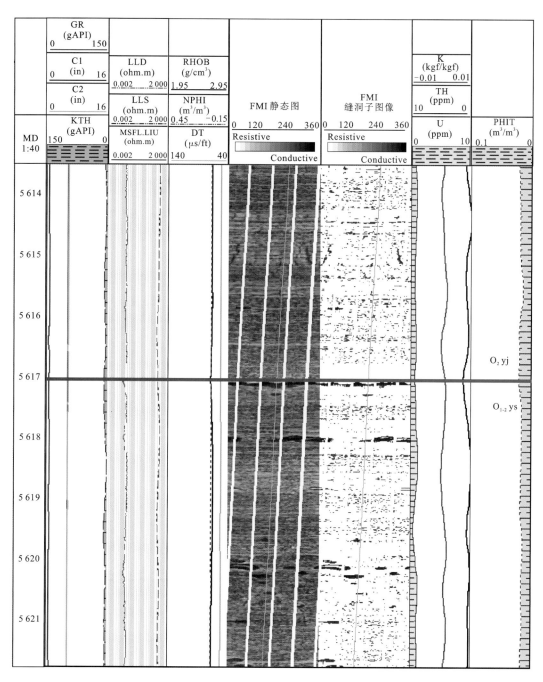

图 2-2-12　一间房组与下伏地层接触关系测井响应图（S7G 井）

一间房组底部岩性较纯，在电成像静态图像上呈较亮的颜色。下伏鹰山组顶部地层中硅质团块发育，硅质团块周围导电性较好，在电成像静态图像表现为"嘴唇"状或条状（关于硅质团块在电成像测井资料上的响应在后面 2.2.5 节中会详细讨论）。因此，在电成像静态图像上从一间房组到鹰山组,一间房组与下伏鹰山组的界面具有"嘴唇"状或条状硅质团块响应从无到有的响应特征,如图2-2-11和图2-2-12所示。

一间房组底部灰岩较纯,硅质团块发育较少,在化学元素测井测量的硅元素含量几乎为零且在深度上不连续。鹰山组界线附近地层由于普遍含有硅质团块,硅元素含量较一间房组明显增加,化学元素测井测量的硅元素含量为4%～10%,深度上的分布相对比较连续。因此,在化学元素测井资料上从一间房组到鹰山组,一间房组与下伏鹰山组的界面具有硅元素含量突然增加的响应特征,如图2-2-11所示。

2.2.5 鹰山组

塔里木盆地中奥陶世末期产生的加里东中期Ⅰ幕构造运动在盆地中南部动强烈,北部运动较弱。塔北地区受加里东中期Ⅰ幕构造运动影响较弱,鹰山组地层未暴露地表,塔北地区鹰山组地层在中奥陶世末期未遭受风化剥蚀。但塔北地区受晚泥盆世末及早石炭世初期海西早期构造运动影响强烈,塔北地区整体强烈抬升,形成古隆起,泥盆系、志留系、中上奥陶统、下奥陶统顶部地层依次被剥蚀,鹰山组地层部分缺失。

鹰山组地层沉积相均为开阔台地相,发育4～5个藻席或建滩沉积序列;沉积环境为潮坪向台地过渡,岩性主要为(藻)砂屑灰岩、微晶灰岩、藻鲕灰岩、斑状含云-白云质灰岩及藻纹层灰岩,偶见鲕粒灰岩、砾屑灰岩。由于埋藏较深,一般底部钻探揭示不全;或后期剥蚀顶部缺失,在塔北地区钻井完整揭示,据沉积序列暂分4段。

鹰山组第四岩性段及以下的灰岩地层中硅质团块发育,且在鹰山组第四岩性段底部密集发育;鹰山组第三岩性段底界附近对应于缝合线藻纹层密集段;第二岩性段主要为白云岩与灰岩互层。下面详细讨论硅质团块、缝合线藻纹层、白云岩与灰岩互层、鹰山组第四岩性段底界及第三岩性段底界测井响应特征。

1. 硅质团块

在塔北地区奥陶系鹰山组第四岩性段及以下的灰岩地层中见白色、灰色或淡黄色结核状、条带状硅质团块发育(图2-2-13),且在鹰山组第四岩性段底部密集发育。塔北地区奥陶系碳酸盐岩地层中发育的硅质团块多属于交代成因,在成岩阶段由分散状的硅质(SiO_2)沉积物重新聚集并交代碳酸盐岩或有机质沉积物而成,与母岩准同生。有关形成燧石的分散状硅质(SiO_2)的来源有过推测,认为早奥陶世末的加里东中期运动在塔里木克拉通内部形成的挤压挠曲可能伴随有火山喷发,而分散状硅质(SiO_2)可能来源于火山喷发物质。可见,鹰山组及以下地层中沉积的燧石为地层对比提供了相应的标志。由于台地相碳酸盐岩地层放射性矿物含量本身不高,在塔里木盆地北部中上奥陶统剥蚀区不易找到地层对比标志层,应用测井资料划分对比塔里木盆地北部奥陶系一间房组和鹰山组内各岩性段的地层界限很困难。因此,将鹰山组第四岩性段底部的燧石密集发育段作为地层对比标志就显得尤为重要。

在成像测井资料上可以从两个方面识别结核状、条带状燧石(王谦 等,2004)。一方

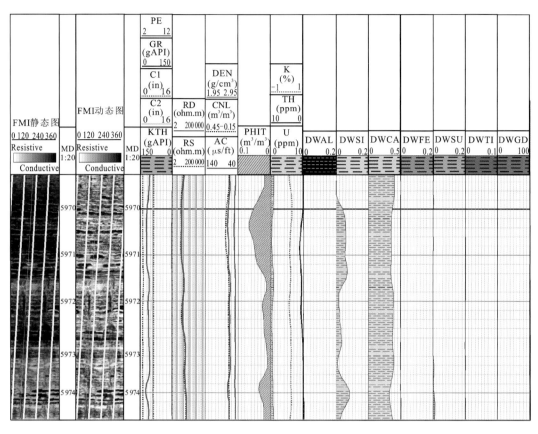

图 2-2-13　塔北地区 S1AG-3 井鹰山组 5 969.8～5 974.4 m 井段测井图

面,鹰山组结核状、条带状燧石在产状上具有沿层分布的特点,其倾角一般很低,小于 5°,
如图 2-2-14 所示。另一方面,因硅质的交代具有明显的选择性,一般总是先交代生物遗
体或富含有机质或者孔隙度高的部分,故燧石外围或富含有机质或者孔隙度较高,导电泥
浆侵入使孔隙大的外围部分导电性变好;另外,碳酸盐岩中燧石的硬度比围岩的硬度要
大,在钻井过程中,硬度较大的燧石会对围岩产生扰动作用,使燧石周围岩石变得较为疏
松,导电泥浆侵入后,也导致在测量的电成像图上燧石外围的导电性要较母岩和燧石中间部
分好得多。由此可见结核状、条带状燧石在成像测井资料上表现为沿层分布的"嘴唇"状或
宽黑色的条带状,如图 2-2-15 所示。通常若结核状燧石小于井径表现为沿层分布的"嘴唇"
状;而结核状燧石或条带状燧石的大小大于井径的表现为近水平状的宽黑色条带。

　　燧石主要由石英组成,石英含量在 98％以上,因此与纯灰岩地层相比,燧石发育的灰
岩地层中硅含量升高、钙含量减少。相应地,燧石发育的灰岩地层在化学元素测井资料上
有硅元素含量增加、钙元素含量减少,其他元素含量变化不大的响应特征。

　　燧石发育的灰岩密度曲线值有降低但不明显,而岩石光电截面吸收指数 Pe 区分岩性
的能力较强,不同矿物的 Pe 值相差很大。石英的 Pe 值为 1.81,方解石的 Pe 值为 5.05,

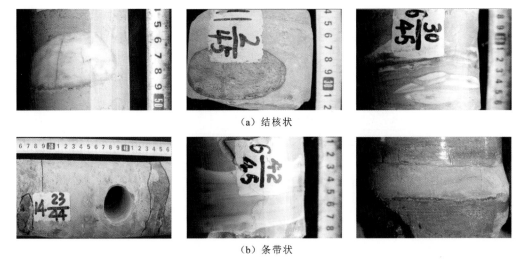

（a）结核状

（b）条带状

图 2-2-14 塔里木盆地北部奥陶系鹰山组不同形态燧石岩心照片

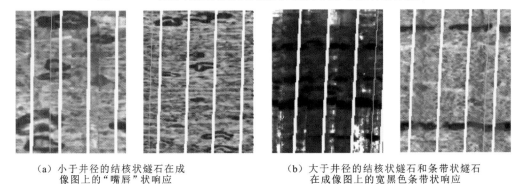

（a）小于井径的结核状燧石在成
像图上的"嘴唇"状响应

（b）大于井径的结核状燧石和条带状燧石
在成像图上的宽黑色条带状响应

图 2-2-15 结核状、条带状燧石成像测井响应特征图

两者的值相差很大。当灰岩地层中发育燧石时，石英所占岩石比例增加，方解石所占岩石比例减少，因而测量到的 Pe 值会变小。

综上所述，结核状、条带状燧石在成像动静态图上显示为"嘴唇"状和宽黑色条带响应，"嘴唇"状和宽黑色条带响应对应双侧向测井值降低且呈微弱的"正差异"；在常规测井资料上有，密度值降低、中子孔隙度增大、声波时差略有增大、Pe 值降低的响应；在化学元素测井资料上，硅元素含量升高、钙元素含量减少，且有硅元素含量升高越多 Pe 值降低越大。值得注意的是，当燧石发育较少时在电成像和化学元素测井上会有响应，但 Pe 曲线不一定有响应或仅有微弱的响应（如图 2-2-13 上 5 972.2 m 处）。

2. 缝合线藻纹层

在缝合线和藻纹层密集发育的灰岩地层，成像测井上可见近线状的高电导纹层，如图 2-2-16（LGZ 井）所示。值得注意的是，成像资料上一条近线状的纹层，由于仪器分辨率的限制可能是岩心上若干条缝合线或藻纹层的综合响应；同样在双侧向资料上的一个高电导层，有可能是成像资料上若干条线状的缝合线的综合响应。岩心上见到的最细，成像资

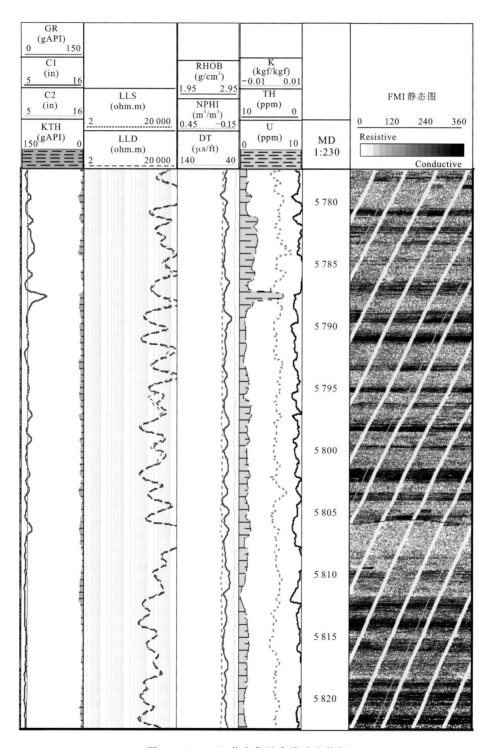

图 2-2-16　LGZ 井密集缝合线响应特征

料上略粗,双侧向资料上更粗。由于在鹰山组下段通常沿缝合线有白云化现象,中子孔隙度略有增大。在缝合线密集发育的灰岩地层双侧向资料呈波浪状负差异,如 LG3G 井 6 302～6 318 m 井段(图 2-2-17)。

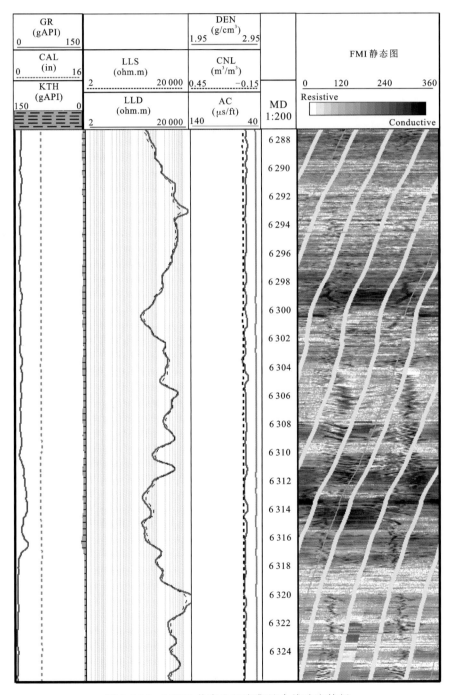

图 2-2-17　LG3G 井鹰山组密集缝合线响应特征

3. 白云岩与灰岩互层

在鹰山组岩心上可见白云岩化灰岩与灰岩互层。岩石学研究表明,白云岩多是交代原先的碳酸盐形成的。流体带入 Mg^{2+},溶解原先的相,沉淀白云岩,带出 Ca^{2+},导致晶间孔隙度增大。高矿化度地下水侵入孔隙大的地层,使其导电性变好。在成像测井资料上,白云化层段因导电性好,表现为较暗的颜色,而未白云化的纯灰岩段,则表现为较亮的颜色,且具有成层性的特点,如图 2-2-18(S9D 井)所示。

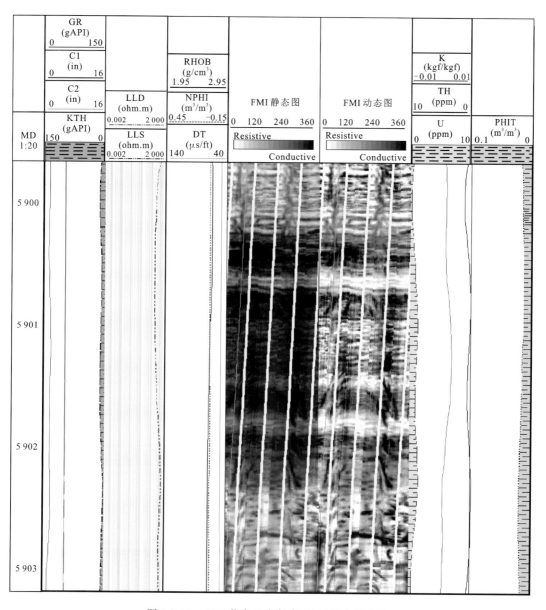

图 2-2-18　S9D 井白云岩灰岩互层(鹰山组下段)

4. 鹰山组第四岩性段底界附近的测井响应特征

鹰山组第四岩性段的底界附近是硅质团块密集发育段,在此岩性段以上,地层普遍发育硅质团块;在此岩性段以下,地层为白云化斑状灰岩与灰岩互层。两者在成像资料上可以识别。第四岩性段底部表现为带黑斑的较亮颜色(图 2-2-19、图 2-2-20)。第三岩性段则呈层状暗色条纹。

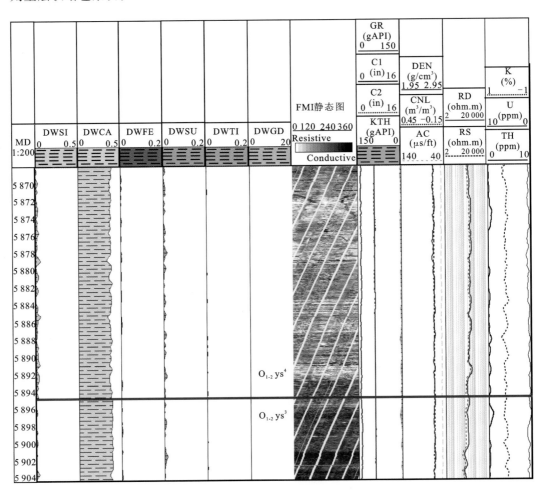

图 2-2-19　鹰山组第四岩性段底界附近测井响应特征(S1AG-3)

在常规资料上,自然伽马值和去铀伽马值无明显变化;伽马能谱测井的铀、钍和钾含量对该界面的响应也不明显。密集硅质团块发育段,一个可识别的特征是部分井的双侧向测井值和三孔隙度测井资料,双侧向在密集硅质团块段降低很多,则密度减小,声波时差略有增大。

在化学元素测井资料上,该界面上部的硅元素含量高于界面下部。图 2-2-19 为

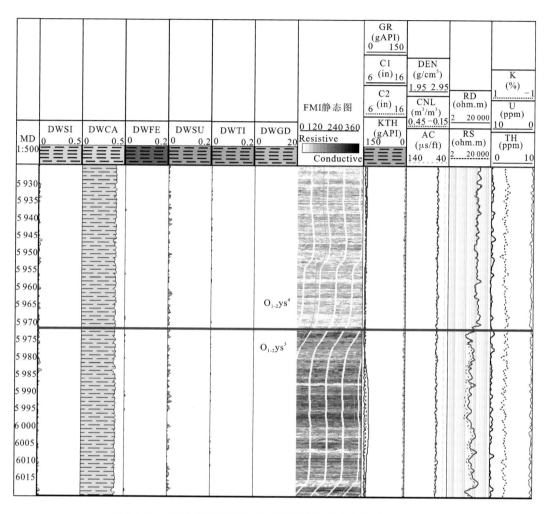

图 2-2-20　鹰山组第四岩性段底界附近测井响应特征(S1AY-1)

S1AG-3 井鹰山组第四岩性段底界图。从图上可以看出,第四岩性段底界的硅元素含量为 0~5%,在深度上分布较为连续;在该界面下部,虽然也有硅元素含量,但较上部已少了许多,深度上也不连续分布。

5. 鹰山组第三岩性段底界附近的测井响应特征

鹰山组第三岩性段底界附近对应于缝合线密集段,第二岩性段主要为白云岩与灰岩互层。密集缝合线在成像测井图上呈现为近水平密集高电导纹层状特征;第二岩性段灰岩白云化,经地层水或泥浆滤液侵入,地层导电性增加,在成像测井图上呈现为较暗的颜色(图 2-2-21)。

在常规测井资料上,第二岩性段双侧向测井值略有降低,呈锯齿状负差异;伽马测井曲线、伽马能谱测井曲线和三孔隙度测井曲线都无明显变化(图 2-2-21)。在化学元素测

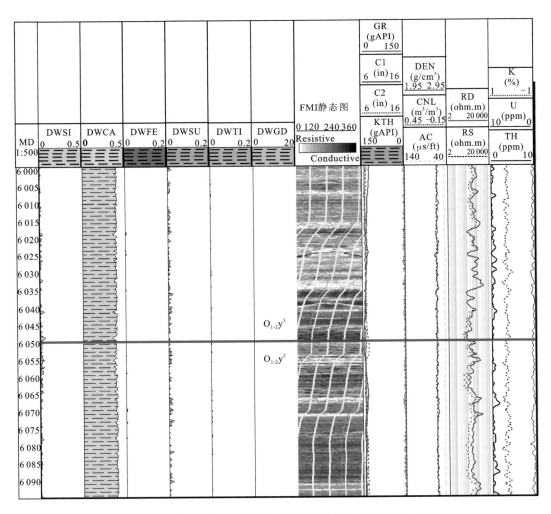

图 2-2-21　鹰山组第三岩性段底界附近测井响应特征(S1AY-1)

井曲线上可见,硅的元素含量减少,钙元素含量有增大的趋势(图 2-2-21)。

2.2.6　蓬莱坝组

　　塔北地区蓬莱坝组地层未遭受过风化剥蚀,地层未缺失。蓬莱坝组地层沉积相为开阔台地相,发育 2 个藻席沉积序列,沉积环境为潮坪。岩性以白云岩为主,有灰白色藻纹层白云岩、(藻)砂砾屑白云岩、粉细晶白云岩,偶见中、粗晶白云岩。顶部为深灰色、浅黄灰色白云质泥微晶灰岩色、白云质藻纹层灰岩、白云质藻砂屑灰岩与泥微晶、粉细晶白云岩不等厚互层,白云石化多沿缝合线进行。蓬莱坝组地层岩心上见藻纹层及毫米级的小溶孔发育(图 2-2-22)。

　　蓬莱坝组顶部为灰黑色细晶白云岩夹白云质灰岩,鹰山组底部为黄灰色白云质灰岩。

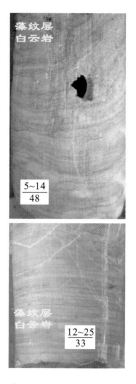 

图 2-2-22　蓬莱坝组地层岩心照片(S8Y 井)

该界线在 Mg 含量上表现明显,蓬莱坝组 Mg 含量明显升高,反映蓬莱坝组白云石化程度较高。该界面为地震 T80 界面。

2.3　塔河油田奥陶系几种典型储层成因模式及缝洞关系

碳酸盐岩油气储集层是多因素相互作用的产物,这些因素包括生油岩、烃的成熟度、盆地沉降、流体运移形式、构造位置、沉积环境、气候、成岩作用、构造运动对灰岩沉积物的后期作用、古岩溶作用,后期沉积物的封堵等。作为前面塔北地区奥陶系各组段地层测井响应的应用,根据构造运动对灰岩沉积物的作用(抬升和挤压)、岩溶作用、成岩作用形成的储集空间类型,结合在成像测井资料上见到的现象分类讨论塔河油田奥陶系典型储层成因模式及缝洞关系。

2.3.1　生物礁-潮湿气候-次生孔隙发育模式

这是一种典型的地层圈闭类型,具有地形起伏的浅水碳酸盐岩隆,当构造上升或海平面下降时成岩或未成岩地层可出露于大气中,如果是出露在中等或高雨量区,就可以形成良好的次生孔隙。因生物礁、丘灰岩为生物体黏结而成,地层层理不发育,经大气水淋滤改造后,次生孔隙发育,钻开地层后泥浆侵入使导电性变好,在部分井的成像资料上可以识别这种储层类型。塔河油田南部平台区 S9B、T7AE 井一间房组的情况最为典型(图 2-3-1、图 2-3-2)。在常规测井资料上,礁灰岩段通常自然伽马值较低;双侧向电阻率较围岩降低,由图像分析提取的局部电阻率值有台阶;密度、中子孔隙度有响应;声波时差变大;计算孔隙度增大等特征。在溶蚀孔发育井段,由于泥浆侵入,导电性变好,对应电成像测井资料上可见高电导斑点,或高电导微裂缝发育,仅靠常规测井资料不能判别礁灰岩井段。

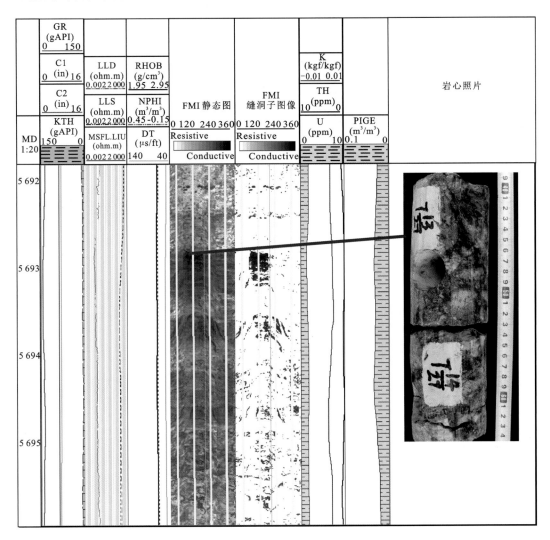

图 2-3-1　S9B 井一间房组生物礁灰岩溶蚀孔洞发育储层(海绵礁灰岩岩心见油染)

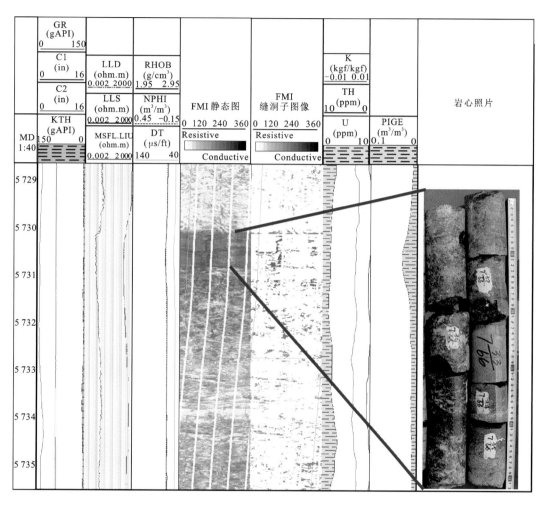

图 2-3-2　T7AE 井一间房组海绵礁灰岩

2.3.2　台地滩相碳酸盐岩-出露大气中-潮湿气候模式

　　滩相颗粒灰岩出露在一般湿度到潮湿气候下易形成良好的次生孔隙,甚至溶洞。由这种大气淡水淋滤作用形成的或改善的储集层在塔河油田南部较发育,如 S7G、T2AY、T4ED、T4FD、S9G 等井一间房组的滩相储集层段。滩相颗粒灰岩形成于浪基面之上,发育丰富的微层理,经大气水淋漓改造后,次生孔隙发育,导电性变好。在成像测井资料上,可见暗色的条纹层理,这是区别于礁灰岩之处。

　　上述生物礁-潮湿气候-次生孔隙模式和台地滩相碳酸盐岩-出露大气中-潮湿气候模式的共同特征是构造抬升或海平面下降使成岩或半成岩阶段的纯净灰岩沉积物出露海平面,接受大气淡水淋滤(岩溶),如图 2-3-3 所示。但如果淡水淋滤的程度不足以有淡水的水平潜流,则形成所谓垂向"孤立孔"。这种地层往往有好的孔隙度,若没有横向连通要素(裂缝、水平潜流溶孔)连通这些垂向"孤立孔",则没有好的油气产能,如 TK2AZ 井一间房组的相应井段(图 2-2-10)。T4FD 井一间房组相应井段因有水平流带的横向溶蚀孔-洞、溶蚀孔-缝的连通(图 2-3-4),而有高的油气产能。T4FD 井溶孔下部还明显可见后期(海西早期)的溶蚀缝。S7G 井的情况则是有溶孔,且有后期微裂缝(图 2-3-5)。S1AA 井一间房组尽管沉积有很好的亮晶鲕粒灰岩层(图 2-3-6),但在成岩阶段可能被海水胶结作用重新胶结(Longman,1990),因而没有发育出良好的次生孔隙。由此可见,塔河油田南部上奥陶统覆盖区一间房组好储层的模式可能是早期溶蚀孔叠加后期构造裂缝和岩溶的进一步改造。滩相颗粒灰岩在常规测井资料上的响应与礁灰岩类似,所不同的是电成像测井图像上的响应特征很弱。

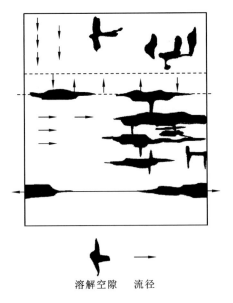

溶解空隙　　流径

图 2-3-3　构造抬升或海平面下降溶蚀示意图

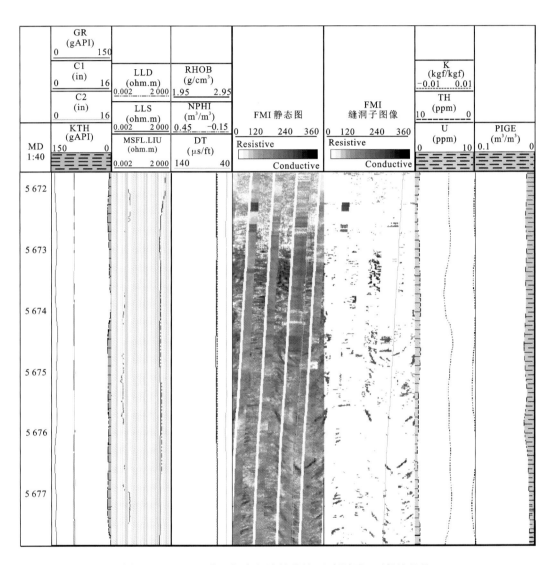

图 2-3-4　T4FD 井一间房组溶蚀孔缝（上部溶孔，下部溶蚀缝）

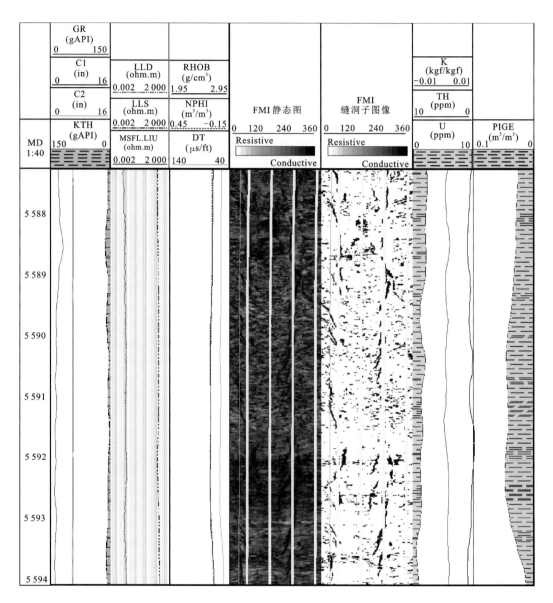

图 2-3-5　S7G 井一间房组的滩相储层

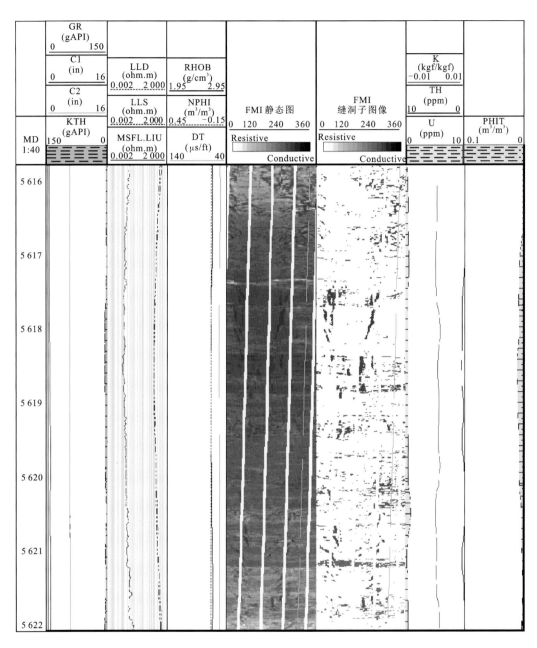

图 2-3-6　S1AA 井被胶结的亮晶砂屑灰岩

2.3.3　溶蚀裂缝储集层模式

溶蚀裂缝储集层在鹰山组灰岩中普遍发育,而且有很多不同的产状形式。气候和原始沉积环境对这种储集层的形成只起很小的作用,这是因为它们大多数形成于有效埋藏之后,是构造运动和岩溶作用的结果。塔河油田四、六区风化壳下的鹰山组溶蚀裂缝,是有效的储集空间,同时也是油气流动的通道。这种储集层模式以 S6X(图 2-3-7)、TK3BB(图 2-3-8)等井的情况最为典型。鹰山组溶蚀裂缝的产状以 NW 倾向和 SE 倾向为主,高倾角,如图 2-3-7、图 2-3-8 所示。这两种产状的溶蚀裂缝是海西早期 NW-SE 方向构造挤压形成的剪切裂缝经溶蚀扩大而成。SE 倾向的裂缝由于通常充填有泥质,去铀伽马值较围岩高。

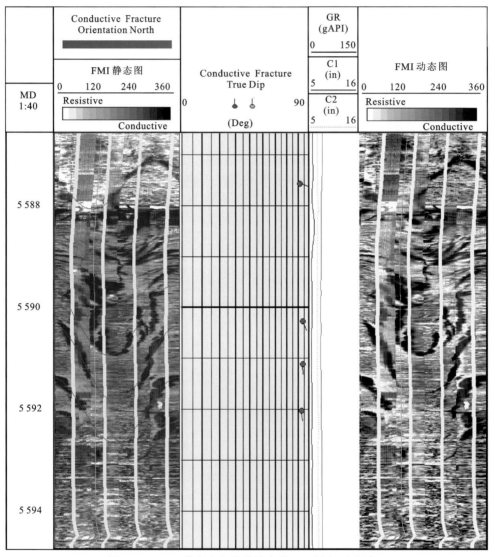

图 2-3-7　S6X 井鹰山组溶蚀缝产状(SE 倾向,高倾角)

平面上,各单井的裂缝倾向方位与倾角的频率分布如图 2-3-9 所示;裂缝走向分布如图 2-3-10 所示。由图可见,奥陶系地层中的裂缝主要有六种倾向:NW、SE、近 E,近 W、近 S、近 N。由图 2-3-9 可见,不同类型的井穿过的裂缝产状数目是不同的。TK4FXH 为一水平井,水平段钻井方位为 NE75.6°,穿过多种产状的裂缝,同时穿过的裂缝数量也多。

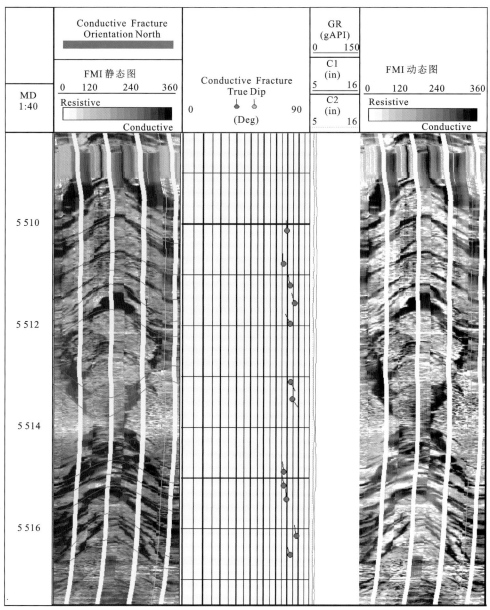

图 2-3-8 TK3BB 井鹰山组溶蚀缝产状（NW 倾向，高倾角）

多数直井只穿过 2 种、3 种产状的裂缝，如 S7D、T2AX、T6BF、T9AB 仅穿过 NW 倾向与 SE 倾向的裂缝；S9E 主要穿过 SE 倾向的裂缝；T4FD、S7E 仅穿过 NW 倾向的裂缝等。TK3BB 井除穿过 NW 倾向与 SE 倾向的裂缝外还穿过近 N 倾向的裂缝，近 N 倾向的裂缝的产状很靠近 NW 倾向的裂缝的产状，可能为后期构造运动影响所致。T2AX 和 T4FD 有上奥陶统的覆盖，裂缝的数量较北部少。

裂缝走向主要有 NE-SW 向、近 EW 向、近 NS 向三组（图 2-3-10），其中 NE-SW 向是

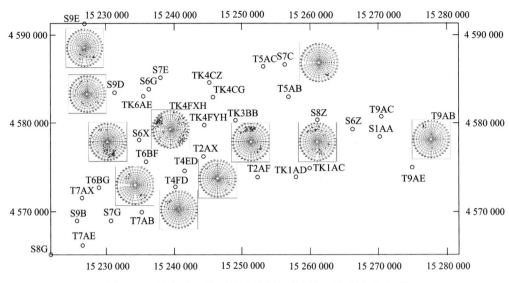

图 2-3-9　塔河油田典型井裂缝倾向方位与倾角频率分布图

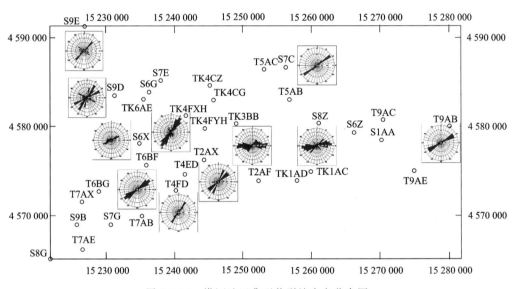

图 2-3-10　塔河油田典型井裂缝走向分布图

主要的。其他如 NW-SE 走向仅见于 S9E、S9D。走向上沿 S9E、TK4FXH、T2AX 井一线的西南,NW-SE 走向的裂缝的走向较其他井更靠北一些,其中以 TK4FXH 偏离最多。

　　裂缝的倾角以高角度裂缝为主(图 2-3-9),表明裂缝形成时期区域古构造应力场最大主应力为近水平方向。

　　在各种产状的裂缝中溶蚀程度最大的是 NW 倾向与 SE 倾向的高倾角裂缝,其他产状裂缝的溶蚀程度则要小得多,如图 2-3-11 所示。后面还将进一步讨论此种产状的裂缝与溶洞发育的关系。

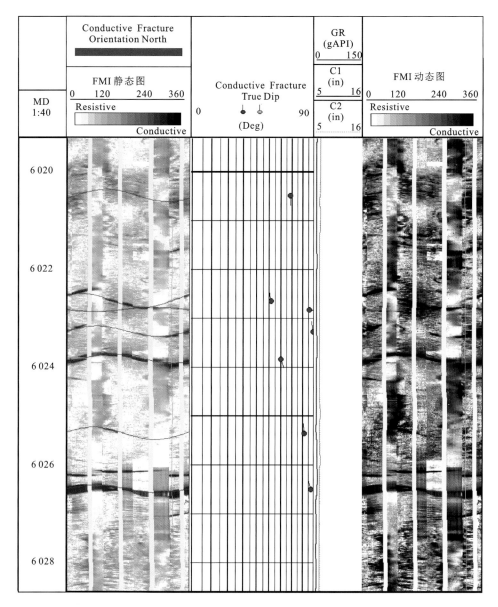

图 2-3-11　NW 倾向与 SE 倾向的裂缝较其他产状的裂缝宽(TK458H 井)

2.3.4　洞穴、洞穴充填物模式及缝洞关系

海西早期的 NW-SE 向构造挤压,在塔河油田中上奥陶统剥蚀区及南部边缘地带形成分布广泛的共轭剪切裂缝系统(又称共轭剪节理),在两种产状裂缝的交叉处经岩溶作用(溶蚀扩大),在垂向上和横向上发育形成多套大溶洞体系,构成塔河油田中上奥陶统剥蚀区及南部边缘地带重要的油气储集体之一(图 2-3-12)。

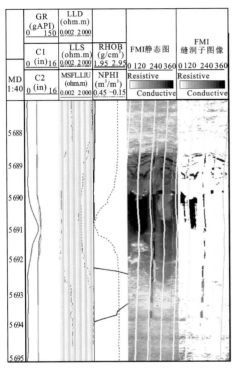

（a）T7AB井一间房组（放空溶洞）

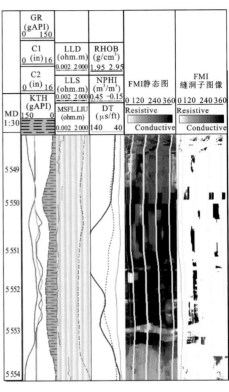

（b）T2AX井一间房组溶洞

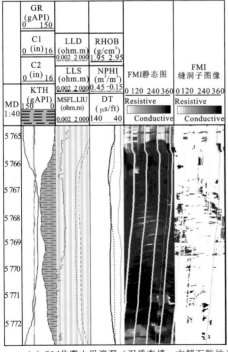

（c）S9d井鹰山组溶洞（泥质充填，方解石胶结）

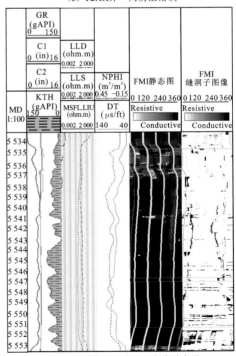

（d）T6BF井鹰山组溶洞（海岸砂充填）

图 2-3-12　塔河油田洞穴测井图

塔河油田 NW 倾向与 SE 倾向的溶蚀裂缝和溶洞是一不可分割的整体。海西早期的 NW-SE 向构造挤压决定裂缝和溶洞的初始产状特点,岩溶作用则对储集空间的形成起关键作用。在 S8Z 井 5 679～5 683 m 井段的一组共轭缝的交叉处经溶蚀扩大已发育出大溶洞的雏形(图 2-3-13)。

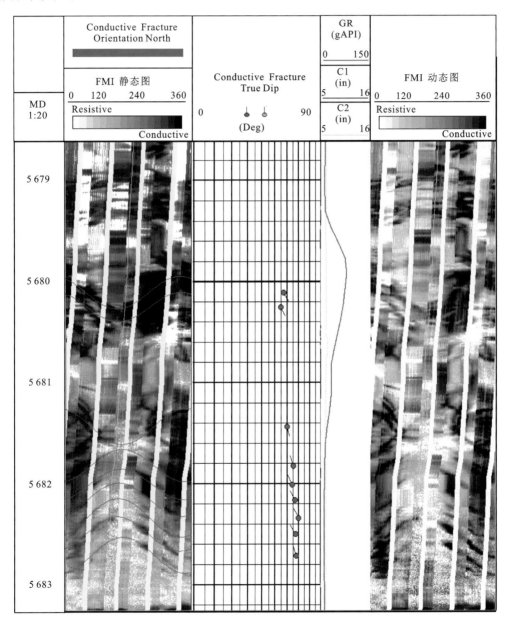

图 2-3-13　S8Z 井一组共轭缝的交叉处经溶蚀扩大已发育出大溶洞的雏形

S8Z 井成像测井资料解释共轭裂缝产状及相关要素如图 2-3-14,表 2-3-1 所示。SE 倾向裂缝面的倾向约为 160°,倾角约为 64°,走向 70°;NW 倾向裂缝面的倾向约为 336°,倾角约为 65°（图 2-3-14），走向 66°。根据上述产状计算，两裂缝面的共轭剪裂角约为 51.2°，符合库伦-莫尔剪切破裂原理对实际脆性岩石的野外观察和实验结果（万天丰，1984，1988），因为在海西早期奥陶系鹰山组灰岩已成岩，为脆性岩石，这是合理的；共轭剪切力所在平面的产状为：倾向 74.8°，倾角 4.2°，走向 164.8°。进一步计算两裂缝面的交线，即"X"节线的产状为：倾伏向 68°，倾角 4.2°，即 NE 走向，近水平。共轭剪切力垂直于"X"节线，由此得出，共轭剪切力方向为 158°。这个计算结果与区域构造背景吻合，即 NW-SE 向挤压。

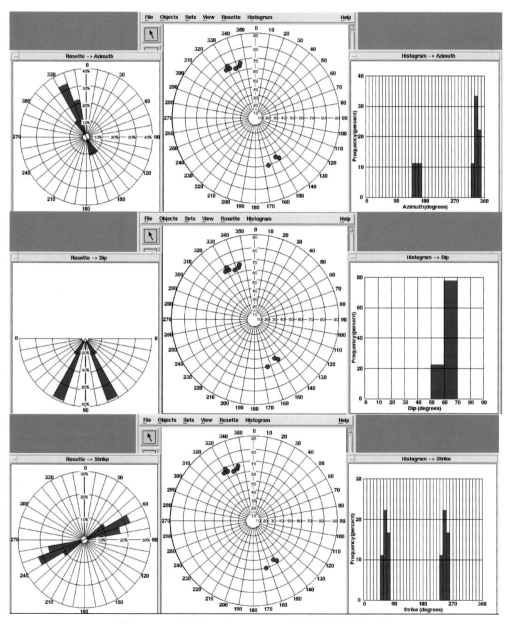

图 2-3-14　S8Z 井 5 679～5 683 m 井段拾取的裂缝产状

左边从上到下依次为方位、倾角、走向，中间为方位/倾角频率图；右边为相应直方图

表 2-3-1　S8Z 井共轭裂缝产状及相关要素

构造名称	倾向方位角/(°)	倾角/(°)	走向/(°)	备注
NW 倾向裂缝	336.0	65.0	66	取S8Z 井 5 679～5 683 m 井段平均值
SE 倾向裂缝	160.0	64.0	70	
共轭剪切力所在的平面	74.8	4.2	164.8	为现今产状
"X"节线产状		倾伏角 4.2	倾伏向 68	
共轭剪切力方向			158	
共轭剪裂角		51.2		

　　裂缝走向是裂缝面与水平面的交线与正北的夹角。在图 2-3-14 中,特别注意到这样一个事实,若共轭主应力所在的平面不与大地坐标系中的水平面平行,则一对共轭剪切缝的倾向并非相差 180°,其走向在平面上有一小的交角。

　　按上述参数绘出的共轭裂缝面、共轭主应力所在的平面和"X"节线产状的空间关系如图 2-3-15 所示。图中 A 面为 NW 倾向的裂缝面,B 面为 SE 倾向的裂缝面,中间的平面是共轭主应力所在的平面。空间上"X"节线的产状为:倾伏向 NE68°,倾伏角 4.2°,即南西方向高,近水平。

　　不在同一深度上的多组同期共轭缝的空间关系如图 2-3-16 所示。由图可见,"X"节线在空间上的叠置关系及裂缝与溶洞连接的基本结构。两组或多组相距不大的共轭裂缝面的交叉处,岩体被共轭裂缝面切割成菱形柱状体,经岩溶作用溶蚀掉小菱形柱状体便形成溶洞,如图 2-3-13、图 2-3-17～图 2-3-19 所示。

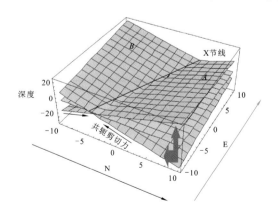

图 2-3-15　两裂缝面、共轭剪切力所在的
平面和"X"节线的关系

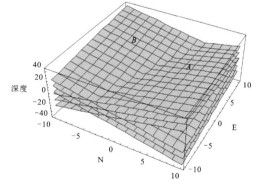

图 2-3-16　多组共轭缝的空间关系

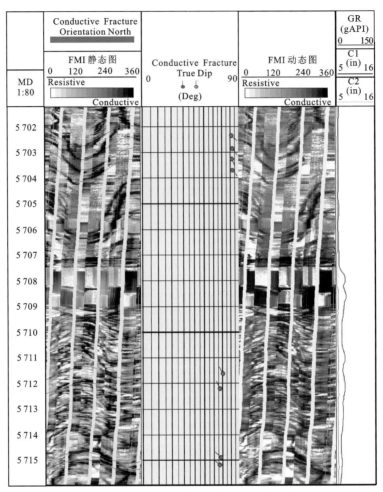

（a）T6BF 井共轭裂缝产状蝌蚪图

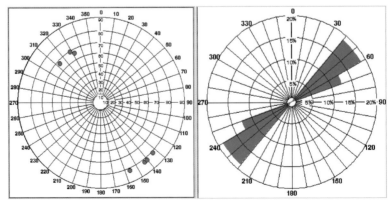

（b）T6BF 井共轭裂缝方位倾角频率图和走向频率图

图 2-3-17　T6BF 井的共轭裂缝与溶洞的关系

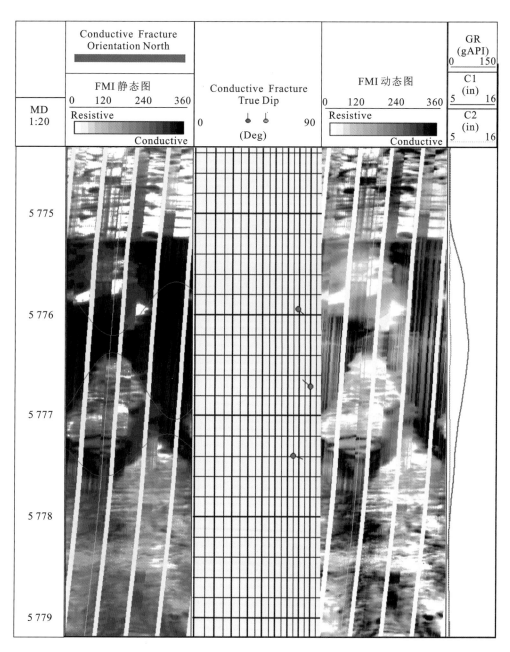

图 2-3-18　S9D 井裂缝切割的灰岩角砾产状和溶蚀后的形态

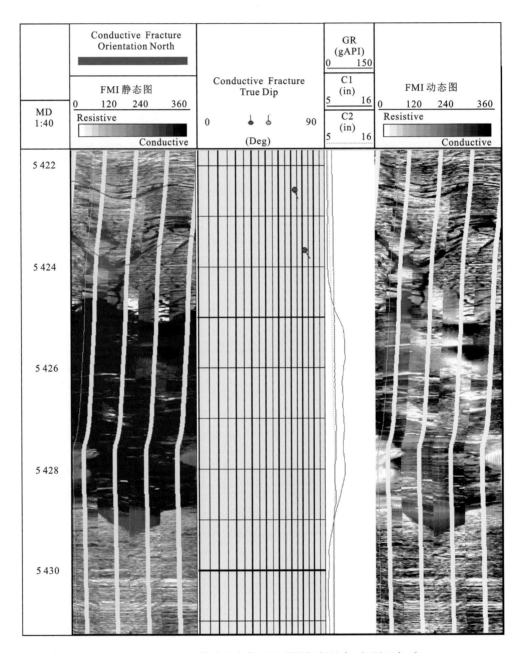

图 2-3-19　TK3BB 井溶洞中仍可见裂缝切割的角砾(原地角砾)

　　该期次裂缝发育的深度,在部分有成像测井资料的井中有明显的显示。例如,S7E 井深度为 5 720 m 处,产状为 NW 倾向裂缝的尾端呈折尾,节理叉(图 2-3-20),为典型剪切裂缝的尾端特征。该裂缝距风化壳顶(5 475 m)的深度为 255 m。共轭裂缝面的尾端,也是其交叉节线的尾端。根据此深度间隔和"X"节线的倾角,估计单个洞穴沿走向的水平距离约为 3.47 km。

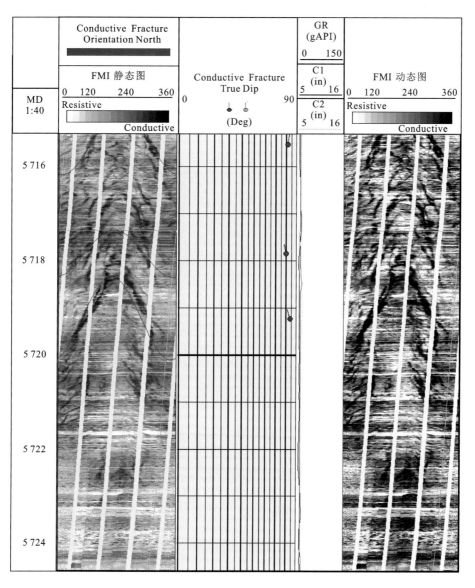

图 2-3-20　S7E 井海西早期产状为 NW 倾向剪裂缝的尾端特征

　　值得指出的是,这种估计是粗略的,因从电成像测井资料上拾取的裂缝产状,已经历了后期多次构造运动的改造,特别是海西晚期的 SN 向挤压,裂缝的产状已发生了一些变化。例如,在 T6BF 井区,该组裂缝产状改变是向 S 掀倾(图 2-3-17),SE 倾向裂缝的倾角大于 NW 倾向裂缝的倾角。S7D 井区则表现为挤压变形(图 2-3-21)。由于上述影响,估计的"X"节线倾伏向有误差,倾角有误差。因此实际溶洞在平面上的长度可能更长一些或短一些。

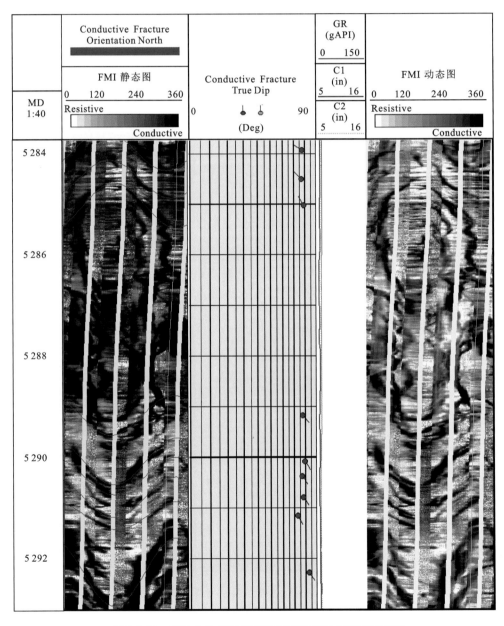

图 2-3-21　S7D 井的共轭缝在后期构造挤压作用后的产状

上述缝洞关系结构也可用来解释在 130 多口井(截至 2002 年)中,见两套及两套以上洞穴层的出现率高达 28.5% 的事实。实际上,若图 2-3-16 中两组或多组共轭裂缝面组相距较大,如 85 m,则在平面上一点的不同深度处形成交叉,进而发育成溶洞。

在有电成像测井资料的井中如 S8Z、T6BF、TK3BB、S9D 井均见到两套或三套洞穴层(表 2-3-2),反映图 2-3-16 这种缝-洞空间关系。根据 S8Z、T6BF、TK3BB、S9D 井垂向上两层溶洞发育的深度间隔(表 2-3-2)为 80~85 m,可估算出在相同深度上,垂直于溶洞走向的两溶洞距离约为 160~170 m,即相同深度上两套溶洞相隔的横向距离约为 160~170 m。按共轭剪节理的结构(图 2-3-16),在四菱形的中间,即上述深度间隔(约 85 m)的一半,垂向深度上下相差 42 m 左右应有另一相同走向的溶洞(LG 井)。

表 2-3-2　S8Z、T6BF、TK3BB、S9D 直井两套大溶洞的深度间隔

井号	溶洞起止深度/m	溶洞中间深度/m	深度间隔/m	溶洞高度/m	备注
S8Z	5 592.0~5 597.0	5 594.50		5.0	
	5 679.5~5 681.0	5 680.25	85.25	1.5	
T6BF	5 535.0~5 556.0	5 545.50		21.0	仅是电成像测井深度,未考虑井斜带来的误差
	5 625.0~5 627.5	5 626.25	80.60	2.5	
	5 707.4~5 709.0	5 708.20	81.70	1.6	
TK3BB	5 425.0~5 429.0	5 427.00		4.0	
	5 505.0~5 512.0	5 508.50	81.50	7.0	
S9D	5 680.5~5 691.0	5 685.50		11.0	
	5 766.0~5 772.0	5 769.00	84.50	6.0	

水平井 TK4FXH 的成像资料验证了上述估计的正确性。图 2-3-22 为 TK4FXH 井井眼轨迹、共轭裂缝走向及钻遇溶洞位置平面示意图。TK4FXH 井水平段钻井方位为 75.6°,在水平段 5 638 m 平面位置 A 与 5 880 m 平面位置 B 处(中心深度)分别钻遇两溶洞,溶洞的斜深间隔 262 m。成像测井资料解释的 NW 倾向和 SE 倾向裂缝的走向为 35° 左右(图 2-3-23),即溶洞的走向为 35°,可算出在相同深度上,垂直于溶洞走向的距离 = $\sin(75.6° - 35°) \times 262$ m = 170 m。据此可以推测塔河油田上奥陶统剥蚀区及边沿地带的溶洞沿"X"节线方向按叠瓦状排列展布。

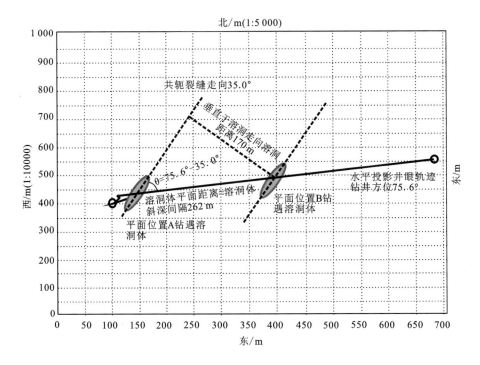

图 2-3-22　TH4FXH 井井眼轨迹、共轭裂缝走向及钻遇溶洞位置平面示意图

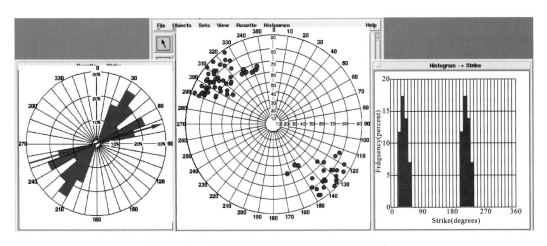

图 2-3-23　TK4FXH 井 NW 倾向和 SN 倾向裂缝

走向 35°左右,水平段的钻井方位 NE75.6°,红箭头指示钻井方位

　　部分井溶洞中的角砾的形态特征也说明溶洞中的角砾是共轭裂缝切割的菱形柱状体溶蚀后的角砾而非坍塌的角砾。例如,S9D 井 5 775~5 778 m 井段(图 2-3-18),TK3BB井 5 425~5 429 m 井段(图 2-3-19)。此外,部分井已完全溶蚀掉裂缝切割的角砾而填积

有泥质，砂岩成分很少，如 T5AC 井 5 436.5～5 441 m 井段（图 2-3-24）。由此可见，此种成因机制形成的溶洞中，沿溶洞走向的水动力条件是较弱的，即溶洞沿走向的倾角是很小的，这与岩心观察结果是吻合的，在取心溶洞处通常灰绿色泥质砂岩成分很少。

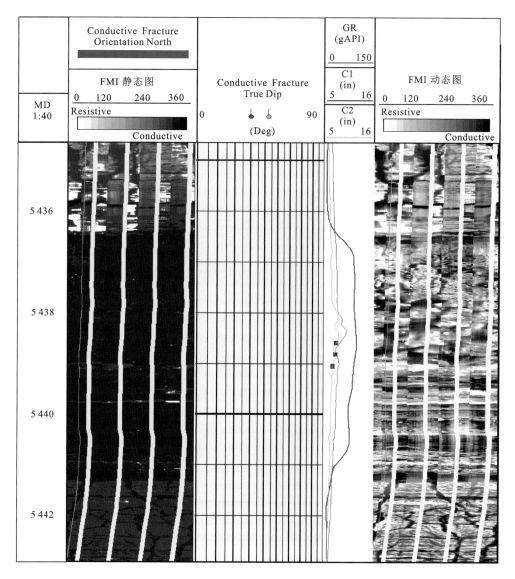

图 2-3-24　T5AC 井大溶洞充填泥质

对于这种 NW 倾向和 SE 倾向的共轭裂缝，直井的大部分井段仅打在某一产状的裂缝面上，因而不易观察到共轭裂缝的另一产状，如 S7E 井（图 2-3-25）。在直井的大溶洞上下也不易观察到共轭裂缝，因由共轭裂缝面组切割的小菱形已被溶蚀掉。

在成像资料上还可见由单产状裂缝溶蚀扩大形成的小溶洞，以 S7E（图 2-3-26）、S7F（图

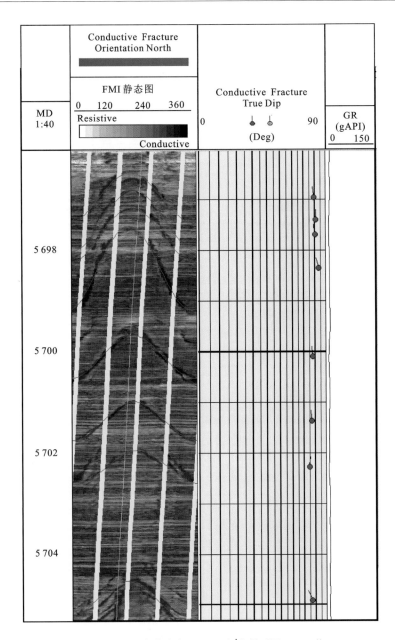

图 2-3-25　直井中仅见 NW 倾向的裂缝(S7E 井)

2-3-27)井多见。单产状裂缝经溶蚀扩大形成的小溶洞的特点是,洞径不大(多小于 1 m),少坍塌与共轭缝切割的角砾;若充填,则充填灰绿色砂泥;部分井可见交错层理(图 2-3-27),其古水流方向与该井 SE 倾向的裂缝走向一致;倾角较高,溶洞周边裂缝不发育,溶洞上下的裂缝中多充填泥质。若未充填或半充填,则形成"矿脉"。这些由单产状裂缝经溶蚀扩大形成的小溶洞因是面状地质体,构成塔河油田重要的储集空间之一,可能是最重要的储集空间。在常规测井资料上,这种由单产状裂缝溶蚀扩大形成的小溶洞的充填情况,可结合自然伽马、自然伽马能谱、井径和孔隙度测井资料判别。在小溶洞段,较灰岩段自然伽马增高,密度降低,声波时差变大,中子孔隙度增大,电阻率降低。三孔隙度测井资料可综合判别砂泥的具体充填情况。放空溶洞的判别应结合钻孔资料。

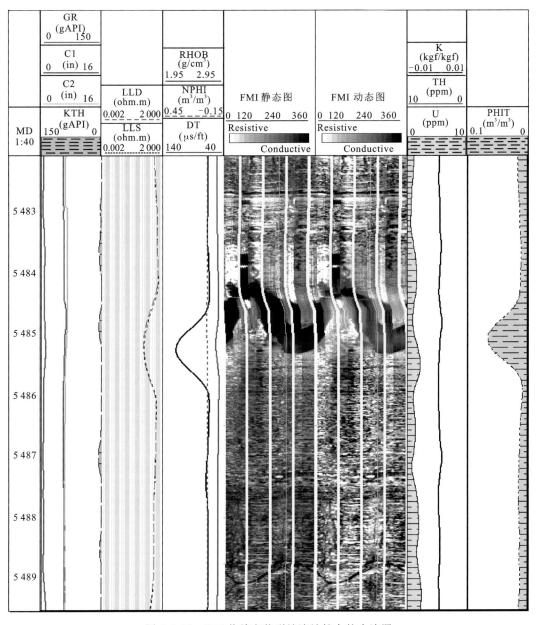

图 2-3-26 S7E 井单产状裂缝溶蚀扩大的小溶洞

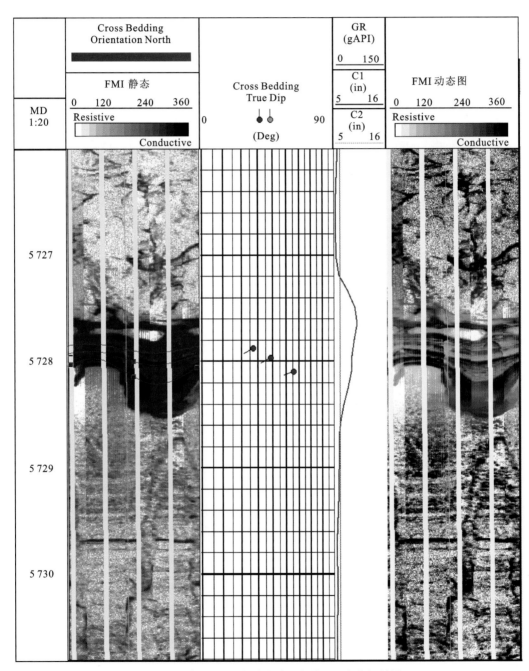

（a）S7F井单产状溶蚀扩大小溶洞交错层理产状蝌蚪图

图 2-3-27　S7F 井单产状裂缝溶蚀扩大的小溶洞

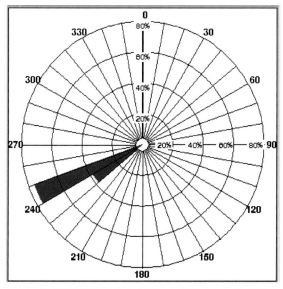

（b）单产状裂缝溶蚀扩大小溶洞交错层理走向频率图

图 2-3-27　S7F 井单产状裂缝溶蚀扩大的小溶洞（续）

2.3.5　间歇性出露模式

　　在巴楚唐王城坡面一间房组中部为生物礁、滩相藻、葵盘石礁灰岩与礁间微晶砂屑生屑灰岩。常见顺层硅化现象,反映有间歇暴露。塔河油田南部 S8X、T2AE 井一间房组储层段(图 2-3-28)是这种模式的例子。由于海平面的下降或构造抬升,沉积的灰岩地层出露于潮湿气候下,接受大气淡水垂直渗滤,溶蚀后的灰岩形成次生孔隙。因高矿化度的地层水的侵入,使其导电性变好,在成像测井资料上表现为层状深黑色条带。由于相反因素的影响,使地表下降到海平面以下,重新接受灰岩沉积,在下一个构造抬升或海平面下降期间,地表又出露于潮湿气候下重复上述溶蚀过程。在 S8X、T2AE 井的一间房组中间一段灰岩上可见三套薄的此种灰岩地层。由于溶蚀的时间短,形成储层厚度都不大。三套储层之间如果没有裂缝的沟通,不同薄层中的流体互相之间是不连通的。这种间歇暴露模式从一侧面反映出露时间的长短和周期。

2.3.6　白云化模式

　　准同生白云岩,常呈灰色、灰黑色(还原色),纹理不发育,白云石颗粒呈自形-半自形状,系碳酸盐灰泥在浅埋藏-深埋藏期由回流渗透白云化、埋藏白云化、调整白云化和混合水白云化等多种作用形成,也是有利的储集岩类。在 S8Y 井蓬莱坝组白云岩中发育的溶蚀孔属于此种类型。在成像测井资料上表现为宽黑色条带状(成层性好)或者斑点状（溶孔）。根据常规测井资料，用组分分析程序，可较好地解出矿物组分和有效孔隙度（图 2-3-29、图 2-3-30）。

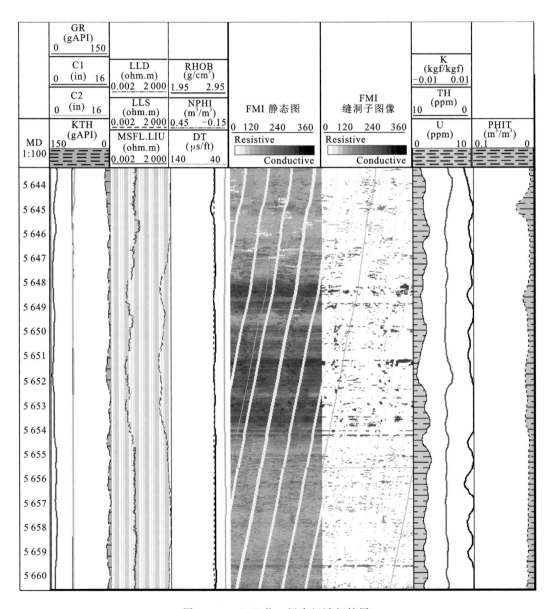

图 2-3-28　S8X 井一间房组滩相储层

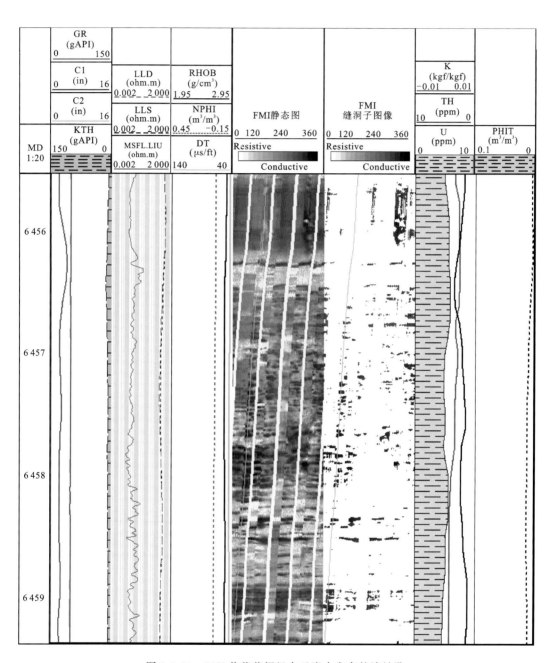

图 2-3-29　S8Y 井蓬莱坝组白云岩中发育的溶蚀孔

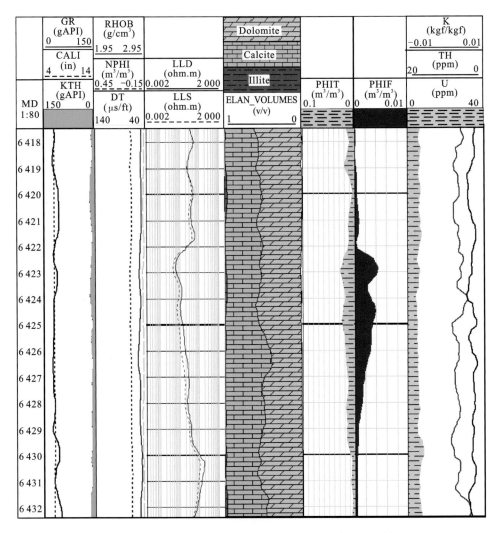

图 2-3-30　S8Y 井蓬莱坝组灰质白云岩常规资料处理结果

2.4　塔北地区地层对比及剥蚀量估计

应用测井资料进行地层对比的基础是地层的划分,进行地层划分就要找到相应的地层界面。Sarg(1988)指出,"碳酸盐岩台地沉积的地层形式、相分布及碳酸盐产率的最重要控制因素是海平面的相对变化(即全球海平面升降变化与地壳变化的叠加),沉积环境和气候也对盆地水体的化学性质和碳酸盐产率有强烈影响"。海平面的升降是不同级次周期海平面升降旋回的复合,如图 2-4-1 所示。在一个长周期海平面变化旋回控制下,叠加在其上的短周期海平面变化也将产生一个有序的叠加旋回。例如,在一个三级旋回层序中,高频率变化海平面将叠加其上。台地上实际沉积地层(沉积物)是不同级次海平面旋回复合叠加后综合产生的结果。

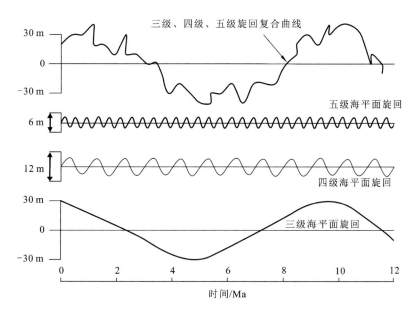

图 2-4-1　层序与准层序形成过程中不同级次海平面升降叠加示意图

在一个长周期海平面变化旋回的控制下,叠加在长周期上升期间的高频率旋回层序以"淹没"为特征,在其海平面下降期间则以"暴露"为特征,从而形成一个相对水深有规律的变化。长周期海平面变化产生相对大的水深变化,短周期海平面变化的产生相对小的水深变化。用"淹没"和"暴露"的术语说,就是长周期海平面变化使沉积面"淹没"和"暴露"的时间长,短周期海平面变化使沉积面"淹没"和"暴露"的时间短。地层层序界面是沉积间断面或其他突变面,在沉积间断面处,灰岩沉积岩石中放射性矿物的含量必有大的变化(或有较大的变化)。这种变化的周期长短与海平面变化的级次直接相关联。放射性矿物含量变化大的深度处是长周期海平面变化的影响,放射性矿物含量变化小的深度处是短周期海平面变化的影响。为了进行地层对比就必须从不同级次海平面升降旋回复合叠加产生的综合结果中分解出这种不同级次的变化,找出大的地层界面,然后进行地层单元划分和对比。

三级层序的成因与同一构造演化阶段中的次级构造活动强度的周期性幕式变化有关,其产状及等时性特征限于盆地范围的次级构造不整合面和相关整合面,具有幅度不大的穿时性。三级层序在地表和岩心剖面上表现为古暴露标志,大型冲刷间断面或侵蚀面,岩性、岩相突变面;在测井剖面上反映同一或相邻沉积体系的大套进积→退积组合的测井相转换面、突变面。

四级层序的成因与偏心率周期中气候波动引起的基准面升降和物质供给变化有关，其产状和等时性特征是局部发育的沉积间断面和相关整合面，较大范围内具较好的等时性。四级层序在地表和岩心剖面上表现为间歇暴露面，较大规模的冲刷面，岩性、岩相的突变面或均变面；在测井剖面上反映同一沉积体系中相似或相邻相序的进积→退积组合的测井相转换面、突变面。

塔北地区奥陶系地层测井资料划分对比较困难的是一间房组与鹰山组及鹰山组内各岩性段的地层界线。按已有的地质研究结果[①]，鹰山组与一间房组间的界限为三级层序界面（潘文庆 等，2011）。三级层序界面的边界处沉积物放射性矿物含量发生的变化，应远大于四级、五级层序界面处放射性矿物含量的变化。但是这些放射性矿物含量的变化由于灰岩地层放射性矿物含量本身不高，而"淹没"在更小层序界面的变化之中。因此，要找出这些界面就必须滤掉短周期海平面变化引起的小变化，找出长周期的变化信息。

自然伽马能谱测井测量地层中天然放射性矿物铀、钍、钾的放射性含量。测量结果用五道数据表示：总自然伽马、去铀伽马、铀矿物含量（ppm）、钍矿物含量（ppm）和钾矿物含量（%）。灰岩地层由于构造运动和岩溶的影响，裂缝、溶蚀孔洞处的铀盐矿物易吸附在缝洞处使铀含量较高，这样使总自然伽马不能反映地层本身的沉积特征，去铀伽马则可以较好反映台地相碳酸盐岩沉积时海平面的相对变化。通常，高水位沉积时，去铀伽马值较高；低水位沉积时，去铀伽马值相对较低。当然，陆源矿物的供给和沉积水体化学性质的变化也影响沉积成分的变化，因此也影响放射性测量值的高低。在古暴露面，岩性、岩相的突变面，去铀伽马值有相对大的变化。由于海平面的相对变化是不同级次海平面变化叠加在一起的综合效应，为了找出三级层序（即各组的界面）的层界面，就必须滤掉去铀伽马资料中四级或五级海平面变化引起的放射性矿物含量的小变化。小波变换是分析这种不同级次变化信号的工具，通过对去铀伽马资料进行小波分解，来寻找井中测井资料中大的突变面，进而划分地层单元。

2.4.1　二进小波变换信号分解原理

函数 $f(x)$ 在位置 x 对尺度为 s 的小波变换（Mallat et al.，1992）为

$$W_s f(x) = f(x) * \Psi_s(x) \tag{2-4-1}$$

取尺度 $s = \{2^j\}_{j \in z}$，定义 $\Psi_{2^j}(x) = 2^{-j} \Psi\left(\dfrac{x}{2^j}\right)$，则函数 $f(x)$ 对尺度为 2^j 的小波变换为

[①] 许效松，傅恒，楼雄英，等.2003.塔河地区奥陶系小层对比及沉积微相研究.内部报告，中国石油化工股份有限公司西北油田分公司勘探开发研究院.

$$W_{2^j} f(x) = f * \Psi_{2^j}(x) \tag{2-4-2}$$

"$*$"号表示两个一维信号的褶积,其在频率域的形式为

$$\hat{W}_{2^j} f(w) = \hat{f}(w) \Psi(2^j w) \tag{2-4-3}$$

若小波函数集 $\Psi_{2^j}(x)$ 的变换满足

$$\sum_{-\infty}^{\infty} \left| \hat{\Psi}(2^j w) \right|^2 = 1 \tag{2-4-4}$$

则称小波函数 $\Psi_{2^j}(x)$ 为二进小波函数,相应的变换为二进制小波变换。

设 $\theta(x)$ 为一平滑函数,令 $\Psi(x)$ 为 $\theta(x)$ 的一阶导数

$$\Psi(x) = \frac{\mathrm{d}\theta(x)}{\mathrm{d}x} \tag{2-4-5}$$

记 $\theta_{2^j}(x) = \dfrac{1}{2^j} \theta\left(\dfrac{x}{2^j}\right)$,则对尺度为 2^j 的小波变换为

$$\begin{aligned} W_{2^j} f(x) &= f(x) * \Psi_{2^j}(x) \\ &= f * \left(2^j \frac{\mathrm{d}\theta_{2^j}(x)}{\mathrm{d}x} \right) = 2^j \frac{\mathrm{d}}{\mathrm{d}x} (f * \theta_{2^j})(x) \end{aligned} \tag{2-4-6}$$

可见,小波变换 $W_{2^j} f(x)$ 正比于 θ_{2^j} 所平滑函数 $f(x)$ 的一阶导数。故 $|W_{2^j} f(x)|$ 的极大值对应于 $f * \theta_{2^j}(x)$ 导数的极大值。而 $f * \theta_{2^j}(x)$ 导数的极大值是函数 $f(x)$ 对尺度为 2^j 时的局部陡变点(奇性点)。可见,小波变换的极大值提供了一种多尺度的检测函数奇性点位置的方法,且信号变化幅度越大,则相应小波变换的幅度值越大。

对于实际问题,信号的可测分辨率是有限的,不可能计算所有尺度 2^j($-\infty < j < +\infty$)上的小波变换。分辨率通常取有限值,即把 j 值限定在 $1 \sim J$。2^1 表示最高分辨率,2^J 表示最低分辨率。于是可得信号小波变换的多分辨率表示,如图 2-4-2 所示。这种多分辨率表示对于检测信号的不同级次的变化来说有好的性质:当 j 值较小时,用 θ_{2^j} 对函数 $f(x)$ 光滑化的结果对 $f(x)$ 大的突变部分的形态影响不大;而当 j 值较大时,则此光滑将会将 $f(x)$ 的细小部分(如信号中的高频成分)消去而剩下尺度较大的突变信号(信号中大的变化部分)。因此,具体应用中可根据研究问题的需要选择 j 值而检测出某个级次的变化。由图 2-4-2 可见,在 $j = 1, 2, 3, 4$ 时,信号小波变换的峰点和谷点基本可反映信号的变化点。

在实现这一算法时采用具有一阶消失矩的小波函数 $\Psi(x)$,它是三次 B 样条函数的一阶导数。

2.4.2　常规测井资料结合成像测井资料进行地层划分

为了应用常规测井资料进行地层对比,首先对常规资料进行组分分析和去铀伽马资

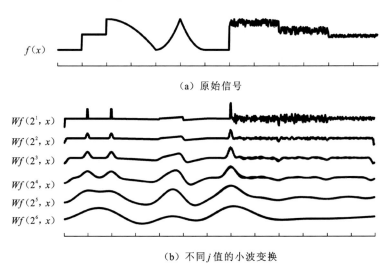

(a) 原始信号

(b) 不同 j 值的小波变换

图 2-4-2　小波变换实例

料的小波变换谱计算，T2AE 井的去铀伽马小波变换剖面如图 2-4-3 所示。其中第一道为自然伽马和井径，第二道为双侧向，第三道为三孔隙度，第四道为深度，第五、六、七、八、九、十道为对去铀伽马资料进行小波分解的模平方值结果（对应于 $j=1,2,3,4,5,6$），第十一道为有效孔隙度，第十二道为组分分析的岩性剖面。由图 2-4-3 可见，T2AE 井的井眼条件良好，由电成像测井资料解释该井溶蚀裂缝和溶洞不发育，仅局部井段见溶蚀裂缝（5 813 m）。在自然伽马资料上，一间房组与鹰山组的界限及鹰山组各岩性段的界限不明显。但在去铀伽马资料小波分解谱上，第八、九、十道可见一间房组与鹰山组界线附近（O_2yj，5 570.5 m）及鹰山组各岩性段的分界线附近（$O_{1-2}y^4$，$O_{1-2}y^3$，$O_{1-2}y^2$，分别对应 5 700 m，5 835 m，5 960 m）有显著的突变特征。如前所述，这些去铀自然伽马能谱资料小波变换谱变化大的地方，对应于地层中放射性矿物含量（^{40}K 及 ^{232}Th）有较大的变化，即表示地层特性有较大的变化。

在这些深度点处，相应的电成像测井资料如图 2-4-4 所示。图 2-4-4（a）是一间房组顶界附近的特征，图 2-4-4（b）是一间房组底界附近的特征。由图可见，该界面从下向上硅质团块结束处的深度点为去铀伽马资料的一个大的变化点。由图 2-4-4（c）可见，鹰山组第四岩性段的底界附近是硅质团块密集发育段的顶界；由图 2-4-4（d）可见，鹰山组第三岩性段底界附近对应于缝合线一藻纹层密集段；由图 2-4-4（e）可见，鹰山组第二岩性段的底界附近对应于白云岩与灰岩互层段。图 2-4-4（f）为一间房组常规资料特征的放大图。这些界线附近对应的成像测井资料和常规测井资料特征见表 2-4-1。

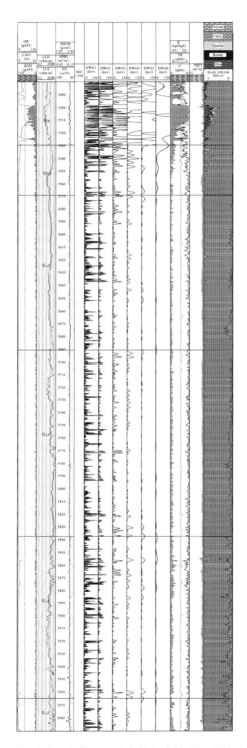

图 2-4-3　T2AE 井的常规资料组分分析和去铀伽马资料的小波变换谱

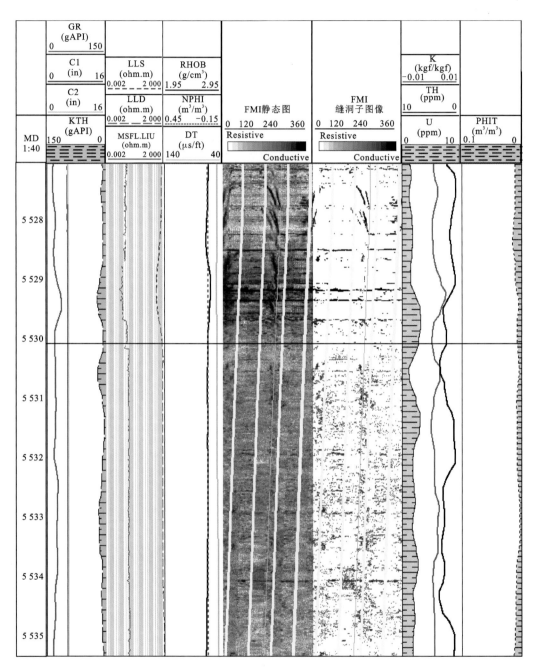

（a）一间房组顶界附近的特征（5 530 m）

图 2-4-4　T2AE 井各界线附近的测井特征

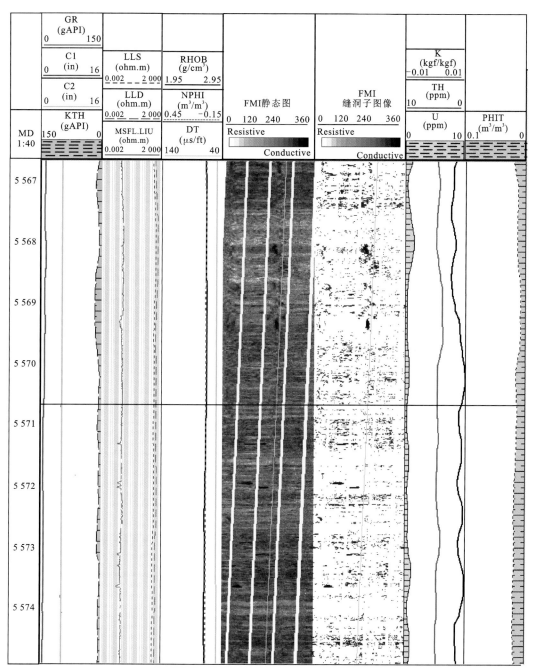

（b）一间房组底界附近的特征（硅质团块结束处 5 570.5 m）

图 2-4-4　T2AE 井各界线附近的测井特征（续）

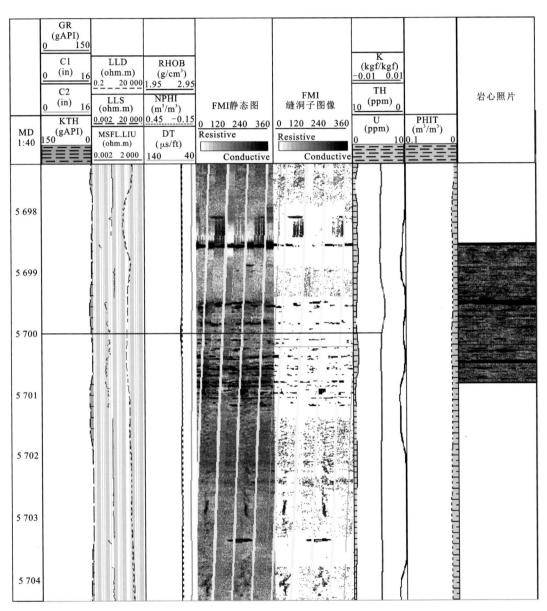

（c）鹰山组第四岩性段的底界附近是硅质团块密集发育段的顶界

图 2-4-4　T2AE 井各界线附近的测井特征（续）

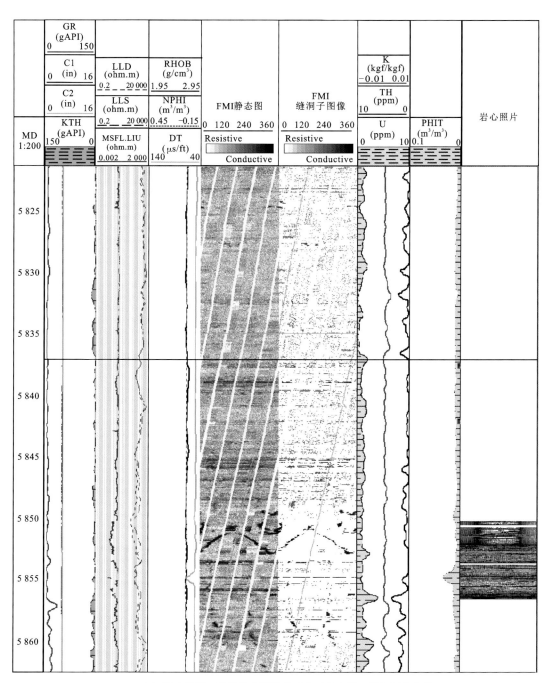

（d）鹰山组第三岩性段底界附近对应于缝合线—藻纹层密集段

图 2-4-4 T2AE 井各界线附近的测井特征（续）

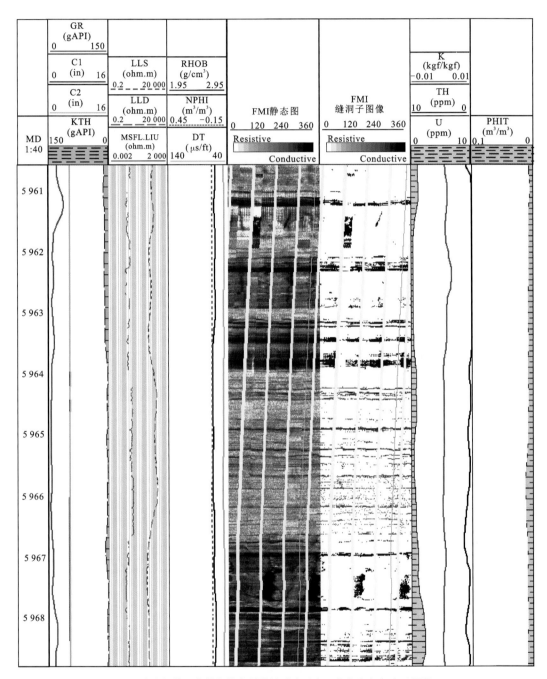

（e）鹰山组第二岩性段的底界附近对应于白云化灰岩与灰岩互层段

图 2-4-4　T2AE 井各界线附近的测井特征（续）

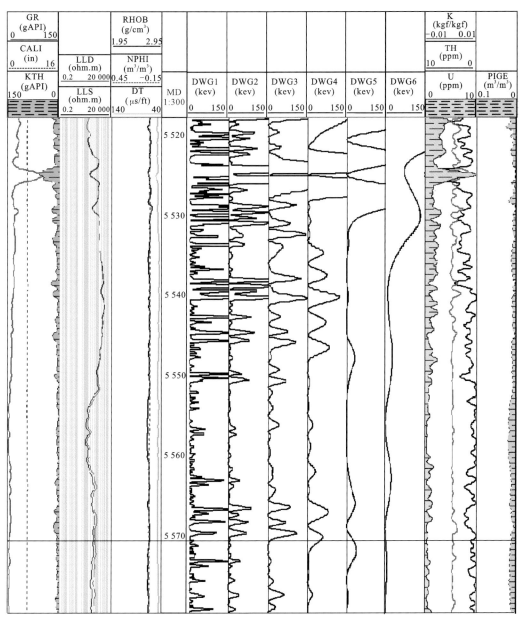

（f）一间房组底界附近去铀伽马测井资料的小波变换

图 2-4-4　T2AE 井各界线附近的测井特征（续）

表 2-4-1　　塔北地区中下奥陶统组段界线附近的成像资料、常规测井资料响应特征

地层	界线附近岩性特征	成像测井资料特征	常规测井资料特征
O_3q	含泥生屑微晶灰岩，多见海绿石	近水平状高电导层	去铀伽马逐步增高
O_2yj	藻鲕灰岩，底部含硅质团块	从下向上，恰尔巴克组指状尖峰向下 45 m 左右硅质团块响应由多变少至结束点	直接不易寻找，但去铀伽马的小波分解谱部分井有显示
$O_{1-2}ys^4$	微晶灰岩，含密集硅质团块	硅质团块密集段响应顶界	去铀伽马的小波分解谱上 4、5、6 级均有较大突变；双测向值降低，且有"负差异"；声波时差略有增大
$O_{1-2}ys^3$	白云石化微晶灰岩，缝合线夹藻纹层密集段	近水平密集高电导纹层状特征	去铀伽马的小波分解谱上 4、5、6 级均有较大突变，双测向值降低，且有"锯齿状"负差异

　　上述用去铀伽马资料应用层序地层学原理划分地层段有其合理性和较好的可操作性。首先，一间房组与鹰山组的界线在成像测井资料上有较好的标志物。硅质团块在成像测井资料上响应明显，对南平台区约 20 口井的成像测井资料统计，由下到上，硅质团块结束处的深度距一间房组顶的深度差约 40 m（表 2-4-2），特征明显的井（S7G、T4ED、T7AE、S8X 井等）如图 2-4-5 所示。其次，化学元素测井资料（S1AA 井）支持上述划分方法。如图 2-4-6 所示，在化学元素测井资料上，由下到上，硅矿物的含量逐渐变小，直至 5 643.7 m 处为 0。S1AA 井电成像测井资料与化学元素测井资料有很好的对应关系，在电成像测井资料上的硅质团块、条带亦在此深度点处结束。在 5 643.7 m 以下，从化学元素测井资料和电成像测井资料可以看出，硅质团块段有规律地重复出现。因此，把从下到上，硅质团块结束处的深度点作为一间房组底界附近的地层对比标志有其合理性。

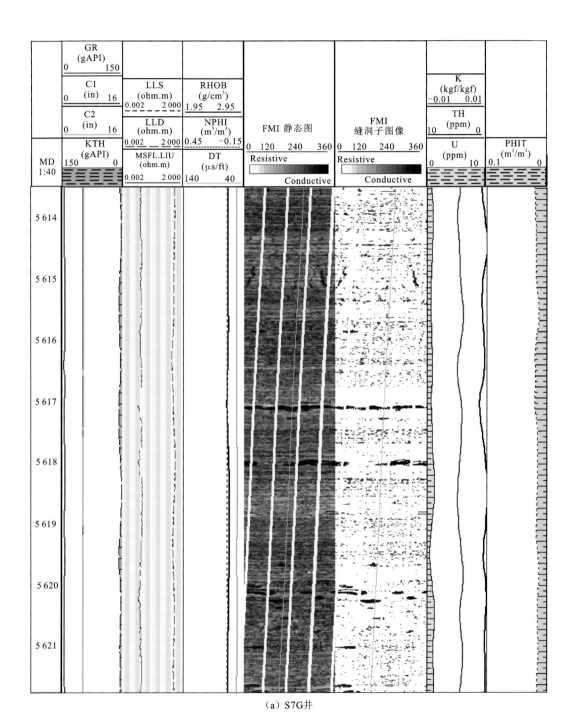

（a）S7G井

图 2-4-5　由下到上，一间房组底界附近硅质团块结束处可作为一个对比标志

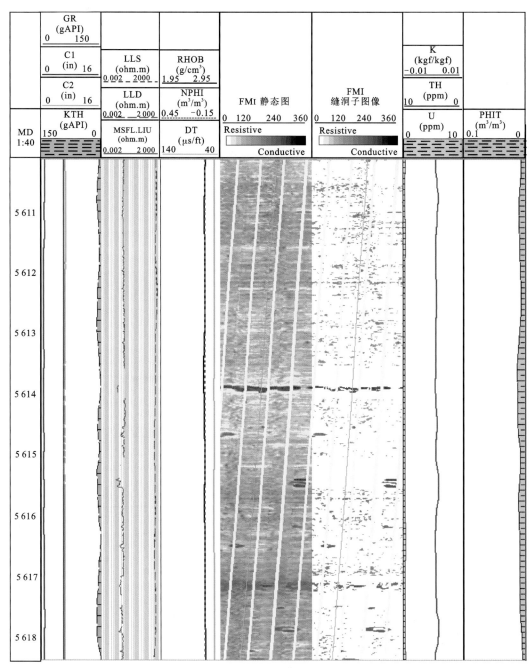

（b）T4ED井

图 2-4-5　由下到上，一间房组底界附近硅质团块结束处可作为一个对比标志（续）

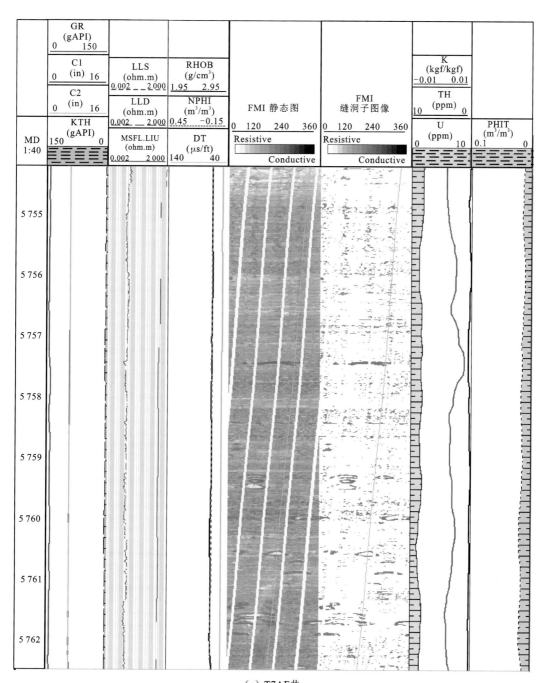

（c）T7AE井

图 2-4-5　由下到上，一间房组底界附近硅质团块结束处可作为一个对比标志（续）

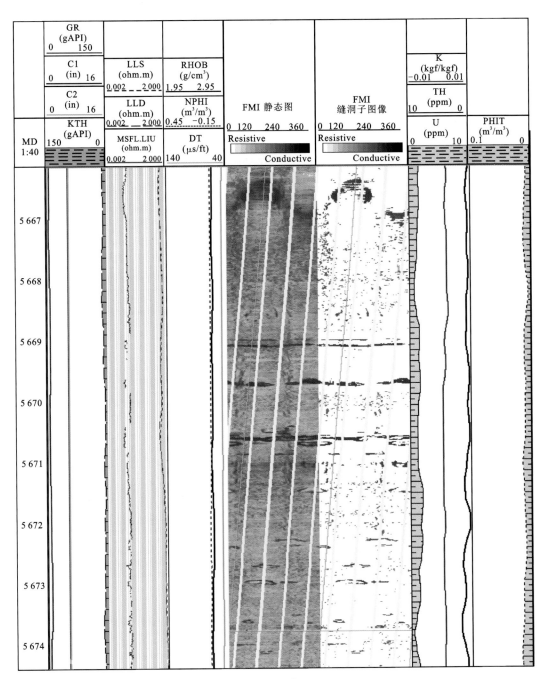

（d）S8X井

图 2-4-5　由下到上，一间房组底界附近硅质团块结束处可作为一个对比标志（续）

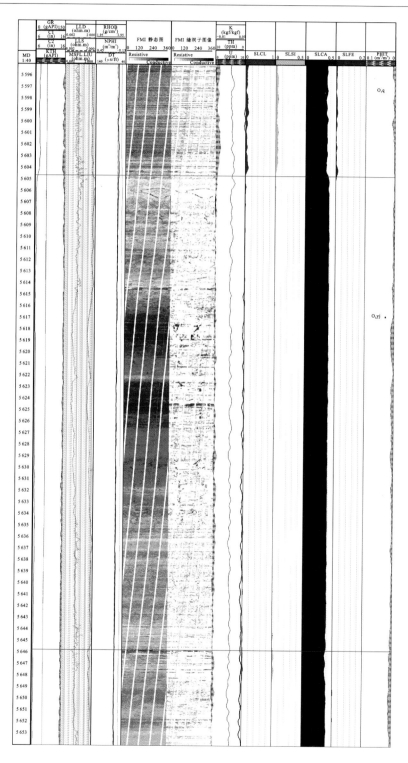

图 2-4-6　S1AA 井电成像测井资料与化学元素测井资料有很好的对应关系

鹰山组第四岩性段底界附近的硅质团块密集段,在中上奥陶统剥蚀区也可找到多口井的对应,如图 2-4-7 所示(S7F、T5AB、S6G 井)。鹰山组第三岩性段底界附近的缝合线一藻纹层段在中上奥陶统剥蚀区的 S7E 井、S9D 井(图 2-4-8)也可找到相应层位对应。

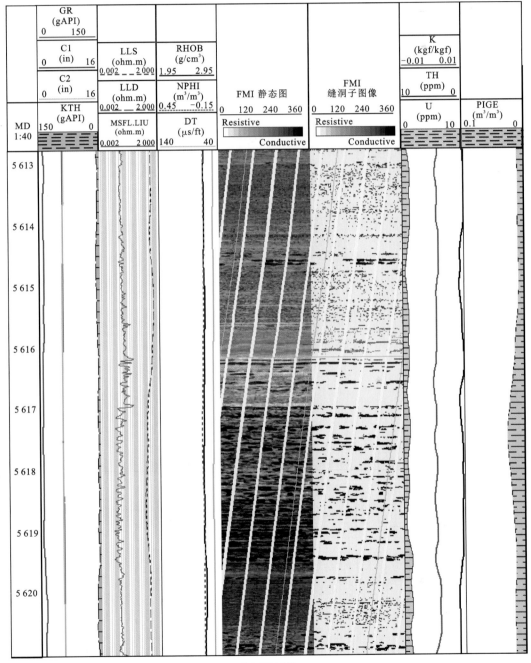

（a）T5AB井

图 2-4-7　鹰山组第四岩性段底界附近的硅质团块密集段,在中上奥陶统剥蚀区也可找到多口井的对应

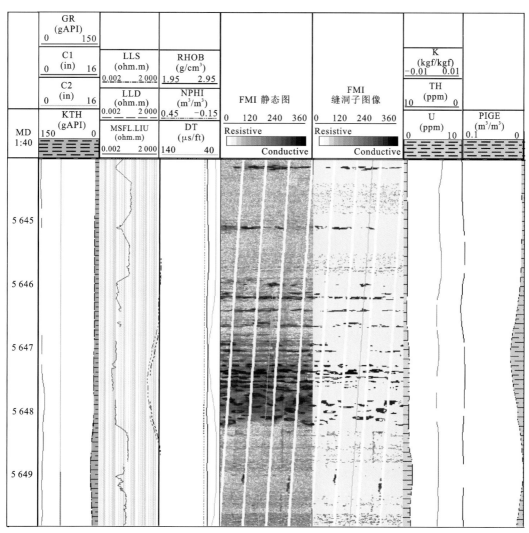

（b）S7F井

图 2-4-7　鹰山组第四岩性段底界附近的硅质团块密集段,在中上奥陶统剥蚀区也可找到多口井的对应(续)

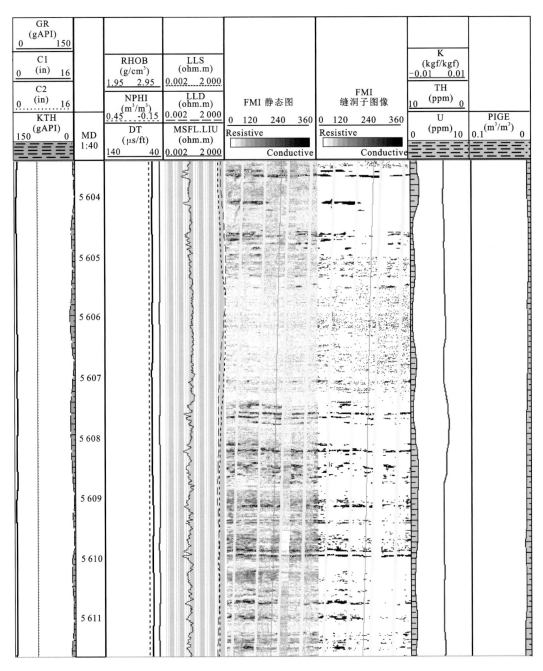

（c）S6G井

图 2-4-7　鹰山组第四岩性段底界附近的硅质团块密集段，在中上奥陶统剥蚀区也可找到多口井的对应（续）

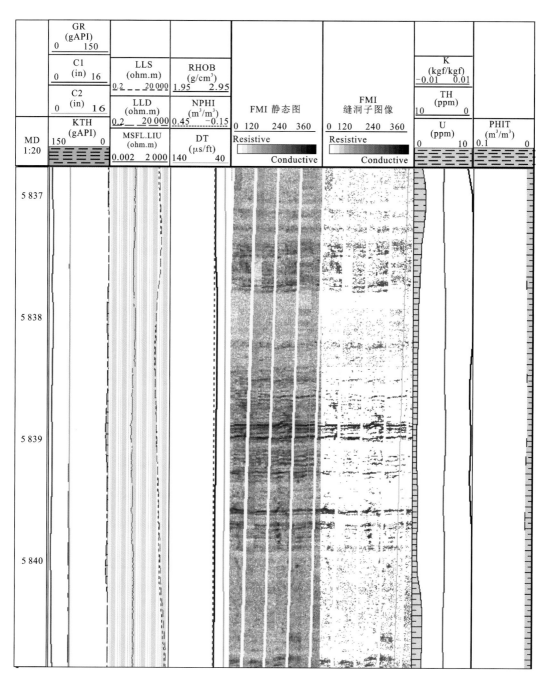

（a）T2AE井

图 2-4-8　鹰山组第三岩性段底界附近的缝合线-藻纹层段，在中上奥陶统剥蚀区可找到对应的层位

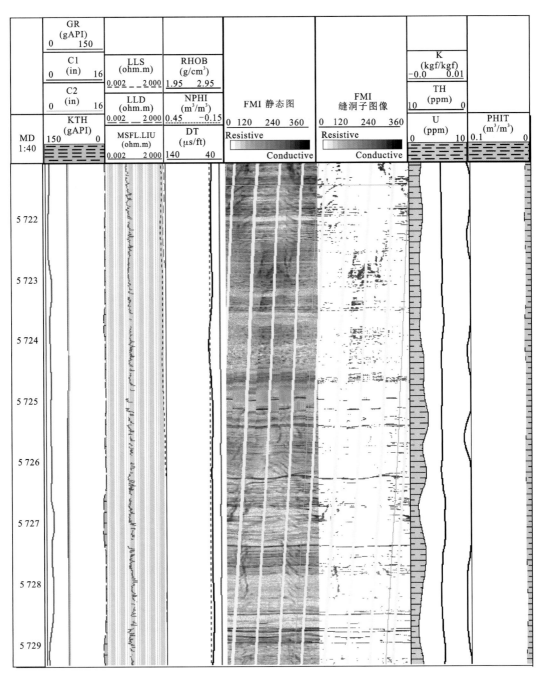

（b）S7E井

图 2-4-8　鹰山组第三岩性段底界附近的缝合线-藻纹层段,在中上奥陶统剥蚀区可找到对应的层位(续)

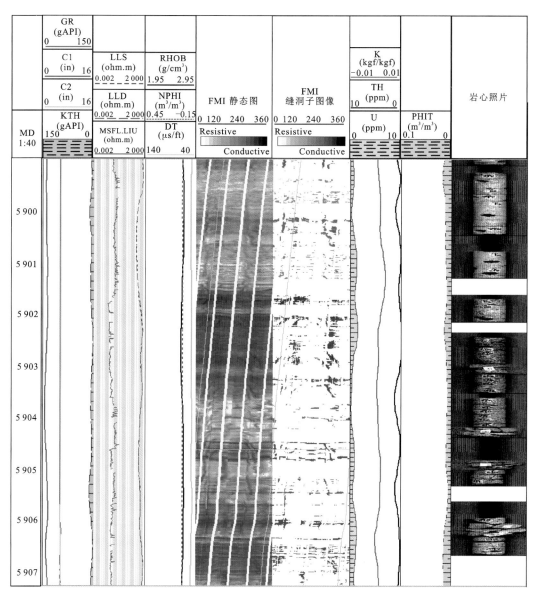

（c）S9D井

图 2-4-8　鹰山组第三岩性段底界附近的缝合线－藻纹层段,在中上奥陶统剥蚀区可找到对应的层位(续)

按照上述几个组段附近的成像资料和常规资料响应特征,对有成像测井资料的井划分的地层对比深度见表 2-4-2。

表 2-4-2　塔北地区奥陶系恰尔巴克组覆盖区一间房组电成像测井资料厚度统计(单位:m)

序号	井号	一间房组顶界	底界附近硅质团块结束处深度	厚度
1	T7AE	5 715.50	5 758.50	43
2	S7G	5 574.00	5 618.00	44
3	T4FD	5 650.00	5 694.20	44.2
4	T4ED	5 573.00	5 614.00	41
5	S8X	5 624.40	5 669.80	45.4
6	T2AE	5 531.50	5 570.50	39
7	S1AA	5 604.82	5 643.70	38.9
8	S9G	5 691.00	5 718.50	27.5
9	T2AY	5 571.00	5 614.50·	43.5
10	TK2AZ	5 591.00	5 634.00	43

2.4.3　成像测井与常规测井资料地层对比

在上述讨论中,根据 T2AE 井自然伽马能谱资料的小波分解谱,找到大的层序界面深度,然后反过来寻找电成像测井资料上的响应特征进行地层划分对比。在恰尔巴克组覆盖区,近东西方向上,测有成像测井资料井的沿 T7AE—S7G—T4FD—T4ED—S8X、TK2AZ—T2AY—T2AE—S1AA—S9G 一间房组的对比剖面如图 2-4-9、图 2-4-10 所示。图中棕线是恰尔巴克组的顶界,红线是一间房组的顶界,黑线是该套地层中的储层对比线,蓝线是一间房组底界附近硅质团块结束处。一间房组地层对比厚度如表 2-4-2。

由表 2-4-2 可见,一间房地层厚度约 40 m 左右。按层序地层学的观点,比较分析可得出如下因素控制该套地层的厚度:①一间房组沉积之前的古地貌控制第一岩性段的沉积厚度;②由于构造抬升或海平面下降使第一岩性段沉积之后的古暴露,沉积间断使第一岩性段减薄,同时形成溶蚀孔型储层;③一间房组沉积之后,恰尔巴克组沉积之前的沉积间断也使该组厚度减薄(S7G 井、S1AA 井顶部有明显的沉积间断)。其中第二个因素是控制一间房组储层好坏的关键,古暴露时间长,有利于好储层的形成。

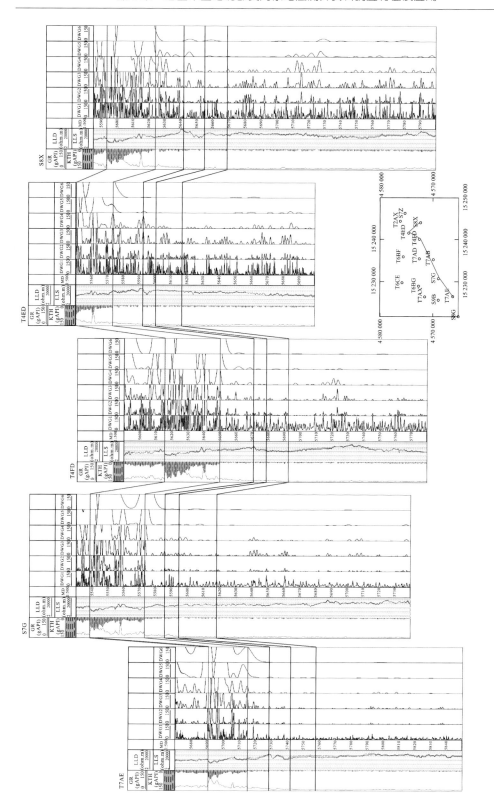

图2-4-9　T7AE—S7G—T4FD—T4ED—S8X—间房组的对比剖面

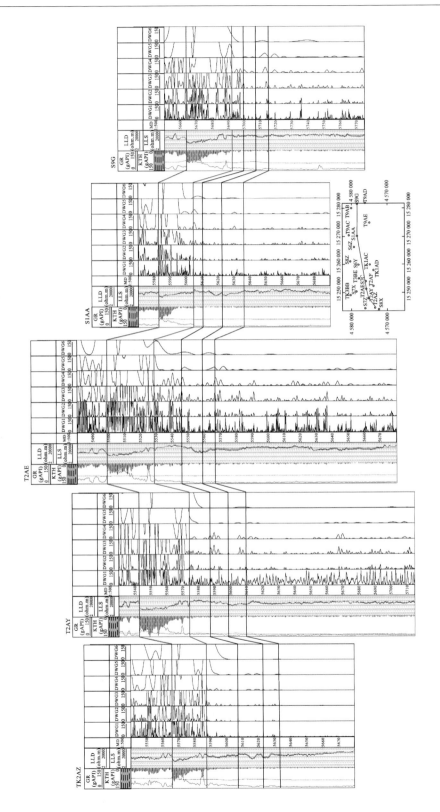

图2-4-10　TK2AZ—T2AY—T2AE—S1AA—S9G—间房组的对比剖面

2.4.4　鹰山组现今产状和剥蚀量估计

在塔里木盆地北部,由于台地相碳酸盐岩地层放射性矿物含量本身不高,在中上奥陶统剥蚀区找不到地层对比标志层,应用常规测井资料划分对比塔里木盆地北部奥陶系一间房组和鹰山组内各岩性段的地层界限很困难。与母岩准同生的结核状、条带状燧石可作为地层对比标志(谢芳 等,2015)。

塔里木盆地北部中上奥陶统地层在加里东中期运动 I 幕、加里东中期运动 II 幕及海西运动早期遭受了不同程度的暴露风化剥蚀,其中海西运动早期的风化剥蚀作用最为强烈。加里东中期运动 I 幕及海西运动早期特别是海西运动早期伴随风化剥蚀的岩溶作用对中上奥陶统剥蚀区内碳酸盐岩地层溶蚀孔隙、溶蚀缝洞型储层有重要意义。在塔里木盆地北部中上奥陶统剥蚀区一间房组和鹰山组地层自然放射性矿含量不高,在自然伽马曲线上无法区分,同时在双侧向曲线也区分不清楚,不易划分地层界限。但塔里木盆地北部奥陶系鹰山组第四岩性段底界附近发育燧石密集层段,在电成像测井上响应明显。塔里木盆地北部中上奥陶统剥蚀区可找到多口井的对应(S7F、T5AB、S6G 井),可将鹰山组第四岩性段底界附近的燧石密集发育段作为地层对比标志层进行地层对比,研究中上奥陶统剥蚀区的剥蚀量估计问题。

对 S6G—S7F—T2AE—T5AB—S7D 井进行地层对比(图 2-4-11),表 2-4-3 分别给出了 S6G、S7F、T2AE、T5AB 和 S7D 井的补心高、补心海拔、风化壳顶部深度、燧石密集段的深度,以及燧石密集段与风化壳顶部的距离。由表 2-4-3 可知 S6G、S7F、T2AE、T5AB 和 S7D 的燧石密集段与风化壳顶部的深度差分别为 110 m、141 m、233.7 m、170 m 和145.5 m。根据 S7F 井与 S6G 井燧石密集段距风化壳的深度差可估计沿 S7F—S6G 井连井方向每千米的剥蚀量。S7F 井与 S6G 井之间的水平距离(2 642.48 m),可算出在此连井方向的剥蚀量约为 11.73 m/km。仿此,可计算 T5AB 井与 S7D 井(井距 3 713.5 m)连井方向的剥蚀量为 6.60 m/km。其余方向的剥蚀量可能要比此值小。风化剥蚀过程中的岩溶作用对中上奥陶统剥蚀区内碳酸盐岩地层缝洞储集层发育有重要意义,剥蚀区内地层遭受的风化剥蚀越多,风化剥蚀过程中的岩溶作用就越强,相应的缝洞储集层就越发育。因此,S7F 井与 S6G 井连井方向中上奥陶统碳酸盐岩地层缝洞储集层最为发育,T5AB 井与 S7D 井连井方向其次,其余方向中上奥陶统碳酸盐岩地层缝洞储层发育较 S7F 井与 S6G 井连井方向和 T5AB 井与 S7D 井连井方向弱。

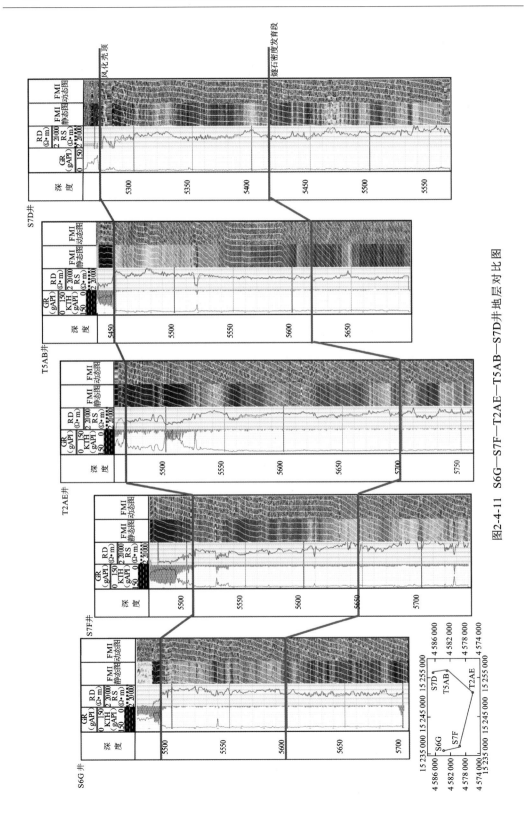

图2-4-11　S6G—S7F—T2AE—T5AB—S7D井地层对比图

表 2-4-3　塔里木盆地北部部分井鹰山组第四岩性段底界深度

井号	补心高 /m	补心海拔 /m	风化壳顶部深度 /m	燧石密集段	
				深度/m	距风化壳顶深度/m
S7F	7.5	944.25	5 505.0	5 646.0	141.0
T2AE	8.0	941.36	5 465.0	5 698.7	233.7
T5AB	6.7	939.46	5 447.0	5 617.0	170.0
S6G	6.7	943.97	5 490.0	5 600.0	110.0
S7D	6.7	934.81	5 269.5	5 415.0	145.5

第3章　塔里木盆地奥陶系碳酸盐岩不同类型储层测井资料响应特征

应用常规测井资料和电成像测井资料,可以对塔里木盆地奥陶系碳酸盐岩储层进行分类和识别。按储集空间的组合不同和储层的测井响应特征不同,可将塔里木盆地奥陶系碳酸盐岩储层划分为溶蚀孔洞型储层、裂缝–溶蚀孔洞型储层、溶蚀裂缝型储层、单产状溶蚀扩大小溶洞型储层及洞穴型储层。根据不同测井方法的基本原理,研究每一种类型的储层在测井资料上的响应特征,为后续勘探开发井的储层定性识别奠定基础。从认识的角度看,根据不同井、不同地层结合酸压试油资料,研究不同类型储层测井资料的响应特征,属于认识事物的层面。根据这些基础认识和知识,应用于新的井资料、新的地区,则属于知识的应用。实际上,这些认识都局限于作者研究时接触的地区和实际井资料,需要根据不同地区的实际情况进行补充和完善。本章最后简单地讨论水平井的测井资料响应特征。

3.1　塔里木盆地储集空间类型

按储集空间成因、形态及大小可将塔里木盆地奥陶系碳酸盐岩储层有效储集空间分为四大类:溶蚀孔隙、溶蚀孔洞、溶蚀洞穴、裂缝。

1. 溶蚀孔隙

溶蚀孔隙是孔径小于 2 mm 的溶蚀空间,主要见于塔北地区一间房组地层和塔中地区良里塔格组颗粒灰岩段地层,多为颗粒灰岩粒间溶蚀孔隙(图 3-1-1),也见粒内(如生物体腔内)溶蚀孔隙和铸模孔(图 3-1-1)。溶蚀孔隙集中发育可以有效改善碳酸盐岩的储渗性能。

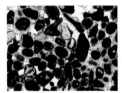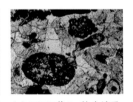

(a) T7AG井 O_{1-2} 粒间溶孔　(b) T7AZ井 O_{1-2} 粒间溶孔　(c) T7CX井 O_{1-2} 粒内溶孔　(d) S1AY井 O_3l 粒内溶孔及铸模孔

图 3-1-1　塔里木盆地奥陶系碳酸盐岩溶蚀孔隙

2. 溶蚀孔洞

将孔径大小分布在 2～100 mm 的次生溶蚀空间称为溶蚀孔洞。溶蚀孔洞在塔里木盆地奥陶系各个组段碳酸盐岩地层中均见发育(图 3-1-2～图 3-1-4)。塔里木盆地奥陶系碳酸盐岩储层中的溶蚀孔洞多与溶蚀裂缝伴生(图 3-1-2),常具有成层性的特征(图 3-1-3),且多充填或部分充填方解石、泥质、灰岩碎屑或沥青(图 3-1-4)。部分充填或未充填溶蚀孔洞的发育有效改善了塔里木盆地奥陶系碳酸盐岩储层的储渗性能。

（a）S1BF 井 O_2yj 10
（50~51/69）块岩心

（b）TZ1GB 井 O_3l 26
（40/52）块岩心

图 3-1-2　溶蚀孔洞与溶蚀裂缝伴生发育

（a）T5AB 井 O_2yj
8（5/26）块岩心

（b）TZ8CG 井 O_3l
5（31/77）块岩心

图 3-1-3　溶蚀孔洞成层发育

3. 溶蚀洞穴

溶蚀洞穴是孔径大于 0.1 m 的溶蚀空间，主要发育在塔北地区鹰山组，在塔里木盆地奥陶系良里塔格组和一间房组也见发育。溶蚀洞穴多见灰岩角砾（溶蚀洞穴垮塌和挤碎角砾）、砂质、粉砂质、泥质充填或部分充填（图 3-1-5），偶见巨晶方解石充填（图 3-1-6）。未充填、部分充填及砂质充填的溶蚀洞穴是塔里木盆地奥陶系碳酸盐岩储层重要的储集空间之一。

（a）S1AY 井 $O_3$19（60~61/64）块岩心

（b）TZ2EB 井 $O_3$18（19/47）块岩心

图 3-1-4　溶蚀孔洞被方解石半充填

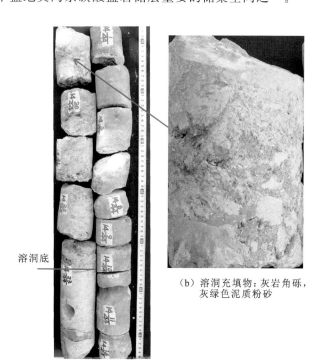

溶洞底

（b）溶洞充填物：灰岩角砾，
灰绿色泥质粉砂

（a）T5AC 井 O_{1-2} ys 14（1~23/44）块岩心

图 3-1-5　溶蚀洞穴被含灰岩角砾泥质粉砂岩充填

图 3-1-6　S7F O_{1-2} ys 8(5～9/37)块岩心、巨晶方解石充填溶蚀洞穴

4. 裂缝

裂缝在塔里木盆地奥陶系碳酸盐岩中普遍发育,根据成因可分为构造缝、压溶缝及溶蚀缝。

构造缝由岩石经构造应力作用破裂形成,溶蚀缝是早期构造缝经岩溶作用扩大而形成。两者均为塔里木盆地奥陶系碳酸盐岩储层中有效的油气通道,其中溶蚀裂缝还是塔里木盆地奥陶系碳酸盐岩地层中重要的储集空间之一。塔里木盆地奥陶系碳酸盐岩地层中的构造缝和溶蚀缝产状多为斜交或垂直(图 3-1-7～图 3-1-10),其中溶蚀缝的缝壁不规则(图 3-1-11)。部分构造缝和溶蚀缝,充填或半充填方解石(图 3-1-7)、泥质(图 3-1-8)、沥青质或黑色有机质(图 3-1-9)。未充填的构造缝和溶蚀缝多被油染(图 3-1-10)。

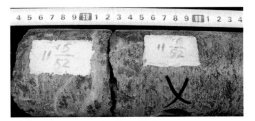

(a) S1 AA 井 O_3 l 12 (12/27)块岩心　　　　　(b) S9G 井 O_{1-2} js 11 (15～16/52)块岩心方解石全充填的斜交缝
方解石晶族半充填的裂缝面

图 3-1-7　方解石半充填或全充填裂缝

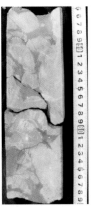

(a) S9D 井 O_{1-2} ys 5(20/35)块岩心　　　　(b) T7EZ 井 O_3 l 5(1～2/47)块
灰绿色泥质充填高角度缝　　　　　　　　岩心泥质充填裂缝

图 3-1-8　泥质充填裂缝

（a）S1BE 井 O_{1-2}ys 30（52~62/63）块岩心 裂缝含沥青质

（b）T4FD 井 O_3l 2（8~9/52）块岩心 裂缝面充填黑色有机质

图 3-1-9 沥青质或黑色有机质充填裂缝

（a）S1AA 井 O_{1-2} 14（17~18/30）块岩心高角度张开缝，油染

（b）S9B 井 O_2yj 7（7~10/27）块岩心组缝，油染严重

图 3-1-10 油染裂缝

（a）T2AE 井 O_2yj 13（8~9/52）块岩心

（b）T7EA 井 O_2yj 11（14~18/20）块岩心

图 3-1-11 缝壁不规则溶蚀裂缝

　　压溶缝由沉积负荷引起的压实作用和压溶作用共同作用形成,通称缝合线。压溶缝(缝合线)在塔里木盆地奥陶系碳酸盐岩地层中普遍发育。压溶缝(缝合线)宽度多小于5 mm,产状主要为水平,呈锯齿状发育(图 3-1-12)。缝合线多充沥青、泥质,或被油染或有机质充填。压溶缝(缝合线)不是有效的油气通道。

（a）S1AA 井 O_2yj 14（22/30）块岩心亮晶砂屑灰岩上见单条缝合线发育

（b）S1BF 井 O_2yj 5（34/17）块岩心灰色微晶灰岩上见密集缝合线发育

（c）S8Y 井 $O_{1-2}ys$ 5（31/48）块岩心黑色有机质充填缝合线

（d）T6BG 井 O_2yj 5（2/25）块岩心泥质充填缝合线

图 3-1-12　压溶缝(缝合线)

3.2　塔北地区储层类型及储层测井响应特征

　　在实际地层中,某一类储集空间很少单独存在,一般是几类储集空间共存,不同储集空间组合成不同类型的储层。按储集空间组合不同和储层的测井响应特征不同,可将塔里木盆地北部地区奥陶系碳酸盐岩储层分为溶蚀孔洞型储层、裂缝-溶蚀孔洞型储层、溶蚀裂缝型储层、单产状溶蚀扩大小溶洞型储层及洞穴型储层。下面来分别讨论塔北地区这 5 类储层的测井响应特征。

3.2.1　溶蚀孔洞型储层

　　溶蚀孔洞型储层是以溶蚀孔隙和小的溶蚀孔洞为主要储集空间的储层,主要见于一间房组地层,但也见于良里塔格组和鹰山组地层中。溶蚀孔洞型储层在常规测井资料、电成像测井资料及偶极阵列声波测井资料上均有响应。

　　溶蚀孔洞型储层在密度测井、中子孔隙度测井及声波时差测井资料上的响应不尽相同。溶蚀孔洞型储层溶蚀孔隙和溶蚀孔洞集中发育,总孔隙度略高于致密纯灰岩地层,导致溶蚀孔洞型储层体积密度略低于致密纯灰岩地层,含氢指数略高于致密纯灰岩地层。因而相对于背景致密纯灰岩地层,溶蚀孔洞型储层段密度测井值略有降低,中子孔隙度值略有升高(图 3-2-1~图 3-2-3)。由于纵波为体压缩波,基本沿岩石骨架传播,只能测量基质孔隙(晶间孔、粒间孔),不能测量地层中次生孔隙部分对传播速度的影响。溶蚀孔洞型储层储集空间以次生的溶蚀孔隙和溶蚀孔洞为主,原生的基质孔隙基本消失殆尽。因此,溶蚀孔洞型储层在常规声波测井上没有明显响应(图3-2-1～图3-2-3)。

　　溶蚀孔洞型储层中的溶蚀孔洞多具有成层发育的特点(图3-2-2)。地层钻开后,泥浆侵入成层发育的溶蚀孔洞,导致溶蚀孔洞储层电阻率降低,且泥浆侵入后的成层发育的溶蚀孔洞可等效为低倾角的导电通道。因此,溶蚀孔洞型储层在双侧向测井资料上具有双侧向测井值明显减小且呈现小的"负差异"的响应(图3-2-1～图3-2-3)。此外,溶蚀孔洞储层段不含泥,且不发生扩径。故溶蚀孔洞储层井径平直,自然伽马和去铀自然伽马很低(图3-2-1～图3-2-3)。

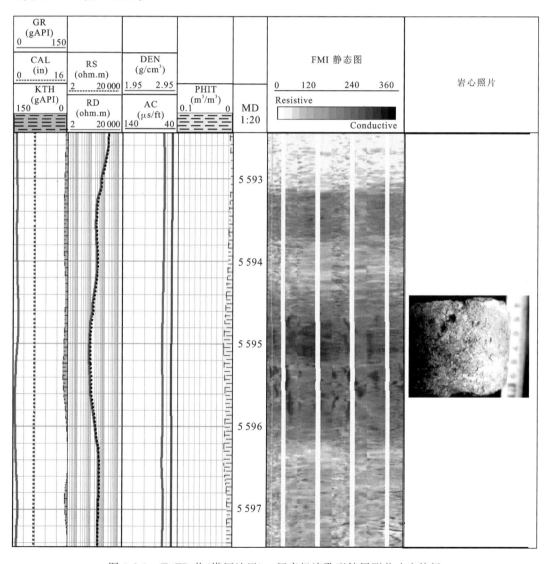

图 3-2-1　T4ED井(塔河油田)一间房组溶孔型储层测井响应特征

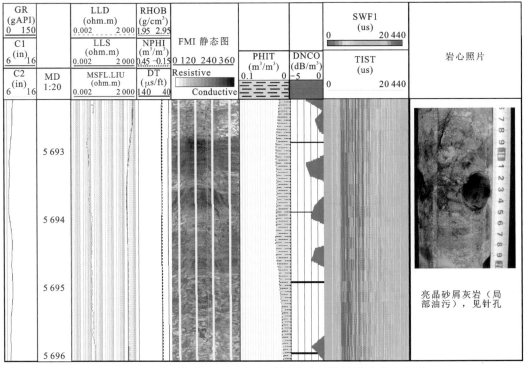

图 3-2-2　S9B 井(塔河油田)一间房组溶孔型储层测井响应特征

　　泥浆侵入溶蚀孔洞,导致溶蚀孔洞储层电阻率降低。故溶蚀孔洞在成像测井静态图像上显示为深黑色的斑点(图 3-2-1~图 3-2-3)。另外,溶蚀孔洞储层井段井筒中的钻井液与溶蚀孔洞中侵入的泥浆是连通的。斯通利波为沿井眼表面滑行的面波,振动方向垂直于井壁,当井筒中的钻井液与溶蚀孔洞中侵入的泥浆连通时,斯通利波能量会发生衰减(赵新建 等,2012)。因此,偶极阵列声波测井资料上,溶蚀孔洞型储层斯通利波能量有一定衰减(图 3-2-2)。

　　综上所述,相对于背景致密的纯灰岩地层,在常规测井资料上,溶蚀孔洞型储层井径平直,自然伽马和去铀自然伽马很低,密度测井值略有降低,中子孔隙度值略有升高,声波时差变化不大,双侧向测井值明显减小且呈现小的"负差异"的响应;在电成像测井静态图像上,具有深黑色斑点响应;在偶极阵列声波测井资料上,溶蚀孔洞储层发育处斯通利波能量有一定衰减。

3.2.2　溶蚀裂缝型储层

　　将溶蚀裂缝发育的储层称为溶蚀裂缝型储层,溶蚀裂缝既可作为油气的储集空间,又可作为油气的渗流通道。溶蚀裂缝型储层在塔北地区鹰山组灰岩中普遍发育,而且溶蚀裂缝有很多不同的产状形式。气候和原始沉积环境对这种储集层只起很小的作用,这是因为它们大多数形成于有效埋藏之后,是构造运动和岩溶作用的结果。平面上,塔里木盆地北部地区的南平台区裂缝的数量较北部少。

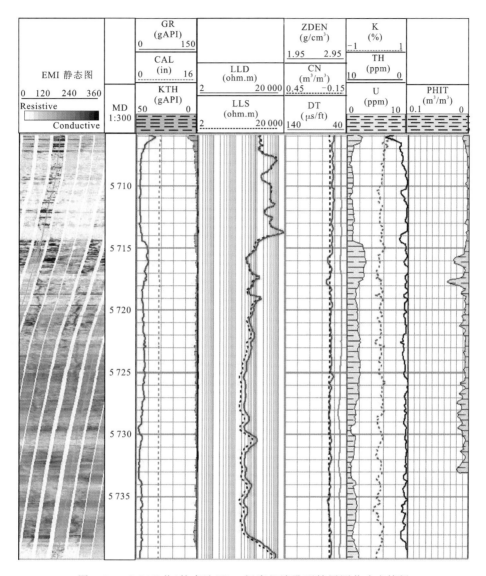

图 3-2-3　LG1Z 井（轮南油田）一间房组溶孔型储层测井响应特征

　　塔北地区奥陶系地层中的裂缝主要有六种倾向：NW、SE、近 E，近 W、近 S、近 N。裂缝走向主要有 NE-SW、近 EW、近 NS 三组。其中 NE-SW 是主要的裂缝走向（即 NW 倾向、SE 倾向的裂缝）。裂缝以高角度裂缝为主，少见低倾角裂缝。在各种产状的裂缝中溶蚀程度最大的是 NW 倾向与 SE 倾向的高倾角裂缝，其他产状裂缝的溶蚀程度则要小得多。

　　由于裂缝在岩块上占的体积不大（即通常的裂缝孔隙度不大）。因此，裂缝的发育对常规测井的声波时差、密度和中子孔隙度影响不大。在常规测井资料上，地层中裂缝的发育对双侧向测井值有较明显的影响，表现为深浅侧向测井值出现"差异"。在一般情况下，高倾角裂缝(大于 60°)引起"正差异"(Sibbit et al.,1985),即深侧向电阻率大于浅侧向电阻率;低倾角裂缝段引起"负差异",即深侧向电阻率小于浅侧向电阻率。裂缝同时也使双侧向测井值降低。

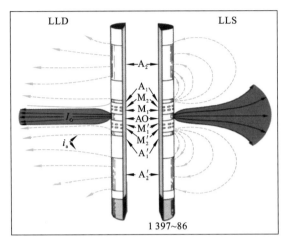

图 3-2-4　双侧向仪器的电流线及电极系分布示意图

不同倾角的裂缝引起不同的差异的基本原因是,双侧向测井仪采用聚焦电极系测量(图 3-2-4),垂直于仪器电流线(图中虚线)的导电截面的大小影响深浅电阻率测量值的大小。

对于高倾角裂缝,在探测深度范围内深侧向测井时,因为仪器的主电极 A_0 发出的电流 I_0 相对高倾角裂缝的导电通道不易进入地层径向深处(即高倾角裂缝的导电通道对深侧向测井时的导电截面小),使测量的深侧向视电阻率增大;而浅侧向,由于有回路电极接受主电极 A_0 发出电流,探测深度浅,使测量的浅侧向视电阻率变小(即高倾角裂缝的导电通道对浅侧向测井时的导电截面大),因而出现"正差异"。

对于低倾角裂缝,仪器的主电极 A_0 发出电流 I_0 相对此种导电通道易进入地层径向深处,使测量的深侧向视电阻率变小;而浅侧向,由于此时回路电极不易接受主电极 A_0 发出电流,使测量的浅侧向视电阻率变大,出现"负差异"。水平潜流溶孔与单产状裂缝溶蚀扩大形成的小溶洞对双侧向电流的导电通道与低倾角裂缝的导电通道是类似的。因而在水平潜流溶孔与单产状裂缝溶蚀扩大形成的小溶洞深度点,双侧向电阻率也呈"负差异"。

如果高倾角裂缝宽(溶蚀程度大),裂缝密度大(单位深度上的裂缝条数多),则深浅侧向差异就大(图 3-2-5,TK3BB 井),且电阻率测井值也降低更多;反之,深浅侧向差异就小(图 3-2-6,TK4AY 井),电阻率测井值也降低小一些。实际灰岩地层的导电通道很复杂,也有不符合上面讨论的例子。对于这些相反的情况,一种可能的解释是电成像测井资料探测深度浅,双侧向测井探测深度较深,由于灰岩地层的强烈非均质性,在井壁附近看到的裂缝并不能代表井眼径向深处的实际情形,在井眼径向深处的等效导电通道可能与井壁看到的情况相反。

影响灰岩地层深浅电阻率测量值大小的因素还有储集空间中的流体类型、泥质含量等。在裂缝井段,由于裂缝孔隙度低,加之泥浆的侵入,储集空间中的流体类型引起的差异很小,不易识别。裂缝中的泥质使电阻率值降低,要注意区分泥质充填的无效裂缝和无充填的有效裂缝。在常规测井资料上,对于无效的泥质充填裂缝,去铀伽马略有增高;在三孔隙度图上,中子孔隙度略有增大,偏离密度孔隙度,这是因泥质中的结晶水对中子测井影响较大所致(图 3-2-7)。对于有效缝,去铀伽马值很低;在三孔隙度图上,中子孔隙度

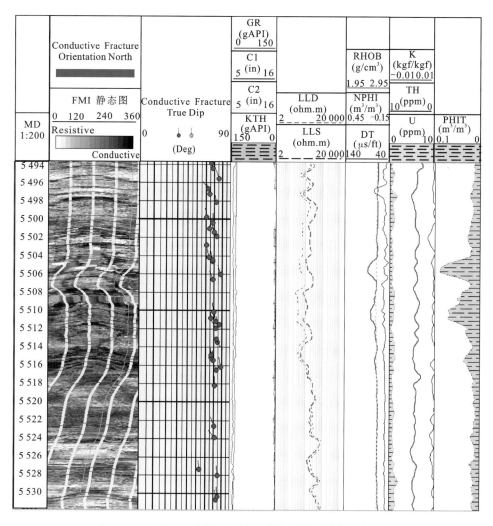

图 3-2-5　TK3BB 井鹰山组溶蚀裂缝型储层测井响应特征

不偏离密度孔隙度(图 3-2-6)。

　　经过溶蚀改造的裂缝,其形状多不规则,裂缝宽窄不一。由于裂缝处的导电性较微晶灰岩好得多,加之成像测井仪的分辨率高(5 mm),在成像测井资料上,裂缝表示为黑色的正弦线。

　　斯通利波为沿井眼表面滑行的面波,其振动方向垂直于井壁。如果井筒中的钻井液与裂缝或溶蚀孔洞中侵入的液体是连通的,斯通利波能量就要衰减,这是一种衰减机制。此外,斯通利波沿井眼滑行时,如遇岩性界面,大裂缝面和溶洞与地层的界面处,就要产生反射,也使接收器接收的斯通利波能量变小。在裂缝井段,看到的是两种能量机制叠加结果。通常在裂缝井段,由于裂缝对斯通利波的反射,在波形上为"V"字形,能量衰减严重,如 TK1AAC 井 6 184～6 208 m 井段(图 3-2-8)。

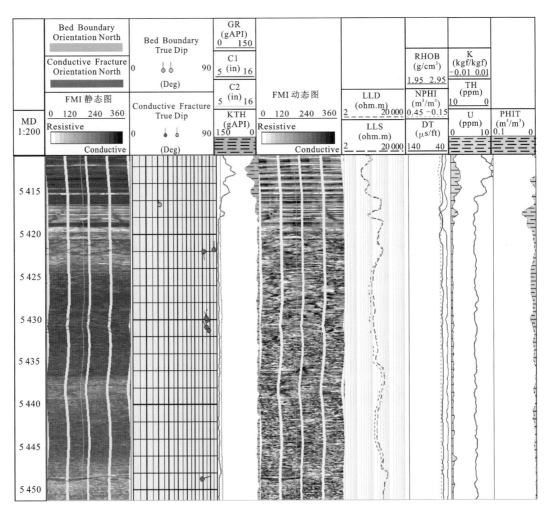

图 3-2-6　TK4AY 井溶蚀裂缝型储层测井响应特征

综上所述,溶蚀裂缝型储层在常规测井资料上,去铀伽马值很低;声波时差、密度和中子孔隙度测井值几乎不变;对于高倾角裂缝,双侧向曲线出现"正差异",对于低倾角裂缝,双侧向电阻率呈"负差异",高倾角裂缝宽(溶蚀程度大),裂缝密度大(单位深度上的裂缝条数多),则差异就大,且电阻率测井值也降低更多。在电成像测井资料上,溶蚀裂缝表示为黑色的正弦线。在偶极阵列声波测井的斯通利波在裂缝段发生较强衰减,波形上为"V"字形。

XKE 井鹰山组 6 862～6 875 m 裂缝段测井响应特征如图 3-2-9 所示。从成像测井图上可见,该井段裂缝条数较多,裂缝发育程度较高;从裂缝倾角图中可见,该井段裂缝倾角主要在 60°～80°,为高倾角裂缝段。在常规测井资料上,井径曲线平直,自然伽马、去铀伽马值较低;双侧向测井曲线明显降低,深浅电阻率呈"正差异";裂缝发育处,三孔隙度曲线中密度曲线略有减小,声波时差、中子孔隙度曲线波动性较小,基本无变化。

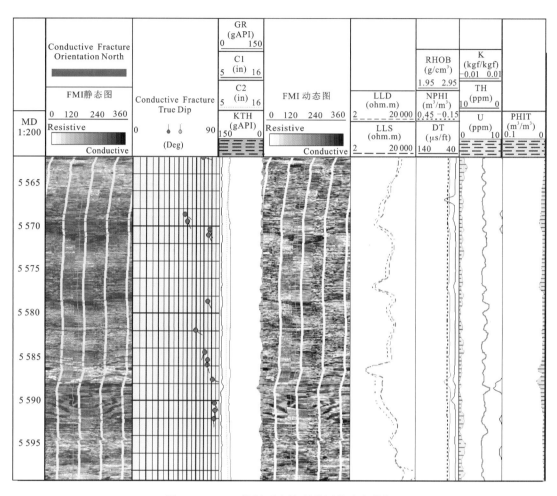

图 3-2-7　S6X 井泥质充填裂缝测井响应特征

3.2.3　裂缝–溶蚀孔洞型储层

将溶蚀孔洞和裂缝同时发育的储层划分为裂缝–溶蚀孔洞型储层。在常规测井资料上,因裂缝–溶蚀孔洞型储层孔隙度较大,裂缝–溶蚀孔洞型储层密度、声波时差、中子对孔隙度均有反映,密度值减小,声波时差和中子孔隙度值增大(图 3-2-10);电阻率值降低,深浅电阻率几乎重叠;当储层叠加有近水平溶蚀孔时可出现有小的"负差异"(图 3-2-10),当叠加有高倾角溶蚀缝时有小的"正差异"(图 3-2-11)。在电成像静态图上,溶蚀孔洞呈黑色斑点,裂缝呈暗色正弦线,因此裂缝–溶蚀孔洞型储层的响应为黑色斑点夹杂暗色正弦线(图 3-2-10、图 3-2-11)。在偶极阵列声波资料上,斯通利波能量有衰减(图 3-2-11)。

值得注意的是,当地层深浅电阻率曲线出现较大的"正差异",而在电成像测井上又看

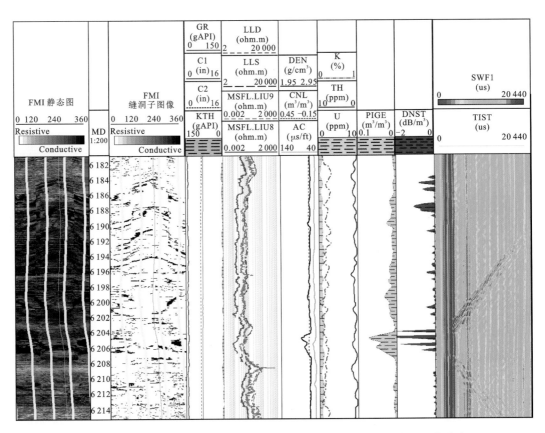

图 3-2-8　TK1AAC 井鹰山组 6 184～6 208 m 井段溶蚀裂缝型储层测井响应

不到裂缝时,地层不是好储层,如 TK2AZ 井 5 622.5～5 627 m 井段(图 3-2-12)。在岩溶初期,大气淡水在重力和毛细管力的作用下以沿原始沉积孔隙通道的垂直渗滤为主。岩溶在未形成水平潜流(淡水的横向流动)带之前垂直渗滤发育的储集空间在横向上是近孤立的。TK2AZ 井 5 622.5～5 627 m 井段双侧向有较大的"正差异",但电成像测井资料上又见不到裂缝,因此其导电通道只能是平行于井轴的"垂向孔"。

3.2.4　单产状溶蚀扩大小溶洞型储层

由单产状裂缝经溶蚀扩大形成的小溶洞因是面状地质体,若未充填或半充填,构成塔北地区重要的储集空间之一,可能是最重要的储集空间。将这种单产状裂缝经溶蚀扩大形成的小溶洞单独划为一类储层,称为单产状溶蚀扩大小溶洞型储层。

在成像资料上可见单产状裂缝溶蚀扩大形成的小溶洞,如 S7E 井 5 484.5～5 485.5 m 井段(图 3-2-13)。在成像测井上,单产状裂缝经溶蚀扩大形成的小溶洞的特点是,洞径不大(多小于 1 m),仍可见裂缝的粗略产状,倾角较高,倾向方位为 NW 或 SE;少坍塌与共轭缝切割的角砾。若未充填或半充填,则形成"矿脉"。

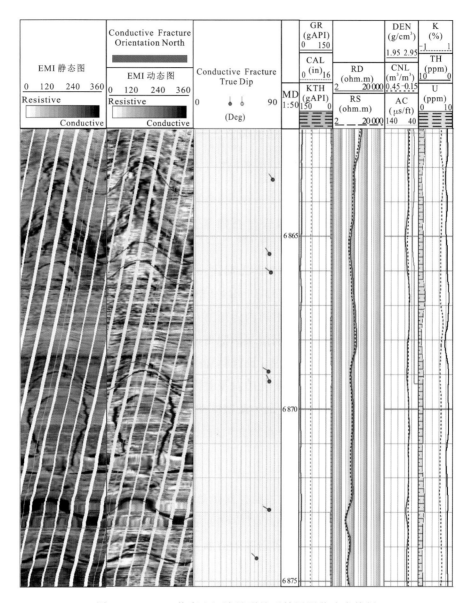

图 3-2-9　XKE 井鹰山组溶蚀裂缝型储层测井响应特征

　　S7E 井 5 484～5 485 m 井段发育一单产状溶蚀扩大小溶洞(图 3-2-13)。在常规测井资料上,S7E 井 5 484～5 485 m 井段自然伽马值增大,自然伽马测井值在小溶洞处形成小尖峰,去铀伽马测井值仍很低;双井径略有扩大;双侧向测井值明显减小,呈现小的"负差异"(负差异的原因在于小溶洞的导电截面相当于低角度裂缝,见 3.2.2 节中有关裂缝的讨论);密度测井值降低很多,在溶洞处呈"尖峰",表明溶洞中充满流体;声波时差略有增大,表明小溶洞隔开了小溶洞上下的灰岩地层;中子孔隙度基本不变,表明小溶洞中含泥较少。由此可见,该溶洞为一未充填小溶洞。

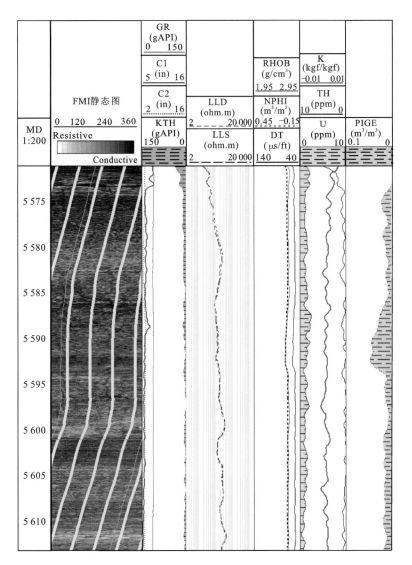

图 3-2-10 S7G 井 5 587.5～5 593.3 m 井段裂缝-溶蚀孔洞型储层测井响应特征

T5AC 井 5 534～5 535 m 井段电成像测井资料与常规资料有类似的特征(图 3-2-14);该井测有偶极横波成像(DSI)资料,在小溶洞井段,DSI 资料的斯通利波发生"V"字形反射(图 3-2-14)。单产状裂缝溶蚀扩大小溶洞例子(图 3-2-15)还有 S6G 井 5 496～5 497 m 井段、TK4AZ 井 5 426～5 427 m 井段(17.9×10⁴ t)、TK4CF 井 5 450.5～5 451.5 m 井段(12.2×10⁴ t)等,这些井的积累产量都超过 10×10⁴ t。

单产状裂缝溶蚀扩大小溶洞若充填,则通常充填灰绿色砂泥。在 S7F 井 5 525～5 526.2 m 井段(图 3-2-16)的常规测井资料上,小溶洞井段自然伽马值增大,自然伽马测井值在小溶洞处形成尖峰,去铀伽马测井值也增大为尖峰;双井径不变;双侧向测井值明

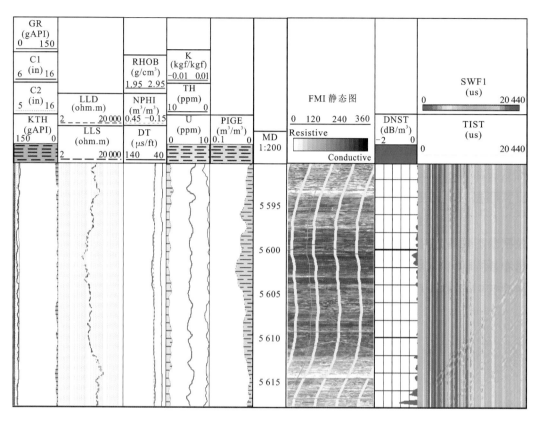

图 3-2-11　T2AY 井 5 598～5 605 m 井段裂缝-溶蚀孔洞型储层测井响应特征

显减小,呈现小"负差异";密度测井值降低不大,在溶洞处呈"小尖",表明溶洞中充有比灰岩骨架密度低的矿物;声波时差略有增大,此时表明小溶洞中的充填物有孔隙度;中子孔隙度基本不变,表明小溶洞中含泥引起的变化与含石英砂岩引起的变化互相抵消;结合成像响应特征,可判定该溶洞为充填砂泥小溶洞。溶洞上方的 SE 倾向的裂缝也含泥质。值得注意的是,仅用成像资料尚不能判别小溶洞的充填情况。

此外,钻时资料也可用来辅助判别放空小溶洞。

3.2.5　洞穴型储层

在中-上奥陶统剥蚀区及其边缘地带,海西早期 NW 倾向与 SE 倾向的一组共轭缝的交叉处经溶蚀扩大易发育成洞穴型储层。洞穴型储层段以 TK3BB 井(图 3-2-17)、T5AC 井(图 3-2-18)大溶洞井段的特征为典型。

TK3BB 井洞穴型储层(5 425～5 428 m)实际为 NW 倾向与 SE 倾向裂缝面的交叉处经溶蚀扩大发育成大型溶洞。其成像测井的电导率明显增大,表示为较暗的颜色;在动态图上,溶洞中仍可见裂缝交叉切割的角砾-原地角砾未完全溶蚀掉(图 3-2-17(b))。

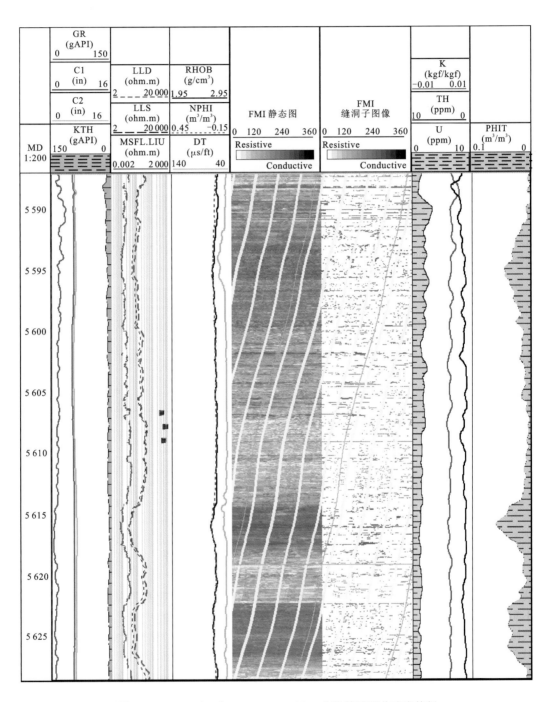

图 3-2-12　TK2AZ 井 5 622.5～5 627 m 井段储层测井响应特征

在常规资料上（图 3-2-17（a）），洞穴型储层段的自然伽马值较围岩增大，伽马测井值在溶洞处呈"反弓"形（以左小右大坐标），约 52API；去铀伽马测井值也较围岩增大，约

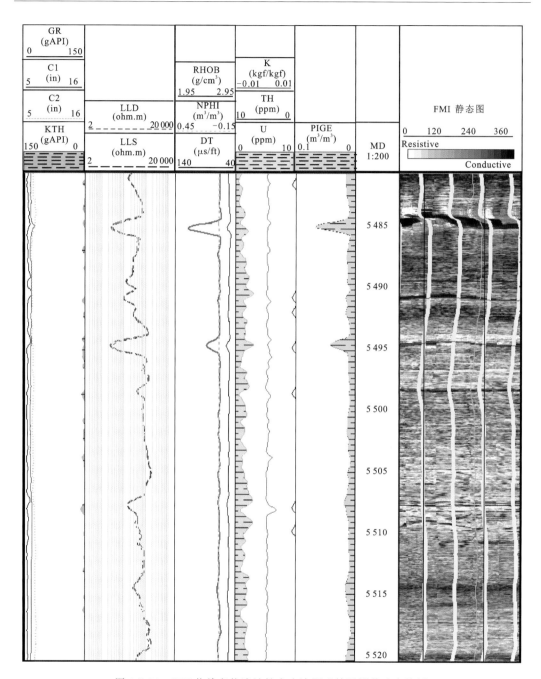

图 3-2-13　S7E 井单产状溶蚀扩大小溶洞型储层测井响应特征

42API；双井径曲线有明显的扩径现象；双侧向测井值明显减小，呈大的"正差异"，浅侧向值约 15 Ω·m，浅侧向值约 83 Ω·m，较为平直；密度测井值在溶洞处也呈"弓"形，降低很多；声波时差和中子孔隙度增大，但由于测量原理不同，声波时差与中子孔隙度测井值的增大方式不同。声波时差在灰岩角砾多的深度井段增大较小；中子孔隙度在溶洞井段底

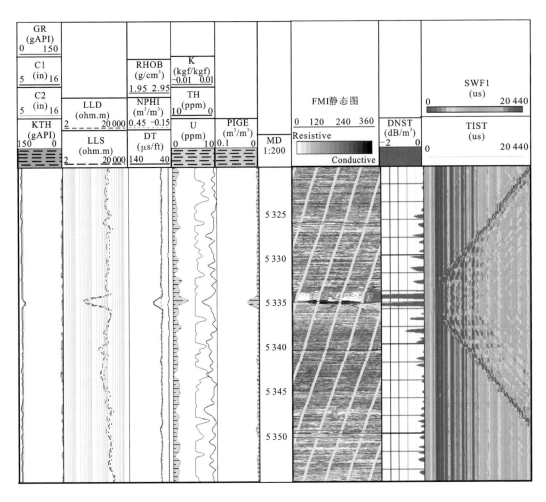

图 3-2-14　T5AC 井单产状溶蚀扩大小溶洞型储层测井响应特征

部增大较多。由于纵波为体压缩波,基本上沿岩石骨架传播,因而不能测量地层中溶蚀孔洞(次生孔洞)对传播速度的影响,只能测量基质孔隙(晶间孔、粒间孔),在有角砾的地方,声波沿角砾传播,时差变小。在溶洞的底部,含泥相对较重,泥质中的结晶水含氢,也使中子孔隙度增大。在溶洞段,自然伽马能谱测井的钾含量(约 0.015%)和钍含量(约 5 ppm)较高,表明该溶洞含泥。用组分分析程序求解的有效孔隙度为 11.78%。

　　溶洞上下方 NW 倾向与 SE 倾向共轭缝的响应特征也很典型(图 3-2-17(a)),主要表现在双侧向测井资料上,高倾角裂缝引起"正差异",但电阻率测井值要比溶洞段大,对 5 418～5 422 m 井段平均,浅侧向值约 230 Ω·m 左右,深侧向值约 400 Ω·m。在双侧向测井资料上,上部裂缝-溶洞-下部裂缝的双侧向响应一起构成以溶洞中点深度为对称轴的"大对称弓形"(图 3-2-17～图 3-2-21)。溶洞井段双侧向测井响应的"大对称弓形"本身也可说明

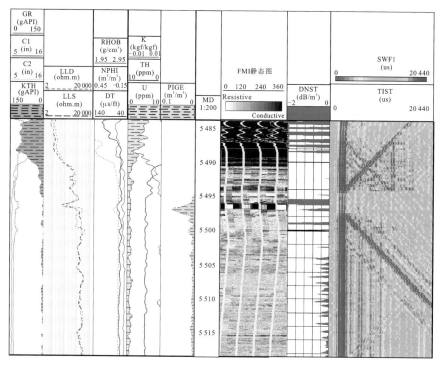

（a）S6G井

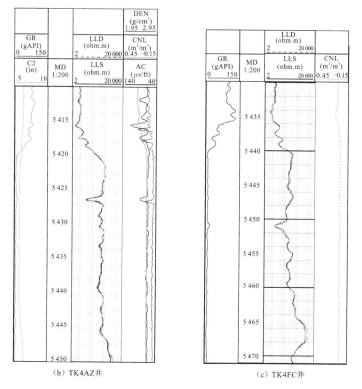

（b）TK4AZ井　　　　　　　　　　（c）TK4FC井

图 3-2-15　单产状溶蚀扩大小溶洞型储层测井响应特征

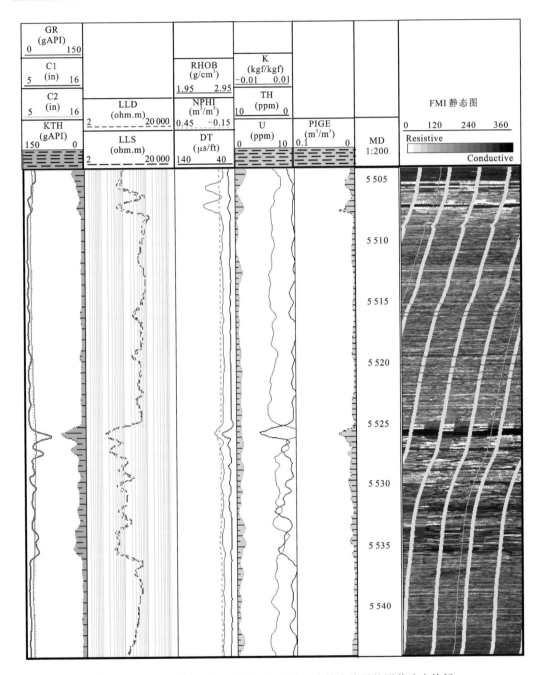

图 3-2-16　S7F 井(5 525～5 526.2 m)砂泥充填小溶洞的测井响应特征

缝-洞成因联系。前已指出,共轭缝的交叉处形成大溶洞,因此洞穴型储层井段的裂缝密度(在溶蚀之前)就要比非交叉处裂缝井段的裂缝密度多一倍,即其导电通道本身就要多一倍,加之溶蚀作用强,因此大溶洞井段的深浅侧向电阻率测井值比单产状裂缝井段要低得多,但仍呈大的"正差异"。裂缝对孔隙度贡献小,密度、声波时差和中子孔隙度测井值在裂缝井段较基岩变化不大。

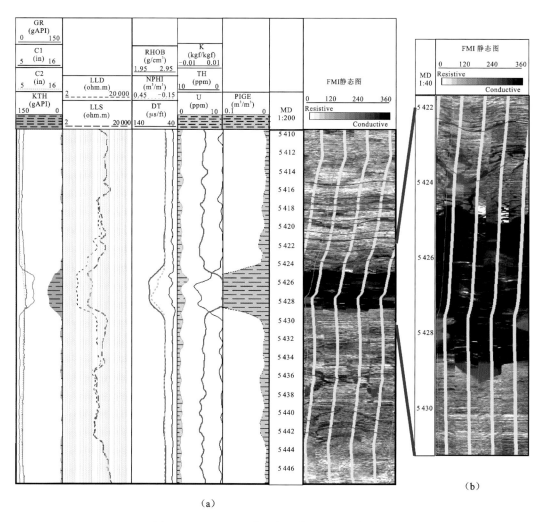

(a)

(b)

图 3-2-17　TK3BB 井洞穴型储层测井响应特征

T5AC 井 5 436~5 442 m 井段(图 3-2-18)与 TK3BB 井 5 425~5 428 m 井段在常规资料的形态特征上完全类似。在常规资料上,溶洞段的自然伽马值较围岩增大,伽马测井值在溶洞处呈"反弓"形,约 69API;去铀伽马测井值也较围岩增大,约 43API;双侧向测井值明显减小,呈大的"正差异",浅侧向值约 2.7 Ω·m,深侧向值约 40 Ω·m,较为平直;声波时差 99.5 μs/ft;密度降低很多,约 2.2 g/cm³;因该溶洞含泥重,中子孔隙度为 25%。考虑溶洞上下的裂缝段双侧向的响应,构成以溶洞中点深度为对称轴的"大对称弓形"。在成像测井的动态图上,已溶洞中少见角砾,表明该溶洞中已溶蚀掉共轭缝切割的角砾。由此可见,溶洞中的充填物对溶洞井段常规测井资料的测井值有较大影响。

T6BF 井 5 535~5 553 m 井段(图 3-2-19(a))大溶洞及溶洞上下井段的常规响应特征

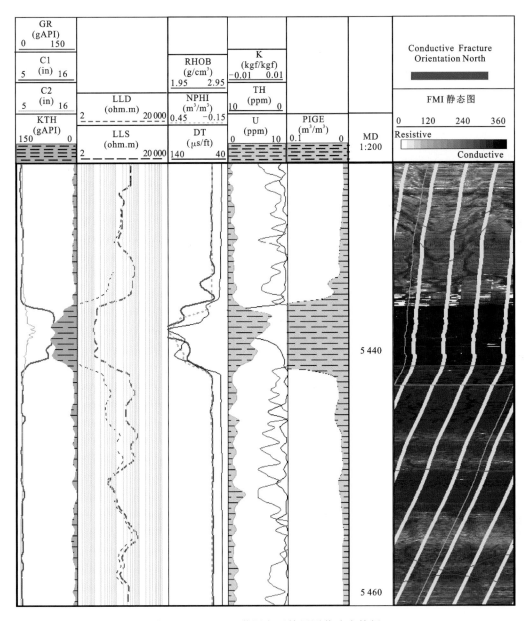

图 3-2-18　T5AC 井洞穴型储层测井响应特征

与 T5AC 井类似。大溶洞中海岸砂岩的测井响应与砂岩相同,砂岩中可见层理发育,其古水流方向为 NE(图 3-2-19(b))。考虑溶洞上下方的裂缝段双侧向的响应,构成以溶洞中点深度为对称轴的"大对称弓形"。自然伽马值较围岩增大,值的大小与大溶洞中充填物有关,由于该洞中充填的是较纯的海岸砂岩,其值比泥质低,约 50API。孔隙度测井反映砂岩的孔隙特征。类似的例子还有 S9D 井 5 765～5 773 m 井段,溶洞中充填砂岩,层理发育,砂岩被方解石胶结的情形(图 3-2-20),常规资料计算不出孔隙度。

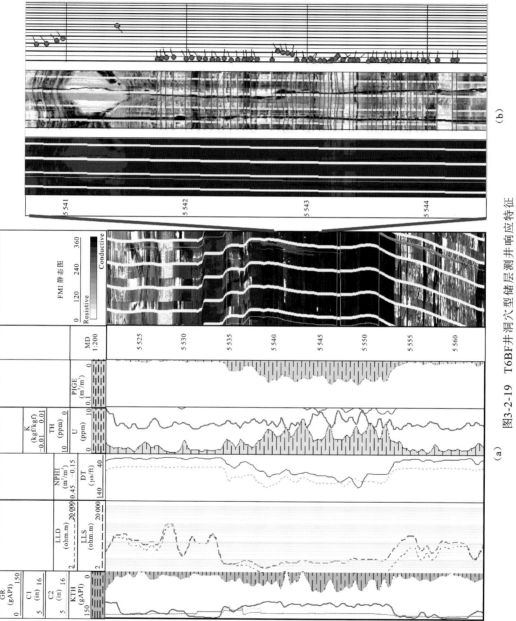

图3-2-19 T6BF井洞穴型储层测井响应特征

利用溶洞在电成像测井资料上的响应特征和常规测井资料的形态特征可区分围岩岩性（钟广法 等，2004）。S9D 井 5 680～5 690 m 溶洞井段（图 3-2-21），洞顶由坡积物沉积覆盖，溶洞上部的响应区别于微晶灰岩发育裂缝的情形。但双侧向测井的响应，仍以溶洞中点深度为对称轴的近似"大对称弓形"。

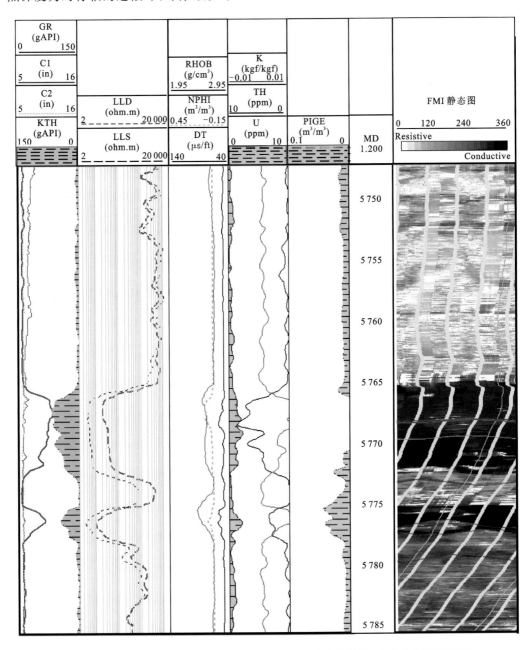

图 3-2-20　S9D 井（5 780～5 773 m）洞穴型储层测井响应特征（砂岩被方解石胶结）

　　在 S7F 井岩心上见一近 6 m 的巨晶方解石充填溶洞,由于纯巨晶方解石比微晶灰岩中的方解石更纯,导电性更差。在电成像测井资料上表现很亮的颜色,洞顶可见巨晶方解石与泥微晶灰岩的界面,如图 3-2-22 所示。在常规测井资料上,巨晶方解石充填溶洞井段自然伽马测井值也比围岩的低;双侧向电阻率很高,达 20 000 Ω・m 以上(图 3-2-22)。在该巨晶方解石充填溶洞的巨晶方解石上发育小溶孔,双侧向电阻率有所降低。在该巨晶方解石充填溶洞的下部在高电阻率的背景下,5 697～5 702 m 井段为较低电阻率,电成像测井资料上看可能为溶洞中的石灰华(石笋)。

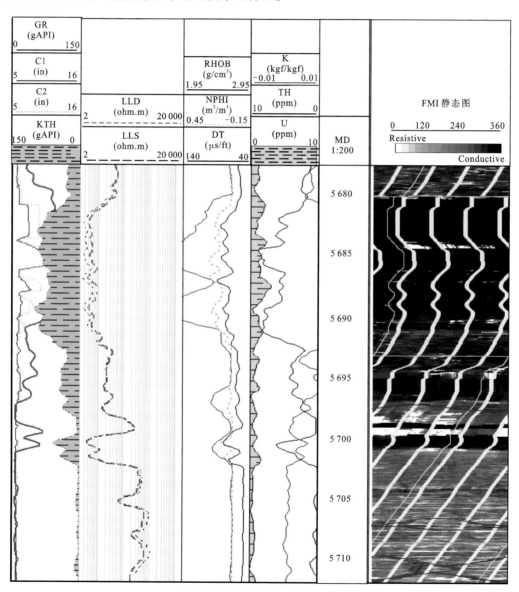

图 3-2-21　S9D 井(5 680～5 690 m)洞穴测井响应特征(上覆坡积物沉积)

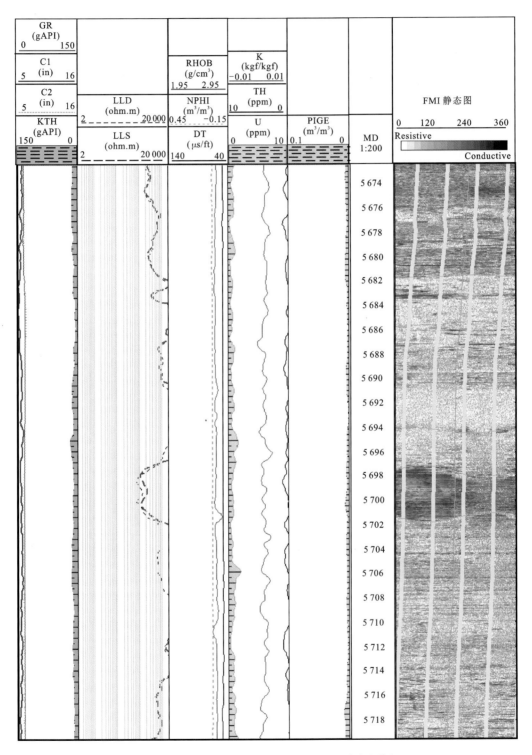

图 3-2-22　S7F 井巨晶方解石充填洞穴测井响应特征

在南平台区一间房组发育的大溶洞有两种情况：一种与北部上奥陶统剥蚀区类似，如 T2AX 井（图 3-2-23），溶洞中有角砾，部分充填；另一种是 T7AB 井的放空洞（图 3-2-24），溶洞上下方裂缝的产状与剥蚀区不同，为 NE 倾向与 SW 倾向。

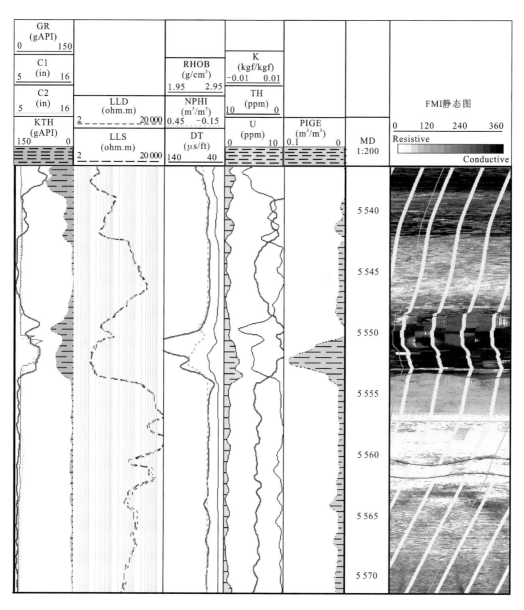

图 3-2-23　T2AX 井一间房组洞穴测井响应（有角砾，部分充填）

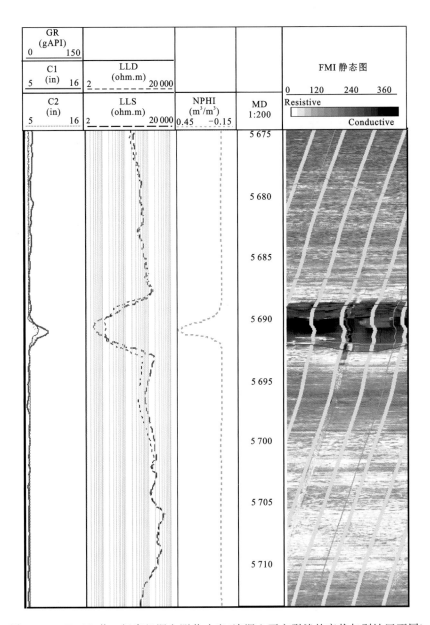

图 3-2-24　T7AB 井一间房组洞穴测井响应(溶洞上下方裂缝的产状与剥蚀区不同)

3.3　塔中地区储层类型及储层测井响应

塔里木盆地塔中地区奥陶系碳酸盐岩储层与塔北地区一样,储集空间基本上也是以未充填的次生溶蚀孔洞和溶蚀裂缝为主。塔中地区奥陶系碳酸盐岩储层与塔北地区的区别在于,构造部位不同,岩溶期次、岩溶规模有差别。总的来看,塔中地区奥陶系碳酸盐岩储层的岩溶规模比塔北地区要弱。这可以从塔中地区的洞穴规模比塔北地区小得多看出来。

地层上,塔中地区奥陶系大部分地区缺失一间房组,储层主要发育在良里塔格组和鹰山组地层。塔中地区良里塔格组地层岩性以细晶灰岩、砂屑灰岩、亮晶生屑灰岩为主,部分地层含泥质纹层及缝合线发育。与塔北地区类似,塔中地区鹰山组地层主要发育溶蚀孔洞。

3.3.1　溶蚀孔洞型储层

溶蚀孔洞型储层是塔中地区奥陶系碳酸盐岩地层中的主要储层类型(王招明 等,2007;张丽娟 等,2007)。

塔中地区奥陶系碳酸盐岩溶蚀孔洞型储层测井响应特征与塔北地区溶蚀孔洞型储层类似(图 3-3-1)。图 3-3-1 为 TZ6CD 井 5 448～5 460 m 井段为溶孔型储层测井响应特征图。在成像测井资料上见深黑色暗斑;在该段内深浅侧向测井值呈较大的"正差异";三孔隙度测井曲线对总孔隙度均有所响应,密度测井值降低,中子孔隙度和声波时差测井值略有所增加;自然伽马值和去铀伽马测井值均较低,说明该井段含泥少,孔隙较为有效。经统计,该井段的自然伽马和去铀伽马测井平均值分别为 11.275 API 和 5.13 API,深侧向和浅侧向电阻率测井平均值分别为 128.319 Ω·m 和 49.288 Ω·m,密度测井平均值为 2.648 g/cm³,中子孔隙度平均值为 0.8%,声波时差平均值为 52.409 μs。

3.3.2　溶蚀裂缝型储层

塔中地区奥陶系碳酸盐岩溶蚀裂缝型储层测井响应特征与塔北地区溶蚀裂缝型储层类似(图 3-3-2)。图 3-3-2 为 ZGC 井 5 990～6 000 m 井段溶蚀裂缝型储层测井响应特征图。从成像测井图上可以看出,溶蚀裂缝在该井段的上部较为发育,在常规测井响应表现为双侧向测井值在上部的"正差异"幅度比下部的大;在溶蚀裂缝发育深度点附近,去铀伽马值有较小的增大,说明该井段略微含泥,溶蚀裂缝较为有效;三孔隙度曲线均有响应,密度测井值减小,声波时差增大,补偿中子测井值略有增加;优化组合程序计算的孔隙度约为 1.5%。

3.3.3　大溶洞型储层

在不同产状裂缝的交叉处或者地层断裂处的裂缝经溶蚀扩大,易发育成大溶洞。该类溶洞的常规测井响应为,双侧向测井值相对围岩有较大幅度的降低,且呈"正差异";三孔隙度测井曲线响应比较强烈,密度测井值降低;声波时差和中子孔隙度增大。

TZ5Y 井 4 705～4 732 m 井段发育此类溶洞(图 3-3-3)。在成像资料上,电导率明显增大,表示为较暗的颜色;在动态图上,溶洞中仍可见裂缝交叉切割的角砾-原地角砾未完全溶蚀掉。在常规资料上可以看出:自然伽马值和去铀伽马测井值为低值且变化不大,说明该溶洞含泥较少;在溶洞中心,井径曲线有明显的扩径现象;双侧向测井值明显减小,呈大的"正差异",围绕溶洞中心呈对称"弓"形,浅侧向值约 56.103 Ω·m,深侧向值约 112.017 Ω·m;密度测井值在溶洞处降低;声波时差和中子孔隙度增大。用组分分析程序求解的有效孔隙度约为 12.7%。

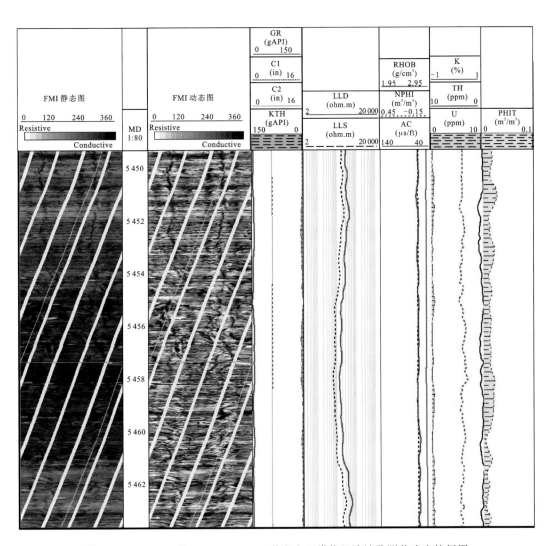

图 3-3-1　TZ6CD 井 5 448~5 460 m 井段良里塔格组溶蚀孔测井响应特征图

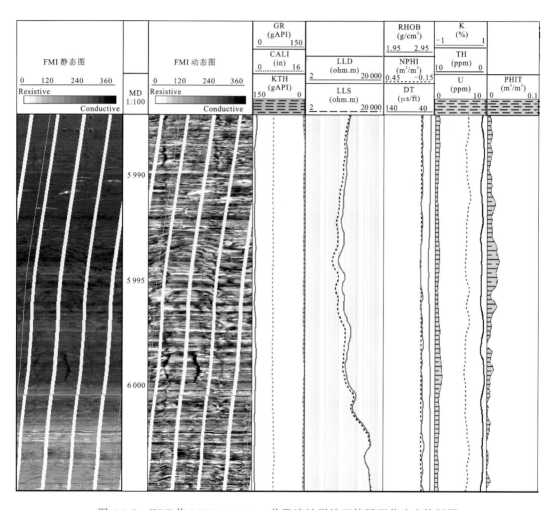

图 3-3-2　ZGC 井 5 990～6 000 m 井段溶蚀裂缝型储层测井响应特征图

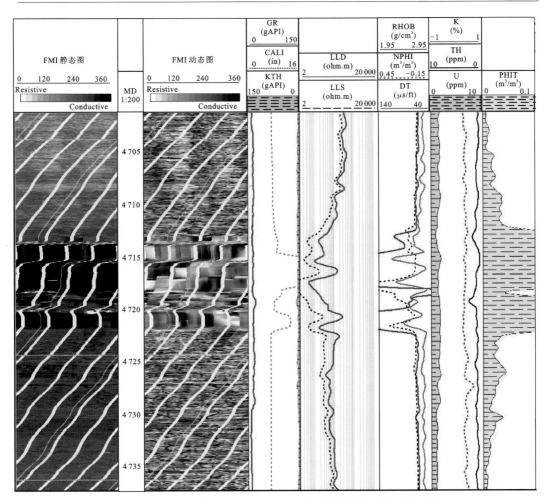

图 3-3-3　TZ5Y 井 4 705～4 732 m 井段溶洞型储层测井响应特征

3.4　水平井测井响应特征

　　前面两节讨论的是塔里木盆地奥陶系碳酸盐岩地层在直井条件下不同类型储层测井响应特征。在水平井中，由于水平井井眼穿过地层的方位与直井井眼穿过地层的方位不同，具有产状的地质现象（如裂缝、硅质团块等）的测井响应与直井中相应地质现象的测井响应有较大差别。因此，研究水平井中与产状相关的地质现象的测井响应特征对正确认识储层具有重要意义。

　　实际研究表明，水平井中与产状相关的地质现象的测井响应与直井中相应地质现象测井响应的差别主要表现在如下两个方面：①在水平井中，高倾角裂缝、沿地层分布的硅质团块及方解石充填裂缝等地质现象在成像测井资料上的响应与直井不同；②受地层电阻率各向异性的影响，水平井中双侧向测量值比直井双侧向电阻率测量值要高。下面分别详细讨论。

3.4.1　裂缝成像测井响应特征

在塔里木盆地奥陶系碳酸盐岩地层中,有效裂缝主要为高倾角的裂缝,裂缝的倾向方位(或走向)因构造部位和裂缝的期次的不同而有差异。在直井中,高角度裂缝在成像测井资料上的视倾角与真倾角是一致的,如图 3-4-1,图 3-4-2 所示。在水平井中,由于井眼近水平穿过地层,相对成像测井仪器坐标,高角度裂缝的视倾角很低,但成像测井解释的真倾角很大。

图 3-4-3 井为水平井 TK4FX 井裂缝倾角解释结果图。图中上部第一道为电成像静态图像,图中第二道为裂缝倾角解释结果,第三道为电成像动态图像;图中下部为井眼三维图像。从图 3-4-3 上部的电成像静态图像和动态图像来看,裂缝呈近水平的暗色正弦线响应,裂缝的视倾角很低;但图 3-4-3 上部第二道的裂缝倾角解释结果来看 TK4FX 井 6 018～6 026 m 井段发育的裂缝真倾角均在 80°左右;图 3-4-3 下部的井眼三维图像也显示 TK4FX 井 6 018～6026 m 井段裂缝为近垂直的高角度裂缝。

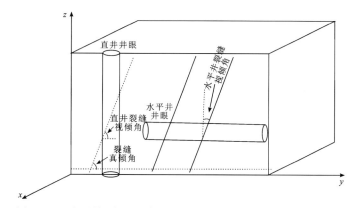

图 3-4-1　水平井、直井中高角度裂缝真倾角与视倾角关系示意图

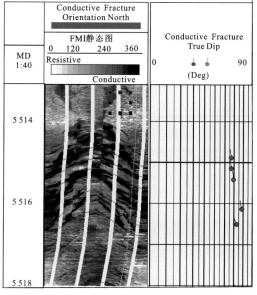

图 3-4-2　直井 TK3BB 井高倾角裂缝倾角解释结果图

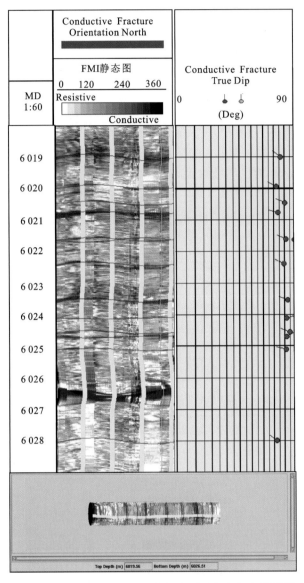

图 3-4-3　水平井 TK4FX 井高倾角裂缝倾角解释结果图

3.4.2　硅质团块成像测井响应

　　塔里木盆地奥陶系碳酸盐岩地层中发育的硅质团块或硅质条带在产状上具沿层分布的特点,其倾角一般很低,小于 $10°$。在直井井眼中,硅质团块的视倾角与真倾角一致,如图 3-4-4、图 3-4-5 所示。在水平井中,由于井眼近水平穿过地层,相对于电成像测井仪器,沿层分布的硅质团块或硅质条带的视倾角很高,但成像测井资料解释的真倾角很低。

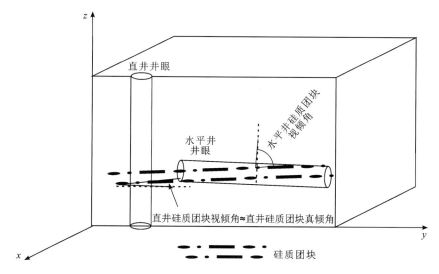

图 3-4-4　水平井、直井中硅质团块真倾角与视倾角关系示意图

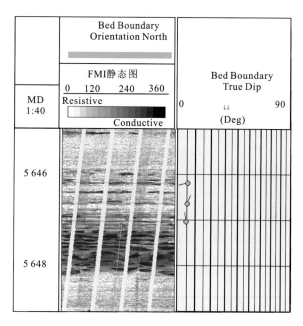

图 3-4-5　直井 S7F 井硅质团块倾角解释结果图

　　图 3-4-6 为水平井 TK6DFH 井硅质团块倾角解释结果图。在图 3-4-6 中的电成像静态图像和动态图像上可见呈高角度正弦线的似层状的"嘴唇"状硅质团块，其视倾角很高。但从倾角解释结果来看 TK6DFH 井 6 099～6 106 m 井段发育的沿层分布的硅质团块的真倾角小于 $10°$；图 3-4-6 下部的井眼三维图像也显示 TK6DFH 井 6 099～6 106 m 井段硅质团块具有沿层分布的特点。

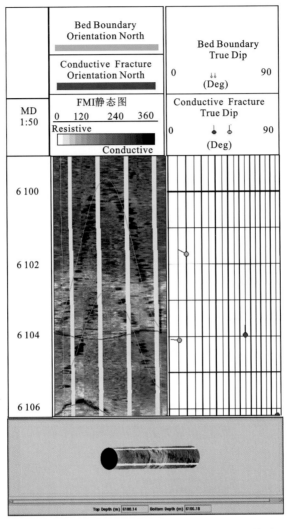

图 3-4-6　水平井 TK6DFH 井硅质团块倾角解释结果图

3.4.3　方解石充填缝成像测井响应

　　因充填在裂缝中的方解石更纯,导电性较围岩地层岩石的导电性更差。方解石充填裂缝在成像测井资料上表现为较暗背景下,出现较亮的正弦线。方解石充填裂缝通常有后期岩溶沿方解石脉的再溶蚀,沿方解石脉形成溶蚀孔,而溶蚀孔处的导电性变好。塔里木盆地奥陶系碳酸盐岩地层方解石充填缝一般为高倾角,可能为加里东期岩溶的产物。在直井中,方解石充填缝的视倾角与真倾角一致(图 3-4-7)。在水平井中电成像测井资料上方解石充填裂缝视倾角低,真倾角高。图 3-4-8 为水平井 TK6DFH 井方解石充填缝倾角解释结果图。从图中电成像静态图像和动态图像上来看,方解石充填缝的视倾角很小。但倾角解释结果和井眼三维图像显示 TK6DFH 井方解石充填缝近垂直,真倾角大于 $80°$。

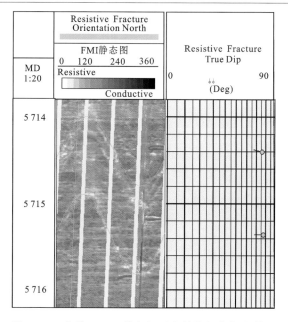

图 3-4-7　直井 T7AB 井方解石充填缝倾角解释结果

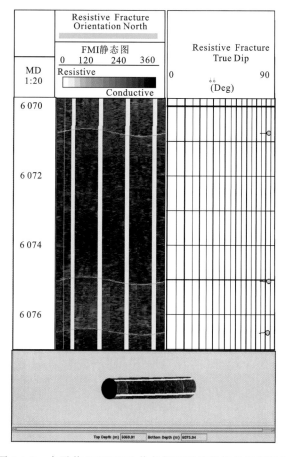

图 3-4-8　水平井 TK6DFH 井方解石充填缝倾角解释结果

3.4.4　地层电阻率各向异性对双侧向测量的影响

由于巨厚上覆地层压力的作用,塔里木盆地奥陶系碳酸盐岩地层在电性上是横向各向同性导电介质。通常地层垂直方向的电阻率比地层水平方向的电阻率大很多,部分地层垂直方向电阻率可以达到水平方向电阻率值的 4 倍以上。

在直井中,由于屏蔽电极的作用,双侧向测井仪器测量时电流面与地层水平方向平行,仪器主要测量地层的水平方向电阻率。在水平井中,水平井眼轨迹轴线与地层水平面平行,双侧向测井仪器测量时电流面与地层水平方向垂直,仪器主要测量地层的垂直方向电阻率。对塔里木盆地奥陶系碳酸盐岩地层,在水平井中双侧向电阻率测量值要高于直井中的双侧向测量值。

图 3-4-9(a)第三道是 ZG5BD 井鹰山组地层 5 653～5 656 m 井段致密段双侧向电阻率曲线,测量的是近水平方向的电阻率,深侧向和浅侧向电阻率测井平均值分别为 2 046 Ω·m 和 2 237 Ω·m。图 3-4-9(b)第三道是对应侧钻井 ZG5BDC 井鹰山组地层 6 103～6 118 m 井段致密段双侧向电阻率曲线,深侧向和浅侧向电阻率测井平均值分别为 8 146 Ω·m 和 7 601 Ω·m。水平井致密段电阻率测量值高于对应导眼井致密段电阻率测量值。

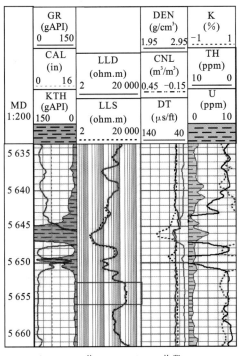

（a）ZG5BD 井 5 653~5 656 m 井段

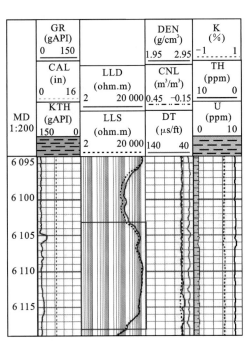

（b）ZG5BDC 井 6 103~6 118 m 井段

图 3-4-9　ZG5BD 井 5 653～5 656 m 井段与对应侧钻井
（ZG5BDC 井 6 103～6 118 M 井段）测井响应特征图

第4章 碳酸盐岩储层常规测井资料有效性评价方法及应用

低孔隙度碳酸盐岩缝洞型储层测井资料有效性评价在勘探开发实践中是一个非常重要的问题。由于裂缝及连通溶蚀孔洞的存在,仅用孔隙度的大小不能度量低孔隙度缝洞型碳酸盐岩储层在酸压前或酸压后能否产出流体,即是否为有效渗透层。通常的均质砂岩储层基质孔隙度的大小与储层的渗透性是相关联的,但低孔隙度缝洞型碳酸盐岩储层孔隙度与储层渗透率之间的联系很弱。因此,寻找有效渗透层(经储层改造后能产出流体的层段)就成为评价这类储层的重要问题。

通常的双孔隙度模型因未同时考虑连通缝洞与孤立孔洞对测井资料的影响,因而应用双孔隙度模型评价低孔隙度碳酸盐岩缝洞型储层的效果并不明显(刘瑞林 等,2009a; Liu et al.,2009)。本章根据碳酸盐岩储集空间的特点,在 Aguilera(2003)和 Aguilera(2004)工作的基础上,按照裂缝、孤立孔洞在双侧向测井资料上导电机理上的差异,给出一种应用常规测井资料计算岩石孔隙成分评价低孔隙度碳酸盐岩缝洞型储层有效性的方法。将缝-洞孔隙进一步分为连通缝洞孔隙和孤立孔洞孔隙,根据深、浅侧向测井时的不同导电特征,给出了求解连通缝洞孔隙度和孤立洞孔隙度及基块孔隙之间的解析方程。与 Aguilera 等的工作不同,我们是根据深、浅侧向测井资料对不同等效裂缝产状的导电特征,导出连通缝洞孔隙度和孤立洞孔隙度与其他孔隙成分的另一约束方程,与三孔隙度模型的基本方程联立求解孔隙成分参数。利用计算的相对连通孔隙度与计算的变胶结指数划分有效渗透层。

4.1 三孔隙成分参数与胶结指数计算

4.1.1 岩石的组合三孔隙度模型

碳酸盐岩储集层的孔隙空间按孔隙尺度和形态可分为基质孔隙和溶蚀缝洞孔隙。基质孔隙主要由晶体间孔隙和颗粒间孔隙组成。溶蚀缝洞孔隙主要为构造应力产生的裂缝、岩溶产生的溶蚀孔洞和溶蚀裂缝组成。按照溶蚀缝洞孔隙是否连通,可将溶蚀缝洞孔隙进一步分为连通溶蚀缝洞孔隙和孤立溶蚀缝洞孔隙。基质孔隙与裂缝、溶蚀缝洞孔隙的主要差别在于孔隙尺度、分布方式与岩石物理测量性质等方面。基质孔隙尺度很小,在岩石中均匀分布;裂缝、溶蚀孔洞的尺度可在很大的尺度(微米级—米级)范围内变化,且在岩石中分布有的均匀,有的不均匀。在岩石物理性质测量方面,基质孔隙的测量性质类似于砂岩,裂缝、溶蚀孔洞孔隙的测量特征则不同的测井方法影响各不相同。例如,在电阻率测量方面,其导电机理与孔隙型砂岩就有显著差别;声波时差测井仅能反映岩石的基块孔隙。

为了简化研究,通常不区分孔隙的细微差异,将孔隙分为基块孔隙(基质孔隙和均匀分布的溶孔)、裂缝孔隙(连通的溶蚀缝洞)和孤立孔洞孔隙(孤立的溶蚀缝洞)。这样简化的孔隙度模型称为三孔隙度模型,如图 4-1-1 所示。按照岩石三孔隙度模型模型,岩石由四个部分组成,即无孔隙的岩石骨架、基块孔隙体积、裂缝孔隙(连通缝洞)体积、孤立孔洞孔隙(非连通缝洞)体积(Aguilera et al.,2003,2004)。其中无孔隙的岩石骨架体积与岩石基块孔隙体积构成岩石基块体积与双孔隙模型的岩石基块体积相同。若不区分连通与非连通的孔隙三孔隙度模型就是通常的双孔隙度模型(Aguilera,1976)。这种组合体积模型就构成了与双孔隙度模型既有差别又有联系的三孔隙度模型。组合三孔隙度模型的孔隙空间由三部分构成,裂缝孔隙(连通的缝洞)体积(V_2),孤立孔洞孔隙体积(V_{nc})及总孔隙空间减去前两者之后的基块孔隙空间(V_b)。

在三孔隙度模型中,裂缝孔隙体积表达的是塔里木盆地奥陶系碳酸盐岩地层中张开缝、溶蚀缝和已连通的溶蚀孔洞的体积;孤立的孔洞孔隙体积表达的是碳酸盐岩地层中孤立孔洞、微小孔隙的燧石颗粒、化石碎屑、孤立的黄铁矿、部分溶蚀的鲕粒孔及后期阻断的溶蚀缝洞等所占的空间体积;连通的缝洞体积和孤立的溶蚀缝洞体积在电性上不遵循阿尔奇公式,它们对电阻率测量的影响不同于基块孔隙,两者之间也不相同。基块孔隙体积则表达的是导电性及声的传播特性均匀部分的孔隙空间。

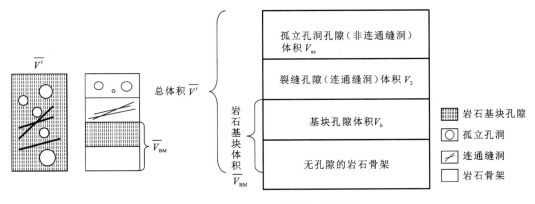

图 4-1-1　岩石三孔隙度模型示意图

4.1.2　组合三孔隙度模型孔隙成分参数计算

在图 4-1-1 中,$\overline{V}'$ 为模型系统的总体积,$\overline{V}_{BM}$ 为无孔隙的岩石骨架体积与岩石基块孔隙体积构成岩石基块的体积,V_b 为从总体积中除去孤立缝洞和连通缝洞体积的剩余部分体积。定义 ϕ_m 是骨架体系中的基块孔隙空间与组合系统的总体积之比,通常称为基块孔隙度;ϕ_b 是不考虑溶洞与裂缝等次生孔隙时的岩石骨架体系中的基块孔隙空间与岩石基块体积之比,暂称“声波孔隙度”。

$$\phi_{\mathrm{m}} = \frac{V_{\mathrm{b}}}{\overline{V}'}, \quad \phi_{\mathrm{b}} = \frac{V_{\mathrm{b}}}{\overline{V}_{\mathrm{BM}}} \tag{4-1-1}$$

利用上述定义可以导出 ϕ_{m} 与 ϕ_{b} 的关系

$$V_{\mathrm{b}} = \overline{V}' \phi_{\mathrm{m}}, \quad V_{\mathrm{b}} = \overline{V}_{\mathrm{BM}} \phi_{\mathrm{b}} \tag{4-1-2}$$

由图 4-1-1 的各项体积关系,有

$$V_{\mathrm{b}} = \overline{V}_{\mathrm{BM}} \phi_{\mathrm{b}} = (\overline{V}' - V_{\mathrm{nc}} - V_2) \phi_{\mathrm{b}} \tag{4-1-3}$$

$$\phi_{\mathrm{m}} = \frac{\overline{V}_{\mathrm{BM}} \phi_{\mathrm{b}}}{\overline{V}'} = \left(\frac{\overline{V}'}{\overline{V}'} - \frac{V_{\mathrm{nc}}}{\overline{V}'} - \frac{V_2}{\overline{V}'} \right) \phi_{\mathrm{b}}, \quad \text{即} \quad \phi_{\mathrm{m}} = (1 - \phi_{\mathrm{nc}} - \phi_2) \phi_{\mathrm{b}} \tag{4-1-4}$$

式中: ϕ_2 称为连通缝洞孔隙度,表示连通缝洞所占岩石总体积的大小; ϕ_{nc} 为非连通缝洞孔隙度,表示孤立导电通道所占岩石总体积的大小。在组合三孔隙度模型中的总孔隙度为

$$\phi = \phi_{\mathrm{m}} + \phi_{\mathrm{nc}} + \phi_2 \tag{4-1-5}$$

式(4-1-4)、式(4-1-5)同时给出了由测量结果计算组合三孔隙度模型中各种孔隙度之间的约束关系。若已知 ϕ_{b}、ϕ、ϕ_2,就可以计算出组合三孔隙度模型孔隙度的 ϕ_{nc} 与 ϕ_{m}:

$$\phi_{\mathrm{nc}} = (\phi - \phi_2 - \phi_{\mathrm{b}} + \phi_2 \phi_{\mathrm{b}}) / (1 - \phi_{\mathrm{b}}) \tag{4-1-6}$$

$$\phi_{\mathrm{m}} = \phi - \phi_{\mathrm{nc}} - \phi_2 \tag{4-1-7}$$

三孔隙度模型中的各项孔隙度可以利用常规测井资料计算。密度测井利用伽马射线的康谱顿散射原理测量地层的电子密度指数。测井仪用饱含淡水的纯石灰岩地层刻度,因此对纯方解石地层测出的电子密度指数经刻度后的视密度就等于其真密度。研究表明,含淡水砂岩、白云岩的视密度与真密度差别很小,可忽略不计。因此,利用密度测井计算地层的总孔隙度。

通常的压汞实验结果与不含溶蚀孔洞与裂缝空间的声波孔隙度 ϕ_{b} 进行比较,而不是与基块孔隙度 ϕ_{m} 比较。常规声波测井测量时,由于纵波为体压缩波,基本沿岩石骨架传播,不能测量地层中溶蚀孔洞(次生孔洞)对传播速度的影响,只能测量基块孔隙(晶间孔、粒间孔及均匀小溶孔)。因此 ϕ_{b} 与声波测井孔隙度相联系。

碳酸盐岩的某些颗粒成分,由于在成岩期间及成岩后,受到淡水的溶蚀,产生次生的孔隙,如碳酸盐岩中的贝壳碎屑、鲕粒或其他可以溶解的颗粒,形成大量的印模孔隙。这些由颗粒溶解产生的孔隙,其几何形状特征比粒间孔隙的尺度大一些,同时导致总孔隙度增大。而只有部分颗粒溶蚀而形成的孔隙空间,会导致岩石内部在空间上是非连通的孤立导电颗粒(孤立孔)。Swanson(1985)指出,含有孤立导电颗粒的岩石的导电性可用一个等效电阻与基块岩石电阻的串联电路模型来表达。组合三孔隙度模型的电阻率大于基块孔隙与连通缝洞孔隙构成的系统的电阻率是由地层中串联了 ϕ_{nc} 体积的"非连通缝洞"引起的。

4.1.3　三孔隙度模型导电方程

在塔里木盆地奥陶系碳酸盐岩中,当岩石中存在连通缝洞时,导致电阻率测井值比

没有连通缝洞时低。采用等效连通缝洞的导电性与其他导电成分的并联模型来表达。其基本思路是,对于存在溶蚀缝洞的地层,由于深侧向测井时相对于浅侧向测井时在导电通道中进一步串联了 ϕ_{nc} 和并联了 ϕ_2 体积的导电性,深侧向电阻率(LLD)与浅侧向电阻率(LLS)测量值不同。这样就可以得到关于计算 ϕ_2、ϕ_{nc} 的另一个约束方程。对于低孔隙度碳酸盐岩地层,电流流动的导电通道与流体渗流的通道直接相关。因此,用这种方法算出的孔隙度称为"连通缝洞孔隙度"及"非连通缝洞孔隙度",以区别于原来的裂缝孔隙度。

深、浅侧向测井值呈"正差异"时的测量地层模式如图 4-1-2(a)所示。深侧向测井时,其发射电极发出的"电流线"穿过了比浅侧向测井时发射电极发出的"电流线"更多的岩石地层,深侧向测井探测的岩石范围更大。

由于深侧向测井时发射电极发出的电流穿过了比浅侧向测井时电流穿过的范围更大,因而深侧向测井测量的地层电阻率值是在浅侧向测量地层的导电性基础上,进一步通过地层中不同类型的孔隙成分(连通缝洞、孤立缝洞)的导电性"复合"的结果。这种"复合"也就是所谓的"嵌套"。至于如何"复合","复合"的次序怎样,则是由不同的测量对象(地层、储层)特征决定的。此处,测量对象(储层)特征的一个简化模型是地层中连通缝洞的等效产状平面与发射电极发出的电流面的夹角的大小。

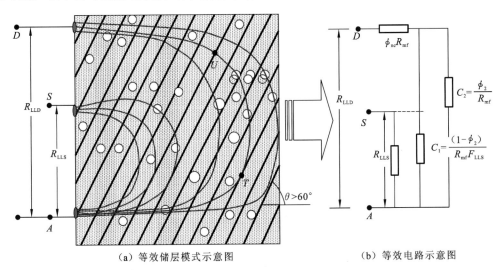

　　　　　(a) 等效储层模式示意图　　　　　　　　　(b) 等效电路示意图

图 4-1-2　双侧向电阻率测井值"正差异"时的等效储层模式示意图和等效电路示意图

已有研究(Sibbit et al.,1985)表明,双侧向的"正差异"是由地层中等效的高倾角裂缝(大于 60°)产生的。从物理图像上,对于高倾角裂缝,深侧向测井时发射电极发出的电流在穿入地层深处后,为了到达接收电极,必要逐步偏离初始的发射方向。如图 4-1-2 中的 T 点,在此空间点,其电流几乎是平行于等效的裂缝面传导。此时地层中的连通缝洞成分起主要电流传导通道。电流近平行于裂缝面通过地层,可简化为裂缝导电与其他导电成分的并联。随着电流进一步传导到 U 点,其电流线几乎与裂缝面垂直,此时电流在地层中的传导,孤立孔洞孔隙成分的导电性起重要作用,这正是等效的串联机制。因此,对于地层发育有等效高倾角导电的连通缝洞和孤立孔洞缝洞的情况,根据深侧向测井时电流的这一传导图像,可简化为深侧向测井测量的地层导电性是在浅侧向测井测量的地层导电性的基础上,进一步与地层中不同孔隙成分先、后"复合"的结果。具体"复合"时,根据测量过程,就有了串并联"次序"的概念。对于"正差异","次序"为先与连通缝洞孔隙成分并联,再与孤立孔洞孔隙成分串联,写成公式为

$$\begin{cases} R_{\mathrm{LLD}} = \phi_{\mathrm{nc}} R_{\mathrm{mf}} + (1 - \phi_{\mathrm{nc}}) R_{\mathrm{f}_0} \\ \dfrac{1}{R_{\mathrm{f}_0}} = \dfrac{\phi_2}{R_{\mathrm{mf}}} + \dfrac{(1 - \phi_2)}{R_{\mathrm{mf}} F_{\mathrm{LLS}}}, \quad F_{\mathrm{LLS}} = \dfrac{R_{\mathrm{LLS}}}{R_{\mathrm{w}}} \end{cases} \tag{4-1-8}$$

式中:R_{LLD} 为深侧向电阻率测量值;R_{LLS} 为浅侧向电阻率测量值;R_{mf} 为泥浆滤液电阻率;R_{w} 为地层水电阻率;R_{f_0} 为是连通缝洞与岩石基块的并联电阻率;F_{LLS} 为浅侧向电阻率测量值与地层水电阻率的比值。

深、浅侧向测量电阻率等效电路如图 4-1-2(b)所示。C_1 这部分导电性的大小可以这样认为,浅侧向测量通过部分的地层的导电性,深侧向测井仪进行测量时,测量到地层中的一个等效导电性。由于深、浅侧向测量方式有区别,因而测量值也是不同的(也可以理解为裂缝性地层的各向异性)。值得指出的是,这样的等效电路表达只是为了直观理解,并不代表双侧向测井时实际发生的物理测量过程。

由式(4-1-8)可见,孤立孔洞孔隙成分对双侧向导电性的影响是串联的泥浆滤液电阻率;裂缝对双侧向导电性的影响是并联的泥浆滤液电阻率。

深浅侧向测井值呈"负差异"时的测量储层模式如图 4-1-3(a)所示。同样深侧向测井时,发射电极发出的电流线比浅侧向测井时发射电极发出的电流线穿过了更多的岩石地层,即深侧向探测的范围更大。在"负差异"条件下,等效的裂缝面与仪器发出的电流面的夹角低于 $60°$(理想条件)。

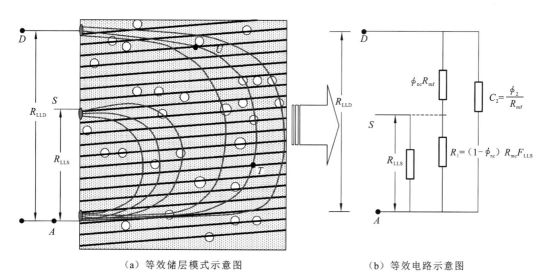

（a）等效储层模式示意图　　　　　（b）等效电路示意图

图 4-1-3　双侧向电阻率测井值"负差异"时的等效储层模式示意图和等效电路示意图

仿照前面正差异的讨论,同样深侧向测井值是在浅侧向测量的地层的导电性的基础上,通过与地层中不同孔隙成分(连通孔隙与孤立孔洞孔隙)的导电性进一步"复合"的结果。所不同的是,此时的测量对象(岩石中等效的连通缝洞面与深侧向测井仪发出的"电流面"的夹角较小)发生了变化。

直观上理解,对于等效的低倾角裂缝,深侧向测井时发射电极发出的电流在穿入地层深处后,为了到达接收电极,也必要偏离初始的电流发射方向。如图 4-1-3 中的 T' 点,在此空间位置点,其电流线几乎是垂直于等效的裂缝面的,此时地层的导电性主要由孤立孔洞的孔隙成分起作用(等效为串联);随着电流的在地层中进一步传导,到达图 4-1-3 中 U' 点时,其传导电流线又几乎与等效的裂缝面平行,等效的裂缝面(连通缝洞)的导电性对仪器的传导电流起主要作用(等效为并联)。因此,深侧向测井时电流这种传导图像,与地层中不同的孔隙成分联系起来。其次序为,先与孤立孔洞孔隙成分串联,再与连通孔隙成分并联。写成公式为

$$\begin{cases} \dfrac{1}{R_{LLD}} = \dfrac{\phi_2}{R_{mf}} + \dfrac{(1-\phi_2)}{R_{f_0}} \\ R_{f_0} = R_{mf}\phi_{nc} + (1-\phi_{nc})R_{mf}F_{LLS} \end{cases} \qquad (4\text{-}1\text{-}9)$$

其等效电路如图 4-1-3(b)所示。在等效电路中易引起误解的是 $(1-\phi_{nc})R_{mf}F_{LLS}$ 这部分导电性。与双侧向测井值为"正差异"时同样的理由,对于浅侧向测量过的地层,地层中的这部分导电性,深侧向测量到一个等效导电性。由于两者测量方式不同,因而就有不同的测量结果。同样值得指出的是,等效电路这种表达形式只是为了直观理解,并不表示双侧向测井时,实际发生的物理测量过程就是如此。同时,这种等效电路表示也是为了简化问题的求解,也可能还有更准确的表达式来衔接 ϕ_{nc}、ϕ_2 与双侧向测量的关系。目前的这种表达形式只是作者认为较为简单直观的一种。

利用式(4-1-6)~式(4-1-9)结合常规测井资料及其优化计算结果就可计算出地层的连通缝洞孔隙度、孤立孔洞孔隙度、基块孔隙度等孔隙度成分参数。

由上面的讨论可知,孤立孔洞孔隙成分对双侧向导电性的影响是串联的泥浆滤液电阻率;连通缝洞孔隙成分对双侧向导电性的影响是并联的泥浆滤液电阻率。两者表达的是总孔隙度中串联与并联的泥浆滤液电阻率份额的多少。

4.1.4　组合三孔隙度模型中的地层因子和胶结指数计算

当地层中发育连通缝洞和孤立缝洞时,储集空间的几何形状发生了很大的变化。地层的胶结指数(m)是地层导电通道弯曲程度的度量,反映地层孔隙空间的几何形态。利用地层中导电通道等效电阻网格的串联、并联关系,对于双侧向为"正差异"的情况,可推导出阿尔奇公式中的地层因子,这样就可以得到地层的地层因子与连通缝洞孔隙度、孤立孔洞孔隙度、总孔隙度、基块孔隙度、地层的导电因数间的关系

$$F_t = \left\{ \phi_{nc} + \frac{1-\phi_{nc}}{[\phi_2 + (1-\phi_2)/F]} \right\} \qquad (4\text{-}1\text{-}10)$$

式中:F 为岩石骨架系统的地层因子;F_t 为组合系统的地层因素;ϕ_2 为组合系统中的连通

缝洞孔隙度;ϕ_{nc} 为组合系统中的孤立孔洞缝洞孔隙度。利用阿尔奇公式,进一步可得到连通缝洞孔隙度、孤立孔洞孔隙度、总孔隙度、基块孔隙度与地层的胶结指数间的关系

$$\phi^{-m} = \left\{ \phi_{nc} + \frac{(1-\phi_{nc})}{[\phi_2 + (1-\phi_2)/\phi_b^{-m_b}]} \right\} \qquad (4\text{-}1\text{-}11)$$

式中:ϕ 为总孔隙度;ϕ_b 为岩石的基质孔隙度,m 为组合系统的胶结指数;m_b 为基质孔隙部分的胶结指数约定为 2。由式(4-1-11)得

$$m = -\log\left(\left\{ \phi_{nc} + \frac{(1-\phi_{nc})}{[\phi_2 + (1-\phi_2)\phi_b^{-m_b}]} \right\}\right)/\log\phi \qquad (4\text{-}1\text{-}12)$$

对于双侧向为负差异的情况

$$m = \log\left(\left\{ \phi_2 + \frac{(1-\phi_2)}{[\phi_{nc} + (1-\phi_{nc})\phi_b^{-m_b}]} \right\}\right)/\log\phi \qquad (4\text{-}1\text{-}13)$$

如果已知连通缝洞孔隙度、孤立孔洞孔隙度、总孔隙度、基块孔隙度即可计算地层的胶结指数。胶结指数实际上综合反映了地层的导电通道类型、各类导电通道的大小等信息。对于每一具体类型储层根据胶结指数的大小结合连通缝洞孔隙度可进一步研究储层的有效性。此外,也可以根据计算的连通缝洞孔隙度、孤立孔洞孔隙度、总孔隙度、基块孔隙度值划分储层的类型。特别重要的是,可应用这种计算随深度变化的胶结指数结合成像资料计算孔隙度谱及视地层水电阻率谱。

4.1.5　三孔隙度模型的退化情况

在三孔隙度模型中,当部分孔隙成分相对较低时,三孔隙度模型退化为两孔隙度模型或单孔隙度模型。

①当地层中非连通孔隙成分很低时,三孔隙度模型退化为基块孔加连通缝洞型;②当地层中连通缝洞孔隙成分极低时,三孔隙度模型退化为基块孔加非连通缝洞型;③当地层中连通缝洞与非连通缝洞都很低时,三孔隙度模型退化为基块孔型;④如果地层仅发育裂缝或连通缝洞时,模型退化为连通缝洞型;⑤当地层中基块孔极低,又发育溶蚀缝洞,三孔隙度模型退化为连通缝洞加非连通缝洞型。这些退化的模型加上三孔隙度模型本身共表达了六种储集空间类型,各类的特征总结在表 4-1-1 中。表中,$\phi_{\Delta t}$ 为声波测井资料计算的孔隙度,ϕ_{den} 为密度测井资料计算的孔隙度。

表 4-1-1　孔隙度模型及导出的几种储层类型

储层类型	图例	模型参数间的相互关系	ϕ_2、ϕ_{nc}、ϕ_b 和 ϕ 的关系	测井资料响应特征	主要储层评价参数	备注
基块孔与连通缝洞型储层		$\phi^{-m} = \dfrac{1}{\phi_2 + (1-\phi_2)/\phi_b^{-m_b}}$	$\phi_b = \dfrac{\phi-\phi_2}{1-\phi_2}, \phi_{nc}=0$	双侧向为"正差异"或"负差异",值较小,$\phi_{\Delta t}$ 接近于 ϕ_{den},或 $\phi_{\Delta t}$ 大于 ϕ_{den};成像可见或不可见溶缝	m、ϕ、ϕ_2 或 ϕ_2/ϕ	

续表

储层类型	图例	模型参数间的相互关系	ϕ_2、ϕ_{nc}、ϕ_b 和 ϕ 的关系	测井资料响应特征	主要储层评价参数	备注
基块孔与非连通缝洞型储层		$\phi^{-m}=\phi_{nc}+(1-\phi_{nc})\phi_b^{-m_b}$	$\phi_b=\dfrac{\phi-\phi_{nc}}{1-\phi_{nc}},\phi_2=0$	双侧向呈较大的正差异,值较大,$\phi_{\Delta t}$ 小于 ϕ_{den},成像资料上见不到溶缝	m、ϕ、ϕ_{nc} 或 ϕ_{nc}/ϕ	
纯基块孔型储层		$\phi^{-m}=\phi_b^{-m_b}$　$m=m_b=2.0$	$\phi_b=\phi,\phi_2=0$　$\phi_{nc}=0$	双侧向有小的正差异	$\phi=\phi_b$　$m=2$	
纯裂缝型储层		$\phi^{-m}=1/\phi$　$m=1.0$	$\phi_b=0,\phi_2=\phi$　$\phi_{nc}=0$		$\phi_2,m=1$	
连通缝洞与非连通缝洞型储层		$\phi^{-m}=\phi_{nc}+\dfrac{1-\phi_{nc}}{\phi_2}$	$\phi_b=0$　$\phi=\phi_2+\phi_{nc}$	双侧向有小的正负差异,接近骨架值,中子密度对孔隙度有响应	m、ϕ_2、ϕ_{nc} 或 ϕ_{nc}/ϕ、ϕ_2/ϕ	模型 I 的退化
		$\phi^m=\phi_2+\dfrac{1-\phi_2}{\phi_{nc}}$	$\phi_b=0$　$\phi=\phi_2+\phi_{nc}$		m、ϕ_2、ϕ_{nc} 或 ϕ_{nc}/ϕ、ϕ_2/ϕ	模型 II 的退化
孔-洞-缝混合储层		$I、\phi^{-m}=\phi_{nc}+\dfrac{1-\phi_{nc}}{\phi_2+(1-\phi_2)/\phi_b^{-m_b}}$	$\phi_b=\dfrac{\phi-\phi_2-\phi_{nc}}{1-\phi_2-\phi_{nc}}$	双侧向正差异,且降低;三孔隙度测井对孔隙度均有响应;成像资料上见溶缝	m、ϕ_{nc}、ϕ_m、ϕ_2、ϕ	模型 I
		$II、\phi^m=\phi_2+\dfrac{1-\phi_2}{\phi_{nc}+(1-\phi_{nc})\phi_b^{-m_b}}$	$\phi_b=\dfrac{\phi-\phi_2-\phi_{nc}}{1-\phi_2-\phi_{nc}}$	双侧向负差异,且降低;三孔隙度测井对孔隙度均有响应;成像资料上不见溶缝	m、ϕ_{nc}、ϕ_m、ϕ_2、ϕ	模型 II

4.1.6　胶结指数与相对连通孔隙度的关系

定义相对连通孔隙度及相对孤立孔洞孔隙度为

$$v=\phi_2/\phi,\quad v_{nc}=\phi_{nc}/\phi \tag{4-1-14}$$

图 4-1-4、图 4-1-5 为根据式(4-1-10)作出的三孔隙度模型不同 ϕ 值的 v-m 理论图版。由图可见,在相对孤立孔洞孔隙度相同的条件下,随着相对连通缝洞孔隙度 v 的增加,m 值减小;当 v 与 v_{nc} 一定时,m 值随着总孔隙度的增加而增加。比较图 4-1-4 与图 4-1-5 可见,随着 v_{nc} 的增加,m 值增加很快。这为利用实际资料的 v-m 交会图判断储层的有效性提供了理论依据。一般而言,酸压产层段(不论产水还是产油气)相对连通孔隙度值高,同时 m 值低;反之,非产层段相对裂缝孔隙度 v 值低,同时 m 值高。

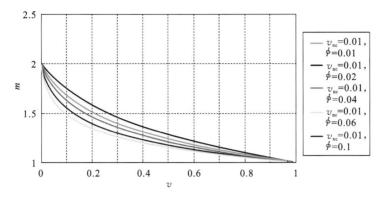

图 4-1-4　孔-洞-缝混合模型固定 v_{nc} 时不同 ϕ 值的 v-m 图版($v_{nc}=0.01$)

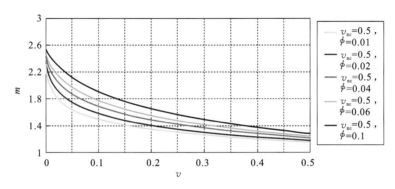

图 4-1-5　孔-洞-缝混合模型固定 v_{nc} 时不同 ϕ 值的 v-m 图版($v_{nc}=0.5$)

4.2　三孔隙度模型计算的孔隙参数与成像测井资料对比

电成像测井资料以高分辨率图像的形式直观地反映井壁附近裂缝、溶蚀孔洞、地层层理等地质现象,由于分辨率达 5 mm,结合常规测井资料可区分储层类型。偶极阵列声波测井测量全套的纵波、横波和斯通利波数据。斯通利波是沿井筒表面滑行的面波,当井筒中的泥浆与溶蚀孔洞、溶蚀裂缝连通时,传播的斯通利波就要带动泥浆运动,其能量就要发生衰减。综合电成像测井和偶极阵列声波测井资料可定性研究井周储层的缝洞发育情况、储层类型及缝洞的径向连通性。为此,将三孔隙度模型计算的孔隙度参数与电成像测井、偶极阵列声波测井资进行对比,研究三孔隙度模型及其退化模型计算的孔隙成分参数与塔里木盆地奥陶系灰岩储层的对应关系。下面分别对基块孔-连通缝洞型储层、基块孔-非连通缝洞型储层、纯基块孔隙型储层、连通缝洞-非连通缝洞型储层、孔洞缝组合型储层及大缝大洞型储层等 6 类情况进行讨论。

4.2.1　基块孔-连通缝洞型储层

TK1AAC 井一间房组 6 142.8~6 153.0 m 井段为基块孔-连通缝洞型井段(图 4-2-1)。图中,第一道为深度索引;第二道为自然伽马、井径和去铀伽马;第三道为双侧向电阻率曲线;第四道为三孔隙度曲线,即密度测井、中子测井和声波测井曲线;第五道为计算的孔隙度参数,即骨架孔隙度、非连通缝洞孔隙度和连通缝洞孔隙度;第六道为相对连通缝洞孔隙度与相对非连通缝洞孔隙度;第七道为计算 m 值;第八道为深度道;第九道为成像测井静态图像;第十道为斯通利波能量衰减;第十一道为斯通利波波形。由图可见,该井段双侧向测井值呈"正差异";密度、中子及声波测井资料对总孔隙度均有响应,声波孔隙度接近总孔隙度。连通缝洞孔隙度约为 0.04%,占总孔隙度的 12.1%;可见该井段平行于深侧向电流线的连通缝洞孔隙度占有较大比例。模型计算的胶结指数的平均值为 1.74。从右侧的成像测井图像上,可见该井段有高倾角的溶蚀缝,斯通利波波形上见"V"字形响应,斯通利波衰减较强。

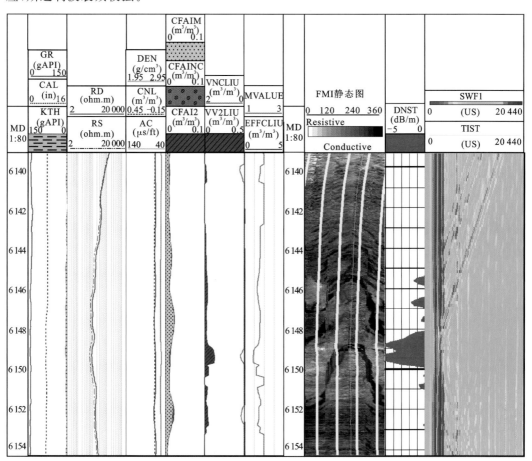

图 4-2-1　TK1AAC 井一间房组 6 142.8~6 148.9 m 井段三孔隙度模型计算的孔隙成分参数与成像测井资料对比图

　　对于双侧向测井值为负差异的情形,也可划出基块孔-连通缝洞型储层段。S7G 井一间房组 5 587.5~5 593.5 m 井段(图 4-2-2)是较典型的例子。该段内双侧向值减小,呈微弱的"负差异";总孔隙度较大,平均为 3.78%,其中基块孔占绝大多数,平均为 3.77%;连通缝洞孔隙度均值为 0.01%,占总孔隙度的 0.3%;胶结指数略小于 2。在成像资料上该段没有明显的溶蚀缝发育。

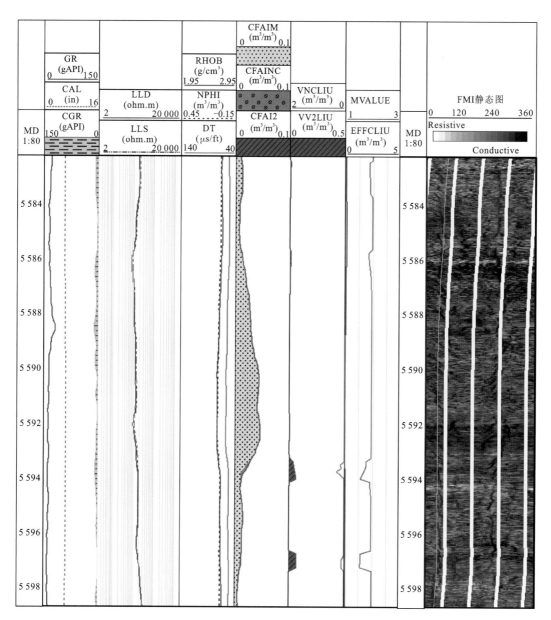

图 4-2-2　S7G 井一间房组 5 587.5～5 593.5 m 井段三孔隙度模型计算的孔隙成分参数与成像测井资料对比图

　　TK7EF 井鹰山组 5 633～5 637 m 井段也为基块孔-连通缝洞型储层(图 4-2-3)。在该段内双侧向测井值比纯基本质孔型储层的要低,"正差异"较明显。三孔隙度测井曲线响应比较强烈。密度测井值减小,声波时差和中子测井值增加,该段内总孔隙度为3.2%。连通缝洞孔隙度的平均值为 0.373 1,占总孔隙度的 4.22%,说明该段的渗透性比较好。模型计算的胶结指数为 1.77。

　　由此可见,基块孔-连通缝洞型储层在常规测井的共同特征是双侧向可为"正差异"或

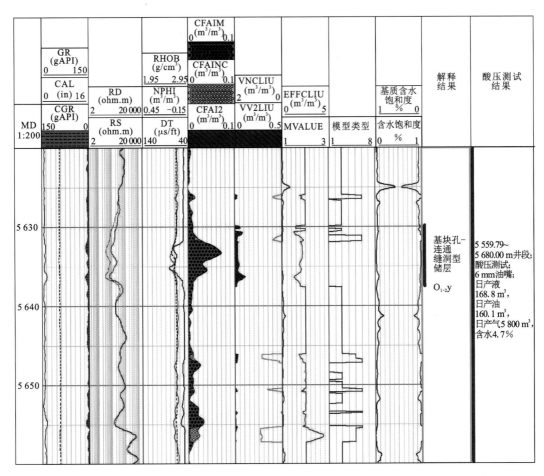

图 4-2-3　TK7EF 井鹰山组 5 633～5 637 m 井段三孔隙度模型计算的孔隙成分参数与成像测井资料对比图

"负差异",其测井值由于连通缝洞的影响要低于纯基块孔型的测井值。声波孔隙度可接近或大于密度孔隙度,均匀导电的基块孔隙度占有储集空间的主要部分。对于声波孔隙度大于总孔隙度情形是基于这样一个认识,在塔北地区,大量统计资料表明密度测井与双侧向测井值较为可靠,但声波时差测量基块孔隙时,可能要受到近水平状裂缝的干扰,基块孔隙度的计算准确性没有前两者高。当两者发生矛盾时,以电阻率及计算的连通缝洞孔隙度和总孔隙度为准。

　　通过这些例子还可以看出,对于基块孔-连通缝洞型储层,当计算有连通缝洞孔隙度时,在成像图上未必能见到明显的裂缝,特别是双侧向侧井值呈负差异的情形。这是因为"连通缝洞孔隙度"仅是模型中使电阻率相对于基块孔隙型储层的电阻率降低的一种表达。具体到电阻率测量过程中,"连通缝洞孔隙度"实际表达的是平行于深侧向测井时电极发出的电流线的连通成分的多少,即地层导电通道中并联成分的多少,指示的是水平方向导电性的好坏及流体在水平方向上的可流动性好坏。

4.2.2　基块孔-非连通缝洞型储层

此类的例子较多。T7EZ 井一间房组 5 949～5 952 m 井段为典型基块孔-非连通缝洞型储层(图 4-2-4)。在该段双侧向测井曲线呈大的"正差异",深、浅侧向电阻率平均值分别为 208.92 Ω·m 和 90.72 Ω·m。该井段的总孔隙度较大,约为 4.41%;基块孔隙度为 2.6%;非连通缝洞孔隙度约为 1.9%,约占总孔隙度的 42.2%,骨架孔隙度为 2.55%。计算 m 值为 2～3,其均值为 2.36。后者双侧向测井值降低且呈"正差异",深、浅侧向电阻率平均值分别为 182.05 Ω·m 和 138.52 Ω·m。密度测井值大幅度减小,均值为 2.56 g/cm³;中子测井值和声波时差均以较大幅度增大,均值分别为 0.055 μs/ft 和 54.1 μs/ft。该井段的总孔隙度较大,均值为 5.38%;基块孔隙度均值为 3.62%;其中非连通缝洞孔隙度为 1.8%,约占总孔隙度的 35.2%,骨架孔隙度为 3.55%。计算 m 值偏高,其均值为 2.28。在左侧的斯通利波波形图上见不到斯通利波衰减,结合电成像测井图像可知该段储层溶蚀缝洞为非连通的。三孔隙度模型计算的孔隙参数与成像测井分析结果一致。

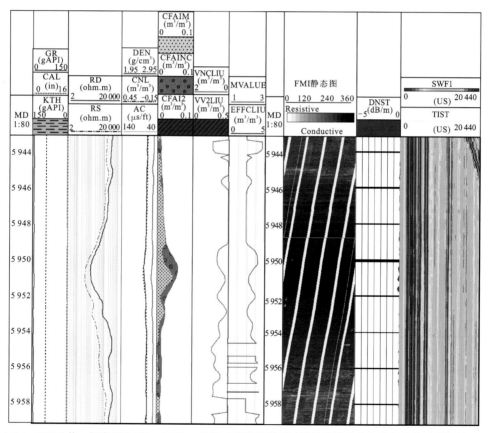

图 4-2-4　T7EZ 井一间房组 5 949～5 952 m 井段三孔隙度模型计算的孔隙成分参数与成像测井资料对比图

S1AY-1 井一间房组 5 879～5 882 m 井段也是基块孔-非连通缝洞型储层(图 4-2-5),中间夹其他孔隙成分储层类型。在上部(5 879～5 880.4 m)井段,深、浅侧向电阻率平均值分别为 384.8 Ω·m 和 248.16 Ω·m;在下部(5 881.1～5 882 m)井段,深、浅侧向电阻率平均值分别为 171.98 Ω·m 和 133.05 Ω·m。该井段双侧向测井值降低且呈"正差异",深、浅侧向电阻率平均值分别为 208.9 Ω·m 和 90.72 Ω·m。密度测井值减小,均值为 2.63 g/cm³;中子测井值和声波时差均增大,均值分别为 0.033 μs/ft 和 52.6 μs/ft。该井段的总孔隙度较大,均值为 3.7%～4%;基块孔隙均值为 2.53%～2.69%;其中非连通缝洞孔隙度为 1%～1.5%,骨架孔隙度为 2.49%～2.66%。计算 m 值较高,其均值为 2.2～2.3。

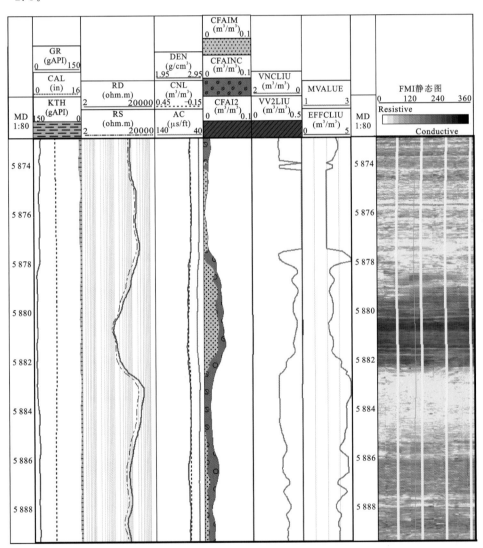

图 4-2-5　S1AY-1 井一间房组 5 879～5 882 m 井段三孔隙度模型计算的孔隙成分参数与成像测井资料对比图

　　该类型储层的共同特征是,双侧向测井值较高且有较大的"正差异";声波计算的基质孔隙度小于总孔隙度但在一个数量级上。在成像测井资料上,没有使双侧向产生"正差异"的高倾角裂缝。在计算的孔隙度成分中,ϕ_m 与 ϕ_{nc} 为一个数量级;胶结指数总是大于 2,且随着 ϕ_{nc}/ϕ 的增加而增大。其发育部位通常位于孔-缝型储层与致密层段的过渡带。

　　从这些例子也可以看出,在塔北地区奥陶系石灰岩地质中,使双侧向测井产生"正差异"的原因,除了高倾角裂缝外,地层中的非连通缝洞孔隙成分也使双侧向电阻率产上"正差异",但空间上连通性好的高倾角溶蚀缝通常不会出现在基块孔-非连通缝洞型井段中。

4.2.3　纯基块孔隙型储层

　　S1BB 井一间房组 6 227～6 235 m 井段孔隙成分主要为基块孔隙,间含极少数其他类型孔隙成分(图 4-2-6)。该井段双侧向测井值略降低,呈"正差异"。密度测井值有微弱的降低,其均值为 2.7 g/cm³;中子测井曲线和声波测井曲线几乎没有变化。该类型的基块孔隙度即为总孔隙度,$\phi_b = \phi$;在此井段由组分分析程序计算的总孔隙度均值为 0.5%～1.5%。计算的 m 值为基块的 m 值 2。

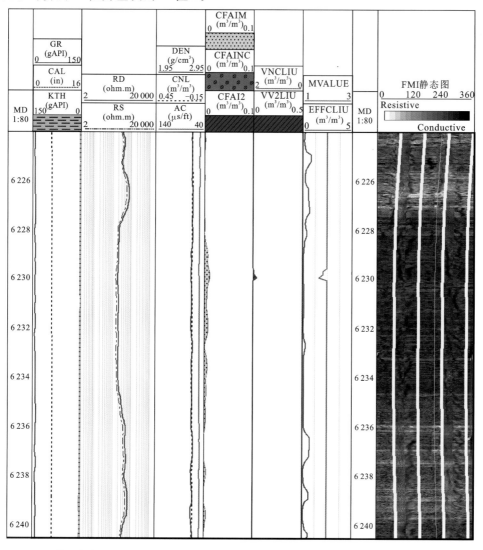

图 4-2-6　S1BB 井一间房组 6 227～6 235 m 井段三孔隙度模型计算的孔隙成分参数与成像测井资料对比图

　　S1BY 井一间房组 5 931.1～5 940 m 井段孔隙成分主要为基块孔隙,间含少数其他类型孔隙成分(图 4-2-7)。在孔隙成分为纯基块孔隙的井段,双侧向测井值略降低,呈"正差异"。三孔隙度曲线没有明显的变化;总孔隙度较低,其均值为 0.5%～1%;基块孔隙度与总孔隙度相等。计算 m 值即基质系统 m 值,为 2。

　　塔北地区奥陶系纯基块孔隙型储层的基本特征是,三孔隙度测井对孔隙度均有响应;双侧向成小的"正差异"。基块孔隙度等于总孔隙度;m 值约为 2。

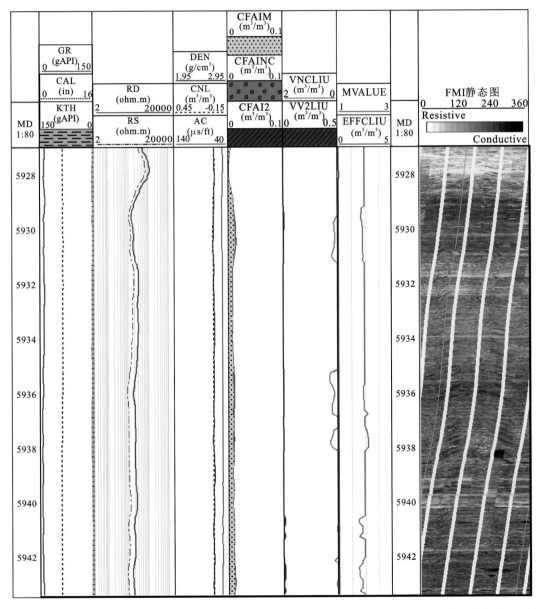

图 4-2-7　S1BY 井一间房组 5 931.1～5 940 m 井段三孔隙度模型计算的孔隙成分参数与成像测井资料对比图

4.2.4　连通缝洞-非连通缝洞型储层

T7CY 井鹰山组 6 110.2～6 117.8 m 井段孔隙成分主要为连通缝洞-非连通缝洞型（图 4-2-8）。该井段双侧向测井值略降低,差异不明显。密度测井值降低,中子测井值增大,声波时差为基线。该层总孔隙度相对围岩较大,其中非连通缝洞孔隙度所占比例较多,连通缝洞孔隙度在总孔隙度中所占比例为 1‰～3‰。计算 m 值为 1.5～2。

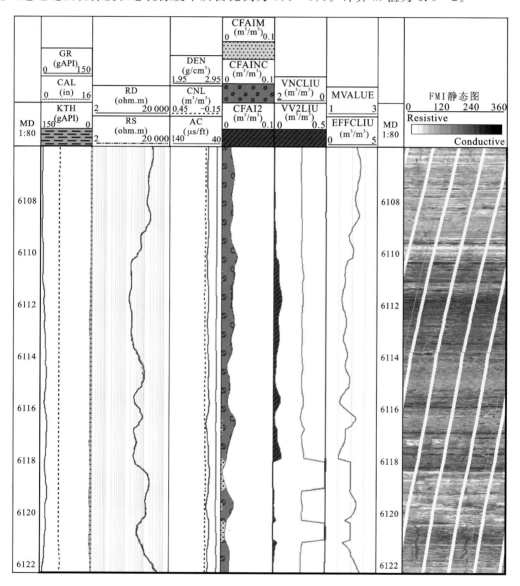

图 4-2-8　T7CY 井鹰山组 6 110.2～6 117.8 m 井段三孔隙度模型计算的孔隙成分参数与成像测井资料对比图

TK1AAC 井鹰山组 6 274～6 285.8 m 井段孔隙成分主要为连通缝洞-非连通缝洞型（图 4-2-9）。该井段双侧向测井值略降低,呈微弱"负差异"。密度测井值有较大幅度的降低,即总孔隙度较大;中子测井值变化不大,声波时差为基线值。该层总孔隙度相对围岩较高,其中非连通缝洞孔隙度所占比例很多,连通缝洞孔隙度在总孔隙度中所占比例很小,其最大值不超过 0.05%;计算 m 值基本上为 2~3。

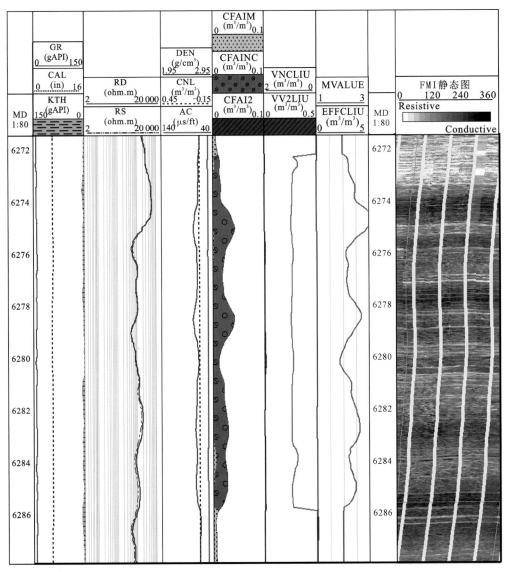

图4-2-9　TK1AAC 井鹰山组 6 274~6 285.8 m 井段三孔隙度模型计算的孔隙成分参数与成像测井资料对比图

　　TK6BZ 井鹰山组 5 493~5 506 m 井段孔隙成分主要为连通缝洞-非连通缝洞型(图 4-2-10)。该井段双侧向测井值略有降低,呈较小的"正差异"。密度测井值降低,中子测井值增大,声波时差为基线。该层总孔隙度相对围岩较大,其中非连通缝洞孔隙度所占比例较多,达 93%,连通缝洞孔隙度在总孔隙度中所占比例为 1%~7%。计算 m 值为 1.98~2.24。

　　该类储集层双侧向电阻率相对围岩降低,接近闭合;声波时差接近骨架值,密度测井

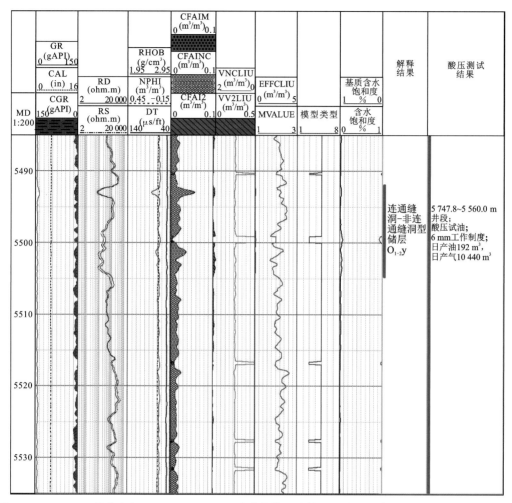

图 4-2-10　TK6BZ 井鹰山组 5 493～5 506 m 三孔隙度模型计算的孔隙成分参数与成像测井资料对比图

和中子测井测有孔隙度。该类储层多发育在缝合线或者密集硅质团块处。该类储层其实是一对相互矛盾的两个方面共同作用的结果：非连通缝洞要产生"正差异"，同时也要引起电阻率值高；而连通缝洞既可以产生"正差异"也可以产生"负差异"，但也是引起电阻率值低的原因；由于没有基块导电性的调节，导致电阻率值相对围岩略有降低。m 值的变化范围较大，当地层中含有较多连通缝洞成分时，m 值较小；当地层中含有较多成分的非连通缝洞成分时，m 值较大。

4.2.5　孔洞缝组合型储层

T7FG 井一间房组 6 082～6 085 m 井段为孔洞缝组合类型储层（如图 4-2-11）。该井段双侧向测井值降低，且呈较大的"负差异"。密度测井有所减小，中子测井曲线变化不明显，统计平均分别为 2.64 g/cm^3 和 0.04；声波时差有较小幅度的增大，统计平均约为 53.1 μs/ft。该井段的总孔隙度相对较高，约为 3.92%；基质孔隙度为 2.91%；连通缝洞孔隙度约为

0.06%,占总孔隙度的 1.6%;非连通缝洞孔隙度约为 0.97%,约占总孔隙度的 24.4%。计算 m 值降低,约为 2.01。

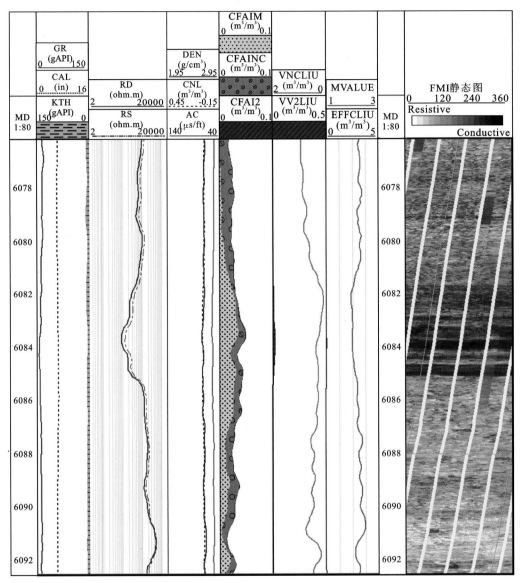

图 4-2-11　T7FG 井一间房组 6 082～6 085 m 井段三孔隙度模型计算的孔隙成分参数与成像测井资料对比图

　　T7AE 井一间房组 5 730.1～5 731.1 m、5 737.4～5 740.8 m 井段的储集空间为孔洞缝组合型(图 4-2-12)。在 5 730.1～5 731.1 m 井段,双侧向测井值降低,差异不大;密度测井值减小,统计平均为 2.65 g/cm³,补偿中子测井曲线小幅度增大,均值为 0.025,声波时差增大,均值为 52.2 μs/ft;总孔隙度增大,平均为 2.88%;其中,平均基块孔隙度为 2.55%;连通缝洞孔隙度为 0.04%,相对连通缝洞孔隙度为 1.4%。该层段的 m 值纵向上变化不大,约为 1.97。在 5 737.4～5 740.8 m 井段,双侧向测井值明显降低,且"正差异"较大,密度测井值减小,约为 2.66 g/cm³,补偿中子测井与声波时差均增大,统计平均分别为 0.024 μs/ft 和 512.4 μs/ft;该井段的总孔隙度较高,约 2.87%;平均基块孔隙度为 2.46%;连通缝洞孔隙度为 0.04%;相对连通缝洞孔隙度为 1.4%。计算 m 值约为 1.93。

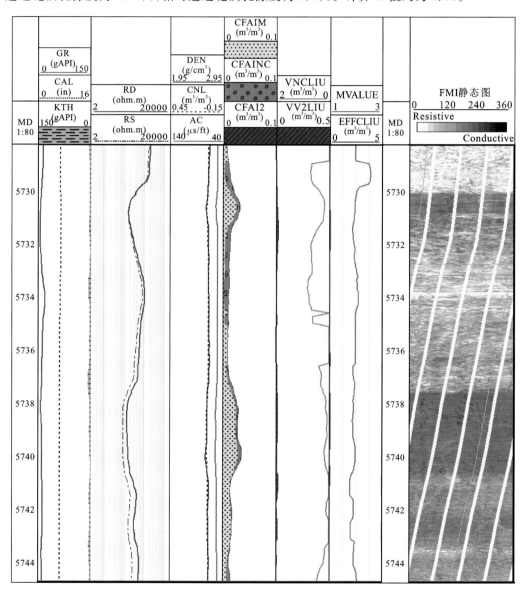

图 4-2-12　T7AE 井一间房组 5 730~5 740.8 m 井段三孔隙度模型计算的孔隙成分参数与成像测井资料对比图

TK7BC 井鹰山组 5 605~5 625 m 井段主要为孔洞缝组合型(图 4-2-13)。该段内双侧向测井值降低,深、浅侧向测井曲线"闭合",差异不明显。密度测井值降低、补偿中子和声波测井值基本保持不变,经过统计其平均数值分别为 2.627 g/cm³、0.013、50.729 μs/ft。该段的总孔隙度值为 1.8%,非连通缝洞孔隙占总孔隙的 57%,连通缝洞孔隙度占总孔隙的

1.5%。模型计算的 m 值在纵向上变化不大,约为 1.97。2013 年 5 月 21 日至 6 月 13 日对该井 5 600.31~5 676 m 裸眼井段进行酸压完井,用 10 mm 油嘴,油压为 0.4~1 MPa,日产油 36.7~18.4 m³,日产水 78.5~5.6 m³,气微。初步判断为油水同层。

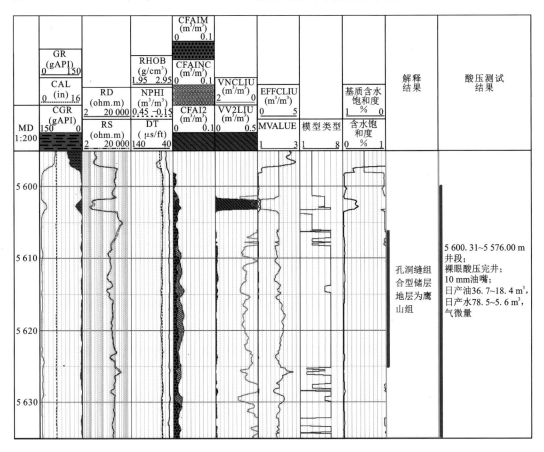

图 4-2-13　TK7BC 井鹰山组 5 605~5 625 m 井段三孔隙度模型计算的孔隙成分参数与成像测井资料对比图

　　基块孔隙、连通缝洞及非连通缝洞同时存在的储层在塔北碳酸盐岩地层中很普遍。根据常规测井资料三孔隙度模型,储层段可计算出非连通缝洞孔隙度,且非连通缝洞孔隙度的大小与基质孔隙度是一个数量级;连通缝洞孔隙度的数量级则要低得多。在三孔隙度测井资料上,此类储层声波时差增大,密度降低,中子测井值增大。双侧向测井曲线有"正差异",也有"负差异",但电阻率值相对于基块孔型储层要低;电阻率测井值介于基块孔-连通缝洞型的储层与基块孔-非连通缝洞型储层的电阻率测井值之间。具体降低的多少与连通缝洞型孔隙成分多少有关,连通孔隙成分多,双侧向测井值降低多,反之则少。由于此类储层还存在非连通缝洞孔隙成分,非连通孔隙成分使电阻率增高,"正差异"加大。储层非连通成分多,则电阻率增大的多,反之电阻率增加的少。可见,基块孔-连通缝洞-非连通缝洞型储层的电阻率变化是很复杂的。因此,用不同孔隙成分的多少来衡量其好坏则是较合适的方法。与基块孔-连通缝洞型储层类似,当双侧向为"负差异"时,在成像测井图上往往见不到低倾角的溶蚀缝,连通缝洞成分是由地层中的溶蚀孔洞连通而引起的。当为"正差异"时,在成像测井资料上常常可见高倾角溶蚀缝。

4.2.6　大缝大洞型储层

S1AG 井一间房组 5 974～5 975 m 井段孔隙成分主要为大溶洞型储层(图 4-2-14)。该井段双侧向测井值很低,呈"正差异";三孔隙度测井均有明显的响应,密度测井值较低,其平均值为 2.5 g/cm³,中子测井值增大,声波时差增大,统计平均分别为 0.086 μs/ft 和 70.9 μs/ft;该层总孔隙度约为 10.7%,其中,骨架孔隙度所占比例较多,约占总孔隙度的 97.1%,连通缝洞孔隙度约为 0.31%,约占总孔隙度的 2.9%;计算 m 值均值约为 1.91。

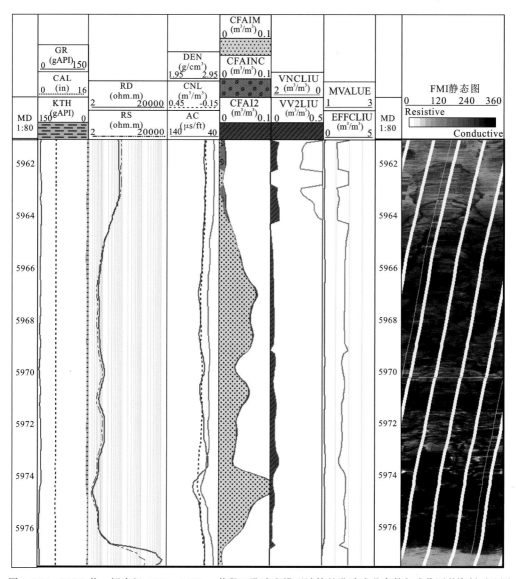

图 4-2-14　S1AG 井一间房组 5 974～5 975 m 井段三孔隙度模型计算的孔隙成分参数与成像测井资料对比图

　　S1BA 井鹰山组 6 247.5～6 248.2 m、6 251.7～6 252.1 m 井段孔隙成分主要为大溶洞型储层（图 4-2-15）。在 6 247.5～6 248.2 m 井段，双侧向测井值很低，且"正差异"较大；密度测井值低，约为 2.44 g/cm³，中子测井值和声波时差值都有较大幅度的增大，其均值分别为 0.129 μs/ft 和 74.1 μs/ft；总孔隙度约为 10.3%，其中，均匀导电的骨架孔隙为占绝大比例，约 88.7%，连通缝洞孔隙度所占比例相对较大，约 10.2%；胶结指数为 1.5～2。在 6 251.7～6 252.1 m 井段，双侧向测井值比上面大溶洞井段略高，"正差异"较大；密度测井值较低，其平均值为 2.43 g/cm³，中子测井值与声波时差均有较大幅度的增大，统计平均分别为 0.129 μs/ft 和 74.1 μs/ft；该层总孔隙度约为 9.7%，其中均匀导电的骨架孔隙度所占比例很大，约 90.4%，连通缝洞孔隙度约为 1.04%，约占总孔隙度的 8.7%；计算 m 值约 1.72。

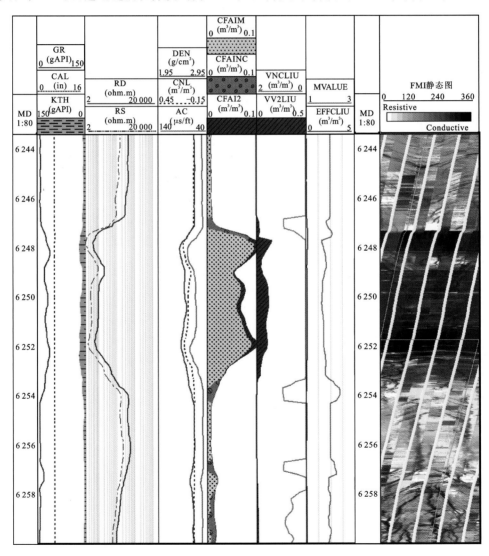

图 4-2-15　S1BA 井鹰山组 6 247.5～6 248.2 m、6 251.7～6 252.1 m 井段三孔隙度
模型计算的孔隙成分参数与成像测井资料对比图

4.3　三孔隙度模型在储层有效性评价中的应用

根据常规测井资料优化处理计算的总孔隙度、泥质含量,结合双侧向资料、声波资料,利用三孔隙度模型计算塔里木盆地奥陶系碳酸盐岩地层基块孔隙度、连通孔隙度、非连通孔隙度及随深度变化的胶结指数,进而得到相对连通孔隙度。利用计算的相对连通孔隙度和胶结指数平均值绘制交会图,用以评价储层有效性。

目前,已经应用三孔隙度模型处理塔中地区和塔北地区的塔河油田、轮南油田及新垦-哈拉哈塘地区等地区的实际测井资料,建立 $v\text{-}m$ 交会图,与测试、酸压结果进行对比建立上述地区的储层有效性评价标准。实际应用结果表明,应用三孔隙度模型评价塔里木盆地奥陶系碳酸盐岩储层有效性,对溶蚀孔洞型、溶蚀裂缝型、裂缝-溶蚀孔洞型储层效果较好;对于风化壳顶含气储层、在现今地应力作用下的高阻储层及大溶洞(特别是含泥溶洞)的效果较差。同时在应用过程中需要排除地层中硅质团块、异常高阻等因素的影响。

4.3.1　三孔隙度模型储层有效性评价方法在塔北地区的应用

1. 塔河油田六区、七区应用实例

在对常规测井资料优化处理计算总孔隙度及泥质含量的基础上,利用常规三孔隙度模型计算相对连通孔隙度和孔隙结构指数评价储层有效性的方法,对塔河油田六区、七区 84 口井的碳酸盐岩地层逐点计算孔隙度成分、相对连通孔隙度及孔隙结构指数 m。根据计算结果划分储层段,并逐段进行统计平均,与测试、酸压试油结果和生产资料进行对比。

排除异常井段(受现今地应力影响井段、含泥裂缝-孔洞井段、含泥溶洞段等),挑选了塔河油田六区、七区比较典型且有试油资料或生产资料的 69 口井、201 个裂缝孔洞型储层段(其中有效储层 186 个层段,无效储层 15 个层段)统计平均相对连通孔隙度和平均孔隙结构指数,绘制平均相对连通孔隙度和平均孔隙结构指数交会图,如图 4-3-1 所示。由图可见,无效储层,孔隙结构指数 m 值大于 1.9,相对连通孔隙度 v 小于 1.0%;而有效储层孔隙结构指数 m 值小于 1.9,相对连通孔隙度 v 大于 1.0%(孔隙度下限值为 1.0%)。根据交会图 4-3-1 建立的塔河油田六区、七区不含泥的裂缝-孔洞型储层有效性划分标准如表 4-3-1 所示。据此标准可对单井的裂缝-孔洞型储层划分有效储层厚度。

表 4-3-1　塔河油田六区、七区奥陶系碳酸盐岩储层有效性划分标准

指标	m	v	备注
有效储层	<1.9	>1.0%	统计条件:孔隙度下限为 1.0%
无效储层	>1.9	<1.0%	

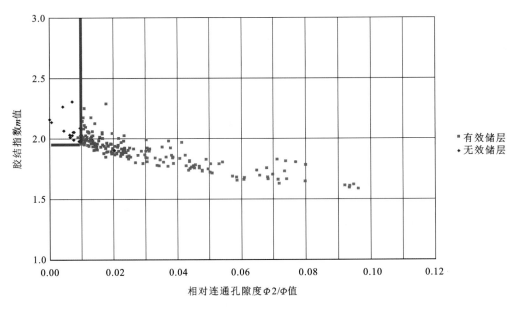

图 4-3-1　塔河油田六区、七区奥陶系裂缝-孔洞型储层段计算的 v-m 交会图

1）有效储层典型实例

TK6FB 井鹰山组 5 491～5 518 m 和 5 527～5 534 m 井段三孔隙度模型处理结果如图 4-3-2 所示。由图可见,井径曲线平直,自然伽马和去铀伽马曲线测井值较小,曲线较为平直,说明该段基本不含泥;深、浅侧向电阻率值与围岩相比有所减小,5 490～5 518 m 呈微小的"负差异",5 523.5～5 534 m 呈微小的"正差异";三孔隙度测井曲线无明显变化;该段计算的总孔隙度约为 2.5%,用三孔隙度模型计算的相对连通孔隙度较大,约为 4%,计算的孔隙结构指数 m 值约为 1.8,说明储层的连通性较好。2003 年 8 月 9 日～9 月 21 日对该井 5 459.94～5 539.21 m 井段进行酸压测试,初期产量较高,达 300 m³/d 左右,13 天以后产量只有 15 m³/d 左右,表明该层很有可能是一个"定容"性储集体。2003 年 7 月 22 日对该井 5 473～5 539.21 m 井段进行生产,日产液 65.9 t,日产油 65.8 t,含水 0.2%。三孔隙度模型有效性评价结果与试油结果一致。

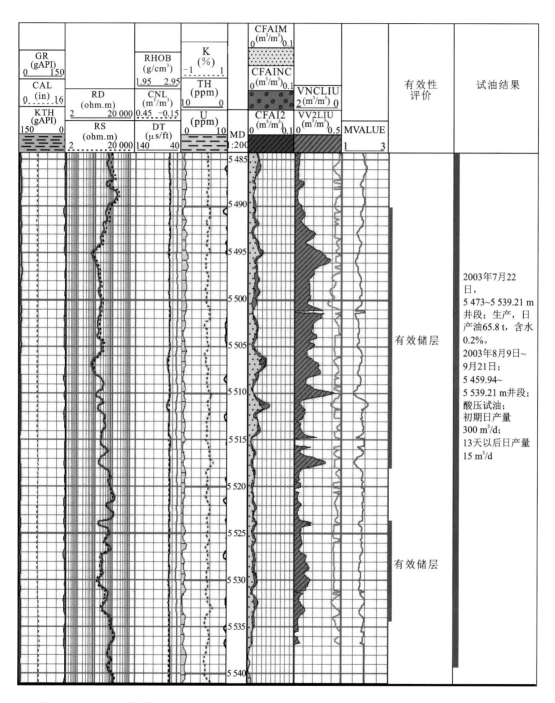

图 4-3-2　TK6FB 井鹰山组 5 490～5 518 m 和 5 523.5～5 534 m 井段三孔隙度模型处理结果图

2）无效储层典型实例

TK6AF 井鹰山组 5 554～5 563 m 井段三孔隙度处理结果如图 4-3-3 所示。由图可见，在 5 554～5 563 m 井段井径曲线平直，自然伽马和去铀伽马值较低，说明储层段内不含泥；双侧向测井曲线与围岩相比有所降低，两条曲线基本重合；三孔隙度测井曲线几乎没有变化；该段计算的总孔隙度值约为 1.5%，三孔隙度模型计算的相对连通孔隙度为 0，m 值大于 2，说明储层的连通性差，为无效储层。2001 年 7 月 20 日对该井 5 530～5 570 m 井段进行裸眼酸压测试，日产液 2.9 t，日产油 2.9 t，含水 0%。测试结论为干层。

上述塔河油田六区、七区奥陶系不同井段的例子表明，储层是否有效的主要指标是相对连通孔隙度的大小。

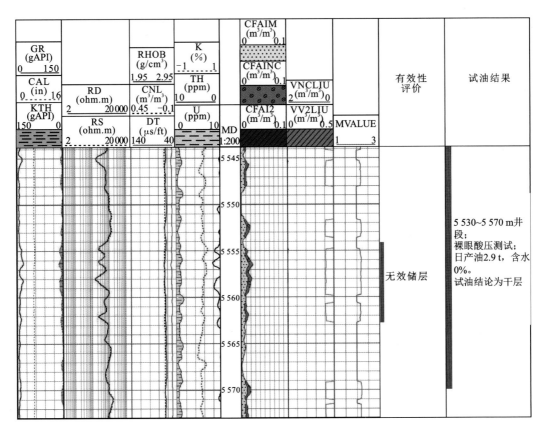

图 4-3-3　TK6AF 井鹰山组 5 554～5 563 m 井段三孔隙度模型处理结果图

2. 轮古地区应用实例

应用三孔隙度模型处理轮古中部地区 100 多口井的奥陶系碳酸盐岩地层，逐点计算了孔隙度成分、相对连通孔隙度及随深度变化的胶结指数,结合成像测井资料,划分储层段,并逐段进行统计平均,与测试、酸压试油结果进行对比。

排除部分异常井段(硅质团块、岩性影响、含泥溶洞、测井资料不好),对研究区 68 口井 157 个层段(其中有效储层 133 个层段,无效储层 24 个层段)进行统计,对统计出的平均胶结指数与平均相对连通孔隙度作交会图,如图 4-3-4 所示。由图可见,无效储层,m 值大于 2,v 小于 1%;而有效储层 m 值小于 2,v 大于 1%。孔隙度下限值为 1%。但交会图中仍存在异常点,有一个有效储层点混在无效储层点中;有一个无效储层点混在有效储层点中。根据图 4-3-4 建立的划分标准见表 4-3-2。

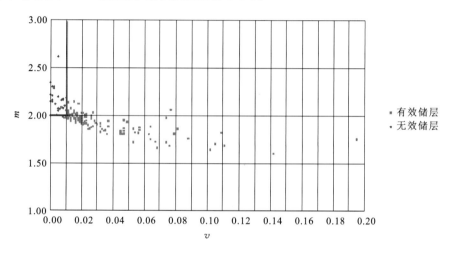

图 4-3-4　轮古地区奥陶系溶蚀孔洞(缝)型储层段计算的 vm 交会图

表 4-3-2　轮古地区奥陶系碳酸盐岩有效储层划分标准

指标	m	v	备注
有效储层	<2	$>1\%$	孔隙度下限为 1%,去除岩性(含泥、白云化、含沥青)、含泥溶洞(缝)、测井资料不好等因素的影响
无效储层	>2	$<1\%$	

图 4-3-5 是轮古中部地区 63 口井 141 个储层段分不同产能等级所作的相对连通孔隙度与胶结指数的交会图。由图可知,产能小于 10 m³/d 的点子不论是自然产出,还是酸压产出,集中在交会图中 v 小于 0.01,m 大于 2 的区域。而产能大于 10 m³/d,不论是自然产出,还是酸压产出,主要分布在 v 大于 0.01 的区间。不同等级的产能没有明显的集中区间。此交会图同时表明,当 v 大于 0.01 时,产能的多少不仅受相对连通孔隙度的影响,还有一些其他因素影响。

1) 有效储层典型实例

图 4-3-6 是 LG1-E 井鹰山组 5 281~5 319 m 井段三孔隙度模型处理结果图。由图可

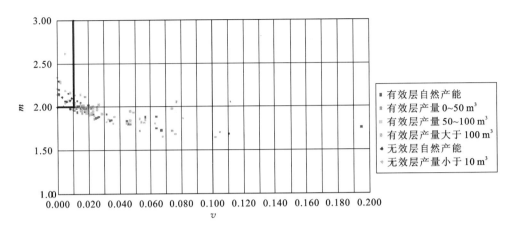

图 4-3-5　轮古地区分不同产能等级的 v-m 交会图

见,在 5 281～5 319 m 井段井径条件较好,自然伽马和去铀伽马值较低,说明储层段内不含泥;双侧向测井值与围岩相比有所降低,且呈"正差异";密度测井值和中子孔隙度变化不明显,声波时差有轻微的增大。三孔隙度模型计算的相对连通孔隙度为 2.0%,m 值小于 2,说明储层的连通性较好。2005 年 6 月 19 日至 7 月 18 日对该井奥陶系 5 259.24～5 320 m 井段进行完井酸压测试,用 6.0 mm 油嘴求产,日产油 126.98 m³,日产气 89 486 m³,测试结论为油层。三孔隙度模型有效性评价结果与试油结果一致。

2）无效储层典型实例

图 4-3-7 是 LG3B 井奥陶系 5 548～5 554 m 和 5 557～5 570 m 井段三孔隙度模型处理结果图。由图可见,该井段自然伽马曲线和去铀伽马曲线值较低,有轻微的波动性,井径曲线平直;双侧向电阻率值有一定幅度的波动,且呈"正差异";该井段密度测井值减小,中子孔隙度有较小幅度的增大,声波时差变化不明显;能谱测井曲线有一定波动性,钍曲线值较小。该段三孔隙度模型计算的总孔隙度约为 1.5%,相对连通缝洞孔隙度几乎为 0,m 值在 2 左右变化,可见该井段地层无连通性。2002 年 10 月 23 日至 11 月 16 日对该井奥陶系 5 530.97～5 574 m 井段进行酸化,用 10 mm 油嘴求产,见少量油花,折日产气量 3 292 m³。

上述轮古地区奥陶系不同井段的例子表明,决定酸压效果好坏的主要指标不是孔隙度的大小,而是相对连通孔隙度的大小。三孔隙度模型有效性评价结果与试油结果一致。

4.3.2　三孔隙度模型储层有效性评价方法在塔中地区的应用

1. 塔中地区良里塔格组地层应用实例

根据常规测井资料优化处理计算的总孔隙度及泥质含量,结合双侧向资料、声波资

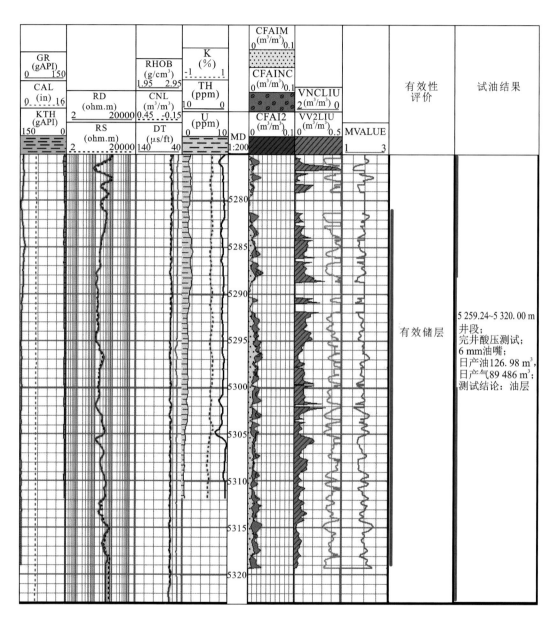

图 4-3-6　LG1-E 井鹰山组 5 281～5 319 m 井段三孔隙度模型处理结果图

料、地层水及泥浆滤液电阻率资料利用三孔隙度模型对塔中地区 45 口井的良里塔格组碳酸盐岩地层逐点计算基块孔隙度、连通孔隙度、非连通孔隙度、相对连通孔隙度及随深度变化的胶结指数。结合成像测井资料,划分了相应的储层段,并逐段进行统计,与测试、酸压结果进行对比。

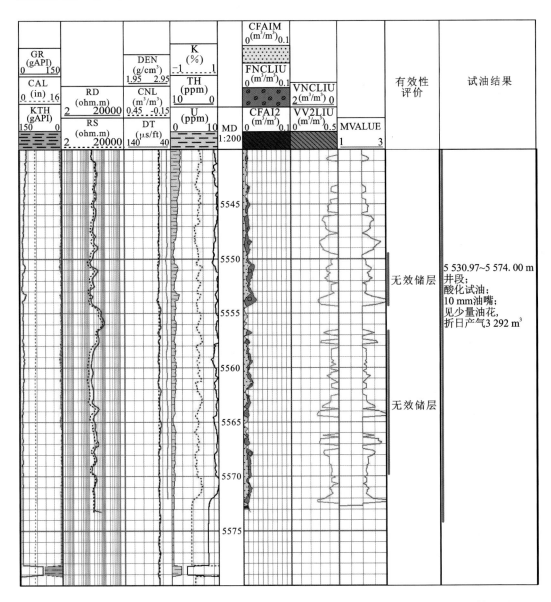

图 4-3-7　LG3B 井奥陶系 5 548～5 554 m 和 5 557～5 570 m 井段三孔隙度模型处理结果图

对于上述井中储集空间类型为溶蚀孔洞(缝)的井段,作出的储层段平均胶结指数与平均相对连通孔隙度的交会图如图 4-3-8 所示。由图可见,非产层,数据处理点 m 值大于 2,v 小于 1%;而产层 m 值小于 2,v 大于 1%。孔隙度下限值为 1.5%。可见对该区溶蚀孔洞(缝)型储层,实际上 v-m 交会图可以作为划分这类有效储层的标准。根据图 4-3-8 建立的划分标准见表 4-3-3。

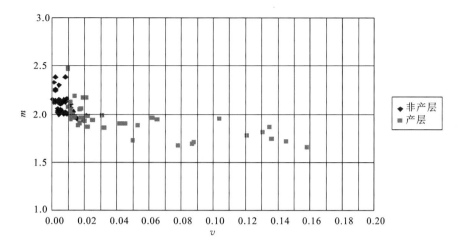

图 4-3-8　塔中地区奥陶系碳酸盐岩溶蚀孔洞型储层段计算的 v-m 交会图

表 4-3-3　塔中地区奥陶系碳酸盐岩有效储层划分标准表

指标	m	v	备注
产层	<2	$>1\%$	孔隙度下限值为 1.5%,除风化壳顶含气储层、高阻
非产层	>2	$<1\%$	储层及大溶洞(特别是含泥溶洞)

1) 有效储层典型实例

ZG1X 井良里塔格组 6 436～6 449 m 井段为裂缝-孔洞型储层(图 4-3-9)。图中,第一道自然伽马、井径和去铀伽马;第二道为双侧向电阻率曲线;第三道为三孔隙度曲线,即密度测井、中子测井和声波测井曲线;第四道为能谱曲线,即铀、钍、钾曲线;第五道为深度索引;第六道为计算的孔隙度参数,即骨架孔隙度、非连通缝洞孔隙度和连通缝洞孔隙度;第七道为相对连通缝洞孔隙度与相对非连通缝洞孔隙度;第八道为计算的随深度变化的 m 值曲线。该井段从成像资料上可以看出该段内溶蚀缝较为发育;从常规资料上,双侧向测井值相对于纯基质型储层段有所降低,且呈明显的“正差异”。三孔隙度测井曲线均有不同程度的响应,其中密度测井值降低,其平均值为 2.682 g/cm³;中子孔隙度与声波时差均增大,统计平均值分别为 -0.003 和 51.13μs/ft。该段计算的总孔隙度约为 2%,相对连通孔隙度约为 1.4%,可见该井段平行于深侧向电流线的连通缝洞孔隙度占有较大比例,同时也表明该段有好的渗透性。模型计算的胶结指数(m)的平均值为 1.876。对该井 6 438～6 448 m 井段酸压,6 mm 油嘴求产,日产油 53.3 m³,日产气 264 290 m³,测试结论为高产油气层。三孔隙度模型有效性评价结果与试油结果一致。

2) 无效储层典型实例

TZ7E 井良里塔格组 4 678～4 700 m 井段为裂缝型储层(图 4-3-10)。从成像资料上可见明显的裂缝;从常规资料上,双侧向测井值与围岩相比有所降低,且呈较大的"正差异";密度测井值略微增大,中子孔隙度与声波时差基本保持不变。该段组分分析程序计算的总孔隙度为 1.3%,相对连通缝洞孔隙度小于 1.0%,可见该段的渗透性差;模型计算的胶结指数(m)值在 2 左右变化。对该井 4 633.4~4 699.05 m 井段酸压,8 mm 油嘴求产,日产油 1 m³,日产水 1.5 m³,测试结论为不定性。三孔隙度模型有效性评价结果与试油结果一致。

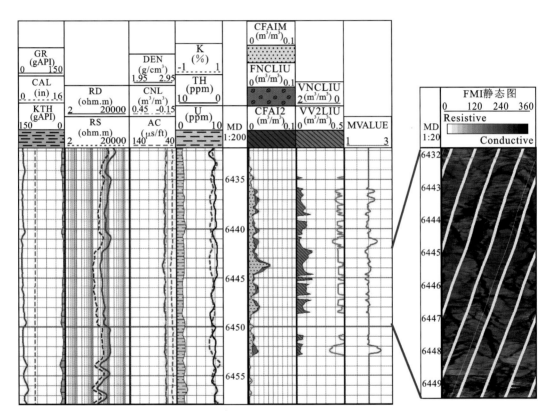

图 4-3-9　ZG1X 井良里塔格组 6 436~6 449 m 井段裂缝-孔洞型孔隙成分分析图(试油结论:高产油气层)

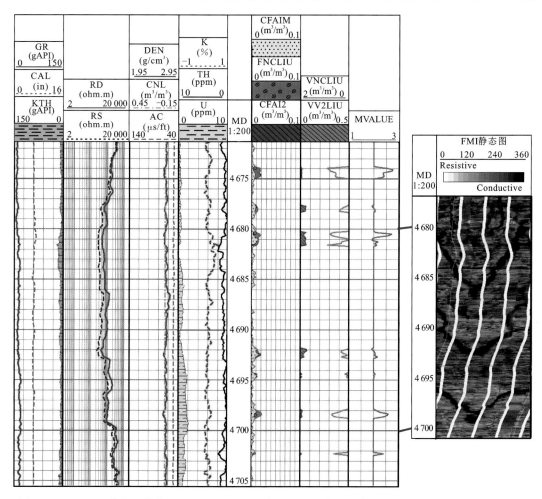

图 4-3-10　TZ7E 井良里塔格组 4 678～4 700 m 井段裂缝型储层孔隙成分分析图（试油结论：不定性）

4.4　裂缝型地层切割式侵入条件下的三孔隙度模型

前面三节讨论的三孔隙度模型是针对碳酸盐岩缝洞型储层的储层特征提出来的。模型中的双侧向导电方程则是根据缝洞型储层裂缝的导电特性而引入。当地层中发育裂缝与大尺度孔洞时，由于钻井液的侵入，孤立孔洞孔隙成分对双侧向导电性的影响是串联的泥浆滤液电阻率，裂缝（连通缝洞）对双侧向导电性的影响是并联的泥浆滤液电阻率。两者表达总孔隙度中串联与并联的泥浆滤液电阻率的多少。对于裂缝型储层，可能只是裂缝里面侵入了泥浆，孔洞部分未受影响。为此，需要考虑裂缝切割式侵入条件下的双侧向导电方程来计算裂缝型储层的裂缝孔隙度（即三孔隙度模型中的连通孔隙度）。

4.4.1　裂缝切割式侵入条件下的双侧向导电方程

对于裂缝型地层，流体类型与泥浆侵入情况会影响双侧向测井的测量。裂缝系统的渗透性较好,泥浆及泥浆滤液在地层被钻开时迅速侵入到裂缝里,驱走裂缝中的原状流体。岩石基块中的原状流体,则被包裹起来,几乎不受侵入影响。这就是所谓的裂缝性地层的切割式侵入(赵良孝 等,1994)。下面分别讨论含油气裂缝性地层和含水气裂缝性地层切割式侵入条件下的双侧向导电方程。

1. 含油裂缝性地层

假定岩石基块孔隙与裂缝孔隙是并联导电的,由于切割式侵入,侵入对基块孔隙的影响不大,则深、浅双侧向的响应方程为

$$C_{LLD} = \Phi_m^m \cdot S_{wn}^n \cdot C_w + \Phi_f^{mf} \cdot S_{wf}^{nf} \cdot C_w$$
$$C_{LLS} = \Phi_m^m \cdot S_{wm}^n \cdot C_w + \Phi_f^{mf} \cdot S_{xof}^{nf} \cdot C_{mf} \tag{4-4-1}$$

式中:m 为岩石基块胶结指数;n 为岩石基块饱和度指数;mf 为岩石裂缝胶结指数;nf 岩石裂缝饱和度指数;S_{wm} 为基块含水饱和度;S_{wf} 为裂缝含水饱和度;S_{xof} 为冲洗带裂缝含水饱和度;Φ_m 为基块孔隙度;Φ_f 为裂缝孔隙度;C_w 为地层水电导率;C_{mf} 为泥浆滤液电导率。

将双侧向响应方程相减,可得

$$C_{LLS} - C_{LLD} = \Phi_f^{mf}(C_{mf} \cdot S_{sof}^{nf} - C_w \cdot S_{wf}^{nf}) \tag{4-4-2}$$

$$\Phi_f = mf \sqrt{\frac{C_{LLS} - C_{LLD}}{C_{mf} \cdot S_{xof}^{nf} - C_w \cdot S_{wf}^{nf}}} \tag{4-4-3}$$

用式(4-4-3)即可求出含油气地层的裂缝孔隙度。在实际运用中,可以对其进行简化,作进一步假设:

(1)在含天然气的裂缝系统中,气层的含水饱和度很低,即 $S_{wf} = 0$;

(2)在侵入较深的情况下,在浅侧向的探测范围内,裂缝系统中的原生流体(油气)已被泥浆滤液替换,几乎没有残余油气存在,即 $S_{xof} = 1.0$。

根据以上两条假设,式(4-4-3)变为

$$\Phi_f = mf \sqrt{\frac{C_{LLS} - C_{LLD}}{C_{mf}}} \tag{4-4-4}$$

式(4-4-4)即为常见的确定油气层的裂缝孔隙度公式。在实际运用中考虑到不同的裂缝产状对岩石导电性的影响而造成电阻率的差异,式(4-4-4)可改写为

$$\Phi_f = mf \sqrt{\frac{C_{LLS} \cdot K_R - C_{LLD}}{C_{mf}}} \tag{4-4-5}$$

式中:C_{mf} 为泥浆滤液电导率,单位为 S/m;C_{LLS} 为浅侧向电导率,单位为 S/m;C_{LLD} 为深侧向电导率,单位为 S/m;K_R 为电阻率畸变系数,水平裂缝取 1.3,斜交裂缝取 1.1,垂直裂缝取 1.0。

2. 含水裂缝性地层

当裂缝孔隙与岩石基块孔隙中均含水时,有 $S_{xof} = S_{wf} = 1.0$,则式(4-4-3)变为

$$\Phi_f = mf \sqrt{\frac{C_{LLS} - C_{LLD}}{C_{mf} - C_w}} \tag{4-4-6}$$

同理,考虑到裂缝产状造成的电阻率曲线畸变,可用下式计算裂缝孔隙度:

$$\Phi_f = mf \sqrt{\frac{C_{LLS} \cdot K_R - C_{LLD}}{C_{mf} - C_w}} \qquad (4\text{-}4\text{-}7)$$

式中：C_w 为地层水电导率，单位为 S/m；式中其他参数与式(4-4-5)相同。

式(4-4-5)与式(4-4-7)即是我们常用的裂缝孔隙度计算公式。式(4-4-5)适用于地层含油气的情况，式(4-4-7)适用地层含水的情况。从推导的过程可知，这两个公式的应用是有局限性的，为了尽可能保证计算的正确性，应满足它们的应用条件。应用过程中应注意如下几点。

(1) 岩石基块渗透率非常低，裂缝系统的渗透率很高，使泥浆侵入为切割或侵入。侵入只影响裂缝孔隙中的流体，而不影响基块孔隙内的流体。

(2) 侵入深度应当在深、浅双侧向的探测范围之内，以突出深、浅双侧向曲线的差异。

(3) 对水层，其地层水矿化度与泥浆滤液矿化度应有明显的差异，即 C_w 与 C_{nf} 不能相等。如果地层水矿化度与泥浆滤液矿化度相同，则式(4-4-7)无法应用。

(4) 人工裂缝的影响。人工裂缝计算其裂缝孔隙度没有意义，人工裂缝一般都是钻井的影响造成的，不会形成工业性油气藏。在钻井过程中，由于钻具的机械震动，岩石沿节理面被松动，本来不具有渗透性的节理面被扩大成裂缝，导致泥浆滤液侵入，造成双侧向曲线出现较明显的"正差异"，显示出垂直裂缝的特征而被误识。

(5) 从式(4-4-5)及式(4-4-7)可以看出，计算裂缝孔隙度往往只能在深侧向电阻率大于浅侧向电阻率的地层中进行，即实际上只能计算高角度裂缝的孔隙度。对渗透性良好的低角度裂缝，双侧向无差异或"负差异"，则无法计算其裂缝孔隙度。

(6) 在某些孔隙度较高的气层中，由于双侧向的幅度差既反映裂缝中泥浆滤液侵入的情况，又反映侵入带与原状地层的孔隙中含气饱和度的不同，此时计算的裂缝孔隙度误差较大，只能作为参考。

(7) 实际上，对油气层的情况，我们在用式(4-4-5)计算之前并不知道实际储层是油气层还是水层，这样就限制了式(4-4-5)的应用。同时应用这些公式计算时要预先知道岩石裂缝胶结指数 mf 的大小，这也是困难的，只能取经验值。

4.4.2　裂缝切割式侵入三孔隙度模型的应用

裂缝切割式侵入三孔隙度模型中，利用密度测井计算地层的总孔隙度。常规声波测井测量纵波在地层中的传播速度(时差)，由于纵波为体压缩波，基本沿岩石骨架传播，一般不能测量地层中溶蚀孔洞(溶蚀孔洞、裂缝)对传播速度的影响，只能测量基块孔隙度。因此岩石基块孔隙度(ϕ_b)与声波测井孔隙度相联系。利用双侧向测井资料，根据上述裂缝性地层切割式侵入条件下的双侧向导电方程计算裂缝孔隙度(连通孔隙度)。

根据常规测井资料优化处理计算的总孔隙度及泥质含量，结合双侧向资料、声波资料、地层水资料及泥浆滤液电阻率资料利用切割式裂缝模型对川中地区有试气资料的 11 口井 15 个试气层段(包含 46 个储层段)计算了连通孔隙度(ϕ_2)、非连通孔隙度(ϕ_{nc})、基块孔隙度(ϕ_m)及相对连通孔隙度(v)。结合试气资料，应用计算的相对连通孔隙度(v)建立川中地区震旦系灯影组白云岩段储层产能预测模型进行产能预测。

1. 储层产能特征参数

选取川中地区震旦系灯影组白云岩较典型的且有试气资料的 4 口井 7 个试气层段（包含 25 个储层段），分析川中地区储层产能的主要响应参数。其中，灯二段 4 个试气层段（包含 10 个储层段），灯四段 3 个试气层段（包含 15 个储层段）。

为保证不同井不同层段的试气资料的一致性，把试气日总产量转化为单位厚度产量，部分井试气段总厚度小于储层段总厚度，所以在计算每日产量时，分别计算试气段的每日产量（总日产量/试气段总厚度）和储层段的每日产量（总日产量/储层段总厚度）。通过交会图比较可看出试气段总日产量和储层段总日产量作出的交会图效果差别不大。现在就以储层段的每日产量为参数，与储层参数作交会图，研究常规测井参数与储层产能之间的关系。

储层产能主要取决于储层总渗透率，储层渗透率主要与裂缝宽度、裂缝类型、裂缝孔隙度、连通裂缝孔洞孔隙度与总孔隙度比值有关。通过交会图（图 4-4-1、图 4-4-2），发现产能与相对连通孔隙度有较好的相关性且呈正相关，v 是表征产能的一个参数。

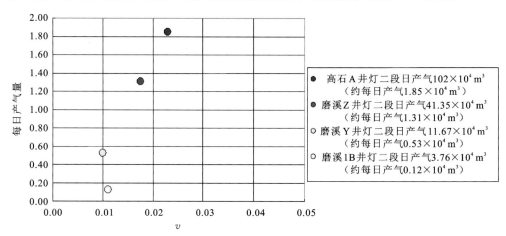

图 4-4-1　川中地区震旦系灯影组灯二段 v 与每日产量交会图

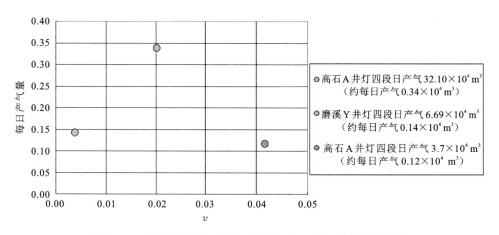

图 4-4-2　川中地区震旦系灯影组灯四段 v 与每日产量交会图

2. 川中地区震旦系灯影组储层多井交会图

下面对川中地区震旦系灯影组白云岩段所有试气层段进行统计,共有 11 口井,15 个试气层段(包含 46 个储层段)。用与产能相关性较好的储层参数 v 与每日产量作交会图,如图 4-4-3 所示。

1) 典型实例

高石 A 井 5 361～5 394 m 井段有效性分析图如图 4-4-4 所示。从图中可以看出,5 361～5 369 m 储层段和 5 381～5 393 m 储层段井径条件较好,自然伽马和去铀伽马值低且曲线平滑,说明储层段含泥较少或不含泥;双侧向电阻率明显降低且呈"正差异";孔隙度曲线均有明显响应;计算的相对连通孔隙度(第七道阴影部分)值较大。该井对 5 300～5 306.5 m、5 316～5 335.5 m、5 344.5～5 354 m、5 361～5 371 m、5 381～5 391 m 井段进行试气(合试),日产气 102×10⁴ m³,折合每日产量 18 511.8 m³,试油段所包含的储层段的平均相对连通孔隙度为 0.037。

磨溪 1B 井 5 455～5487 m 井段有效性分析图如图 4-4-5 所示。从图中可以看出,5 455～5 487 m 储层段井径条件较好,自然伽马和去铀伽马值低且曲线平滑,说明储层段含泥较少或不含泥;双侧向电阻率明显降低且呈"正差异";孔隙度曲线均有小幅度波动。该井对 5 455～5 486 m 井段进行试气,日产气 3.76×10⁴ m³,折合每日产量 1 236.84 m³,储层段平均相对连通孔隙度为 0.011。

2) 交会图中的异常点讨论

资 X 井对 3 911.6～4 000 m 井段进行试气,日产气 9.47×10⁴ m³,日产水 377 m³,折合每日产量较高,为 16 846.43 m³,而储层段 3 994.5～4 068 m 井段平均相对连通孔隙度确较小,仅为 0.018。资 1 井 3 994～4 067 m 井段进行试气,日产气 5.33×10⁴ m³,日产水 86 m³,折合每日产量较低,为 3 028.26 m³,而储层段 3 994.5～4 068 m 井段平均相对连通孔隙度确较高,为 0.043。分析其原因,可能是储层段含水导致计算的连通孔隙度不能代表地层的真实孔隙度。研究区大部分井钻达灯二段水层部位,这两个储层段均位于井底,并且试气出水。

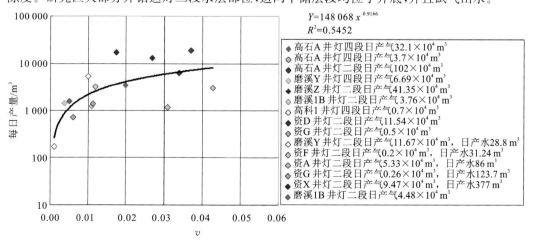

图 4-4-3　川中地区震旦系灯影组 v 与每日产量交会图

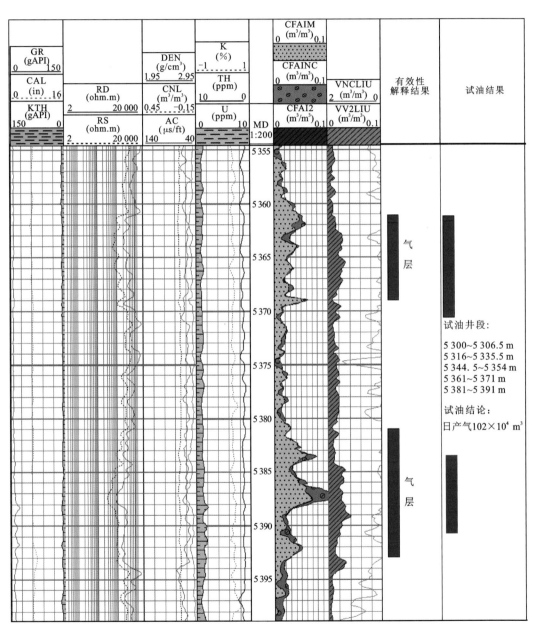

图 4-4-4　高石 A 井灯二段 5 361～5 394 m 井段常规测井资料处理特征图

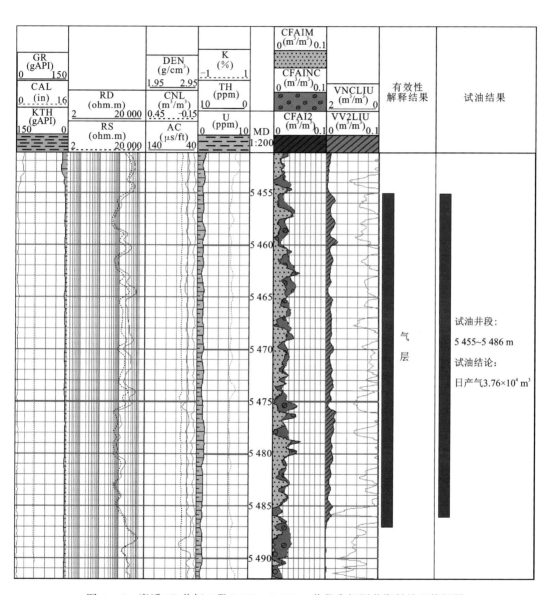

图 4-4-5　磨溪 1B 井灯二段 5 455～5 487 m 井段常规测井资料处理特征图

第5章　电成像测井储层有效性评价方法及应用

地层微电阻率扫描成像测井是利用电流对井壁扫描测量得地层井壁电导率图像的一种测井方法。由于井壁附近地层中裂缝、溶蚀孔洞与地层岩石的电导率（电阻率）不同，高分辨率的电成像电导率图像中包含裂缝、溶蚀孔洞信息。因此，从电成像测井资料中提取裂缝、溶蚀孔洞信息，寻找与裂缝、溶蚀孔洞信息有关的物理量表达储层的有效性是可行的。

本章主要从两个角度讨论电成像测井资料在碳酸盐岩缝洞储层评价中的应用。一个角度是利用浅电阻率刻度后的电成像资料的钮扣电极电导率值，应用冲洗带的阿尔奇公式，将二维电成像资料转化为一维的孔隙度分布谱，然后应用孔隙度分布谱研究储层中次生孔隙成分的相对大小，引入两个孔隙度谱形状参数评价储层的有效性。另一个角度是利用电成像测井分辨率高，碳酸盐岩缝洞储层次生储集空间尺度较大的特征，从刻度后的电成像资料中分割出裂缝-孔洞子图像，统计分割出的每个裂缝、孔洞目标的面积、长度、宽度等几何参数及裂缝、孔洞在电成像图像中所占百分比参数，评价碳酸盐岩缝洞储层的有效性。由于电成像图像中存在各种干扰，从电成像图像中准确地分割出裂缝-孔洞信息是相当困难的。经过多年的研究，实现了图像分割方法对裂缝-孔洞信息的准确提取及初步应用。

5.1　电成像孔隙度谱方法

碳酸盐岩储层通常具有双重或多重孔隙介质特性，在储层中发育不同比例的原生孔隙和次生孔隙。由于次生孔隙的孔径通常比原生孔隙的孔径大，渗透性要好得多，次生孔隙和原生孔隙的相对大小对度量储层的好坏尤其重要。对于有同样总孔隙度的两个地层，若一者次生孔隙发育，一者原生孔隙发育，显然次生孔隙发育的地层要好于原生孔隙发育的地层。塔里木盆地奥陶系碳酸盐岩地层，好储层的储集空间主要为次生溶蚀孔洞和溶蚀缝洞。因此，研究碳酸盐岩地层中不同孔隙度孔隙空间所占的比例和成分，对于评价储层的好坏具有重要意义。应用刻度后的电成像静态图像数据计算井周地层孔隙度分布，定量表征次生溶蚀孔洞和溶蚀缝洞发育情况，评价碳酸盐岩缝洞储层有效性。

5.1.1　成像测井资料孔隙度谱计算原理和方法

成像测井仪采用钮扣电极系测量，在井周向和深度上的采样间隔为 0.1 in[①]，分辨率

[①] 1 in=2.54 cm。

为 0.2 in。经浅电阻率资料刻度后的成像测井资料以高分辨率电导率图像的形式反映井壁附近地层的层理、裂缝、溶蚀孔洞等地质现象。在常规测井资料的纵向分辨率内（40～50 cm），成像测井资料包含了大量的电导率测量值（为一幅有很多像素的图像）。

　　利用成像测井资料分析地层孔隙度分布的原理如图 5-1-1 所示，通常选取一个图像窗口，用相应的计算方法计算窗口中每个成像测井像素点的孔隙度大小，统计其分布（图 5-1-1）。根据其分布，就可以了解该窗口对应的地层中孔隙度大小的分布情况。若成像测井资料上原生孔隙所占的像素数目大于次生孔隙所占的像素数目，统计的分布如图 5-1-1 的左上角所示。若原生孔隙所占的像素数目小于次生孔隙所占的像素数目，统计的分布如图 5-1-1 的右上角所示。由此可见，当地层中主要发育原生孔隙时，孔隙度分布图上峰向左偏；当地层中主要发育次生孔隙时，孔隙度分布图上峰向右偏。在地层中孔隙成分的多少不同，其分布状况是不同的。当地层中孔隙变化较大时，可以看到双峰。当地层中不同孔径的孔隙分布较均匀时，即各孔径段的孔隙在地层中都有分布时，直方图上的峰值就较低，且比较宽。随着次生孔隙在总孔隙中比例的增大，右边峰的高度将逐渐增高。

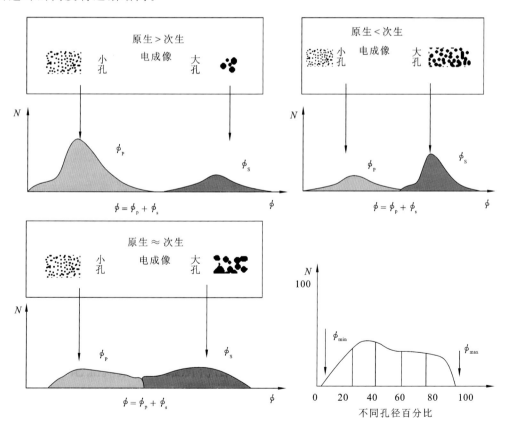

图 5-1-1　孔隙分布直方图与孔隙大小的关系示意图

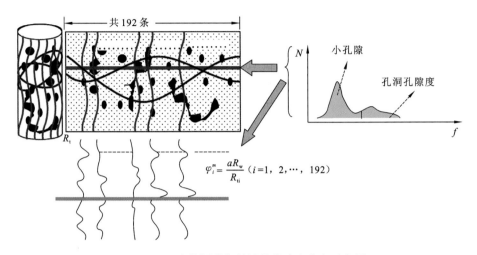

图 5-1-2　电成像测井资料计算孔隙度分布示意图

R_t 为电成像测量的地层电阻率；R_{ti} 为钮扣电极测量的某一深度处地层电阻率

由上面讨论可知,孔隙度分布图上不同孔隙度值位置峰值的高低主要取决于不同孔径的孔隙在地层中所占比例的大小；而峰的宽窄表示地层中孔隙的孔径大小是否均匀。若地层孔隙孔径大小均匀,则分布较窄,反之较宽。

对纯的灰岩地层,溶蚀缝洞处的局部电导率值要较其他地方大得多,因而计算的像素孔隙度值较大。于是,若某个像素点计算的孔隙度值较大,表明该像素值所在的井壁位置为次生溶孔或溶蚀裂缝。反之,若某个像素点计算的孔隙度值较小,则表明该像素点处次生溶孔不发育。这样,孔隙度分布图就表征了一幅图像框中孔隙度大小的分布情况。由孔隙度的分布情况就可推测地层中溶蚀孔洞、裂缝视尺度的大小(吴兴能 等,2008；李宁,2013；朱小露 等,2013),从而对储层评价提供依据。

经浅电阻率刻度(肖承文 等,2012)过的电成像测井实质上是冲洗带井壁的电导率图像。利用阿尔奇公式

$$S_{xo}^n = \frac{aR_{mf}}{\phi^m R_{xo}} \tag{5-1-1}$$

可得

$$\phi^m = \frac{aR_{mf}}{S_{xo}^n R_{xo}} \tag{5-1-2}$$

由式(5-1-2)可以得到一个计算电成像测井每个钮扣电极电导率转换成孔隙度的公式

$$\phi_i = \left(\frac{aR_{mf}}{S_{xo}^n} C_i\right)^{1/m} = \left(\frac{aR_{mf}}{S_{xo}^n R_{xo}} R_{xo} C_i\right)^{1/m} = (\phi^m R_{xo} C_i)^{1/m} \tag{5-1-3}$$

式中：ϕ_i 为计算的电成像测井图像像素的孔隙度,m^3/m^3；a 为阿尔奇公式中的地层因数系数；R_{mf} 为泥浆滤液电阻率,单位为 $\Omega \cdot m$；S_{xo} 为冲洗带含水饱和度,m^3/m^3；n 为阿尔奇

公式中的饱和度指数;C_i 为电成像钮扣电极电导率,s/m;m 为阿尔奇公式中的胶结指数,采用三孔隙度模型计算;R_{xo} 为冲洗带电阻率,单位为 $\Omega \cdot m$。图 5-1-3 为成像资料孔隙度分布计算的例子,其中第四道为计算的孔隙度分布谱,第五道孔隙度谱计算的主峰右均方根差与主峰右宽度。

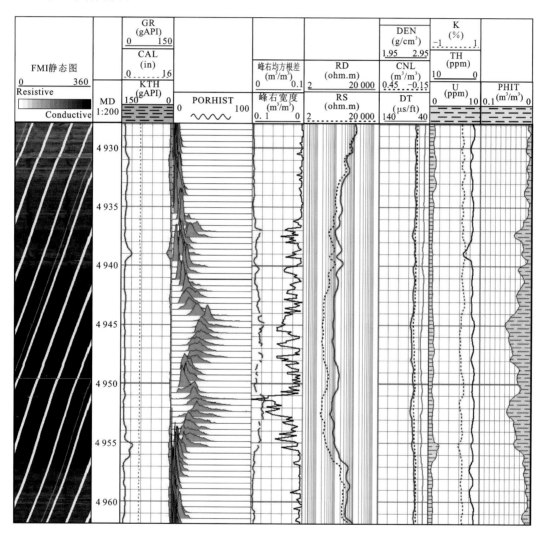

图 5-1-3　TZ6CD 井 4 935~4 960 m 井段成像资料孔隙度分布计算结果图(油气层)

5.1.2　一种多点寻峰算法

为了提取孔隙度谱的形状特征参数,评价储层的有效性,讨论一种寻峰方法以度量谱形的分布特征。利用一元二次方程进行插值的方法可以更加近似的求出峰值孔隙度和峰宽度。该方法在寻峰过程中,很大程度上减少了噪声干扰,使曲线变得平滑,提高了求解的精度。这种方法在求离散的孔隙度谱峰值时有效。峰值寻找如图 5-1-4 所示。

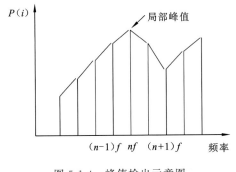 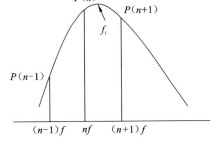

图 5-1-4　峰值检出示意图　　　　　　　　图 5-1-5　峰值检出时的二次式近似

　　我们用一个给定的孔隙度间隔求得的孔隙度值与前一个孔隙度值相比较,求得局部峰值孔隙度为 nf。此时,对于孔隙度 $(n-1)f$、nf、$(n+1)f$ 的孔隙度谱值分别为 $p(n-1)$、$p(n)$、$p(n+1)$,如图 5-1-5 所示。然后用一元二次方程 ax^2+bx+c 近似处理来求出正确的孔隙度峰值和峰宽度。为了简化计算,假设局部峰值孔隙度 nf 为零,并且以等间隔的孔隙度 f 给出孔隙度值,进而求二次方程的系数 a、b、c。对应于 $-f$、0、f 的孔隙度谱值分别为 $p(n-1)$、$p(n)$、$p(n+1)$,建立方程组

$$\begin{cases} p(n-1)=af^2+bf+c \\ p(n)=c \\ p(n-1)=af^2+bf+c \end{cases} \tag{5-1-4}$$

解得用 $p(n-1)$、$p(n)$、$p(n+1)$ 表示的系数 a、b、c 的值。

　　然后据此求极大值 x_p,解 $\dfrac{\mathrm{d}}{\mathrm{d}x}(ax^2+bx+c)=0$ 得

$$x_p=-\frac{b}{2a} \tag{5-1-5}$$

解得中心孔隙度 f_i 为

$$f_i=x_p+nf=\left(-\frac{b}{2a}+n\right)f \tag{5-1-6}$$

对应峰值的孔隙度谱 p_p 为

$$p_p=ax_p^2+bx_p+c=-\frac{b^2}{4}+c \tag{5-1-7}$$

求峰宽度,则解 $\dfrac{ax^2+bx+c}{p_p}=\dfrac{1}{2}$ 得

$$x=x_p\pm\frac{\sqrt{b^2-4ac(c-0.5p_p)}}{2a} \tag{5-1-8}$$

峰宽度 B_i 为

$$B_i = \frac{\sqrt{b^2 - 4ac(c - 0.5 p_p)}}{2a} \times f \tag{5-1-9}$$

因此利用以上算法可以根据给定的离散的等间距孔隙度(f)求出峰值孔隙度和峰宽度。中心孔隙度(f_i)和峰宽度(B_i)取决于二次方程的系数,也即与孔隙度谱值的相互关系相关。

5.1.3　成像测井资料孔隙度谱定量参数提取方法

成像资料计算的孔隙度谱主峰左边的孔隙度分布主要为岩石基块的贡献,对于评价储层的好坏不起作用。为此,提出两个指标来度量孔隙度谱的形状特征,一个指标是主峰右边谱形的宽度;一个指标是主峰右边谱的均方根差。利用前述的寻峰算法计算这两个孔隙度谱形状特征参数。计算方法步骤如下。

(1)主峰右边谱宽度计算步骤:①找出孔隙度谱所在峰点的位置;②寻找主峰位置(m_f)右边峰位置(s_f);③右边峰宽度,$\phi_k = \phi_{s_f} - \phi_{m_f}$。

主峰右边的谱宽度如图 5-1-6 所示。

(2)主峰右边谱均方根差。

主峰右边谱均方根差采用

$$\sigma_{\mathrm{prdiff}} = \sqrt{\frac{\sum\limits_{i=m_f}^{n} P_\phi (\phi_i - \phi_{m_f})^2}{\sum\limits_{i=m_f}^{n} P_{\phi_i}}} \tag{5-1-10}$$

式中:P_{ϕ_i} 为孔隙度为 ϕ_i 时的频数;ϕ_{m_f} 为主峰孔隙度,如图 5-1-7 所示。

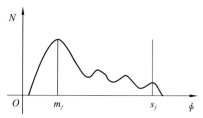
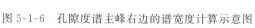

图 5-1-6　孔隙度谱主峰右边的谱宽度计算示意图

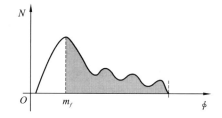

图 5-1-7　孔隙度谱主峰右边的均方根差示意图

5.2　电成像孔隙度谱储层有效性评价方法的应用

目前,已经应用电成像孔隙度谱方法处理塔北地区和塔中地区的实际电成像测井资料,计算了孔隙度谱的主峰右均方根差与主峰右宽度,建立交会图,与测试、酸压结果进行对比建立上述地区的储层有效性评价标准。在上述地区奥陶系碳酸盐岩地层中的应用结果表明,成像测井资料计算的孔隙度谱形态特征较好地反映了地层中溶蚀孔洞和溶蚀裂缝的发育程度,进而为评价储层的好坏提供参考。

5.2.1　电成像孔隙度谱有效性评价方法在塔北地区的应用

应用电成像孔隙度谱方法对轮古地区奥陶系地层的成像测井资料进行处理,计算了孔隙度谱的主峰右均方根差与主峰右宽度,并统计成像测井资料较好、不含泥(2006年之前 EMI 成像测井资料图像的动态范围小,其孔隙度谱不能反映地层孔隙的分布情况)且有试油结果的 36 口井 107 个层段(其中 99 个有效储层,8 个无效储层)的主峰右均方根差与主峰右宽度,绘制交会图如图 5-2-1 所示。由图可见,轮古地区奥陶系有效储层的主峰右均方根差大于 0.007,主峰右宽度大于 0.01;无效储层的主峰右均方根差小于 0.007,主峰右宽度小于 0.01。其中,有两个有效储层点混在无效储层点中;两个无效储层点混在有效储层点中。

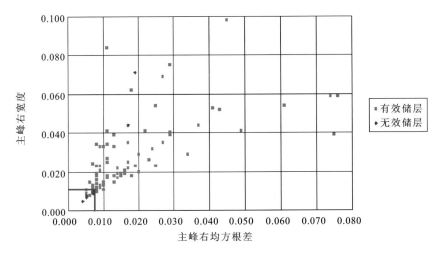

图 5-2-1　轮古地区孔隙度分布谱主峰右均方根差与主峰右宽度交会图

1. 典型有效储层实例

图 5-2-2 为 LG7-Y 井 5 169～5 200 m 井段成像资料孔隙度分布谱参数计算结果图。由图可见,5 187～5 195 m 井段井径条件较好,去铀伽马值低,计算该井段的孔隙度约为 3%;成像资料计算的孔隙度分布谱分布宽,有多峰显示,且峰较平缓,有"拖尾状",说明储层中有较高孔隙成分,具有良好的储集性;计算的主峰右均方根差约为 0.02,主峰右宽度约为 0.03,在孔隙度最大处,该值达到 0.05;按照建立的轮古地区成像孔隙度谱有效性评价标准,该段储层为有效储层。2008 年 12 月 15 日对该井 5 078～5 250 m 井段进行测试,自喷,7 mm 油嘴,折日产油 138.74 m³,日产气 15 347 m³,日产水 2.26 m³。解释结果与试油结果相符。

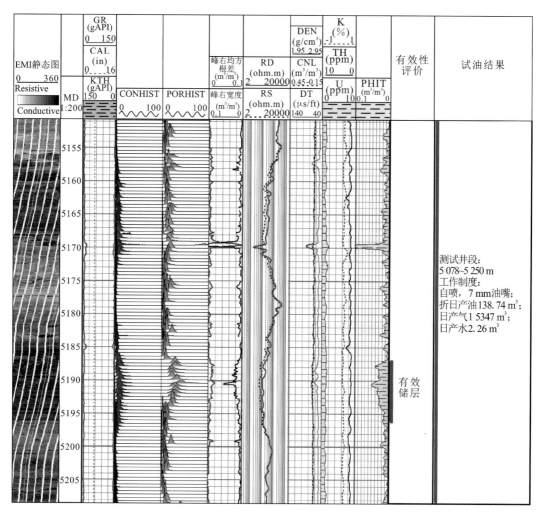

图 5-2-2　LG7-Y 井 5 169～5 200 m 井段成像资料孔隙度分布谱参数计算结果图

2. 典型无效储层实例

图 5-2-3 为 LG7-BA 井 5 025～5 085 m 井段成像资料孔隙度分布谱参数计算结果图。由图可见,5 055～5 083 m 井段井径曲线较平直,去铀伽马值很低,计算该井段的孔隙度约为 2%;成像资料计算的孔隙度分布谱分布较窄,单峰显示;计算的主峰右均方根差小于 0.005,主峰右宽度小于 0.01;按照建立的轮古地区成像孔隙度谱有效性评价标准,该段储层为无效储层。2009 年 2 月 5 日对该井 5 022～5 079 m 井段制氮车＋连续油管气举排液,敞放,累计排残酸 692.9 m³,日排残酸 99.2 m³。解释结果与试油结果相符。

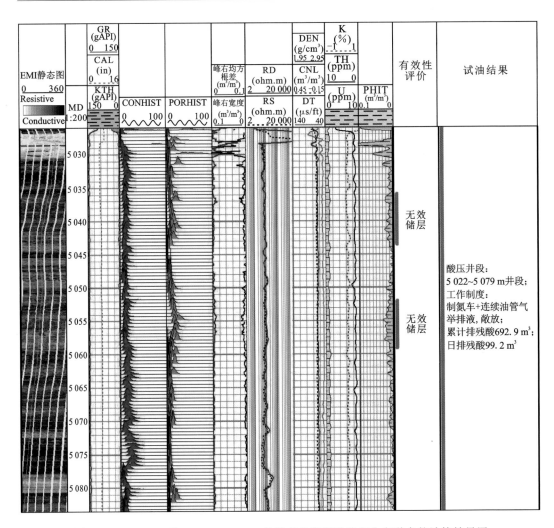

图 5-2-3　LG7-BA 井 5 025～5 085 m 井段成像资料孔隙度分布谱参数计算结果图

5.2.2　电成像孔隙度谱有效性评价方法在塔中地区的应用

　　应用电成像孔隙度谱方法计算了塔中地区良里塔格组地层井段的成像测井资料孔隙度谱的主峰右均方根差和主峰右宽度,将酸压段折算的日产液量小于 7 m³ 的划为无效储层(绿色点子),大于 7 m³ 的划为有效储层(橙色点子);并对塔中地区 39 口井中井径条件良好、含泥少的 62 个良里塔格组地层层段(其中 25 口井的 35 个层段酸压试油结论为油气层或水层,14 口井的 27 个层段酸压试油结论为干层或暂不定性)的成像测井资料孔隙度谱的主峰右均方根差和主峰右宽度进行统计平均,统计时孔隙度下限取 1.2%。由统计的数据作出塔中地区良里塔格组地层孔隙度分布谱主峰右均方根差与主峰右宽度交会图如图 5-2-4 所示。由图可见,有效储层的主峰右均方根差大于 0.008,主峰右宽度大于0.03;无效储层的主峰右均方根差小于 0.008,主峰右宽度小于 0.03。

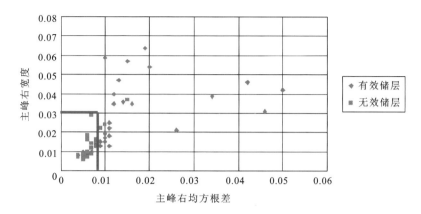

图 5-2-4　塔中地区良里塔格组地层孔隙度分布谱主峰右均方根差与主峰右宽度交会图

1. 典型有效储层实例

图 5-2-5 为 TZ5Y 井良里塔格组 4 705～4 732 m 井段成像资料孔隙度分布谱参数计算结果图。由图可见,该井段主要发育溶洞,4 713.5～4 722.0 m 井段明显扩径,去铀伽马值低,说明溶洞未被泥质充填;洞顶 4 705～4 713 m 井段与洞底 4 722～4 732 m 井段井径曲线均较平直,且去铀伽马值低,多组份矿物分析(ELAN)计算的孔隙度约为 5%;成

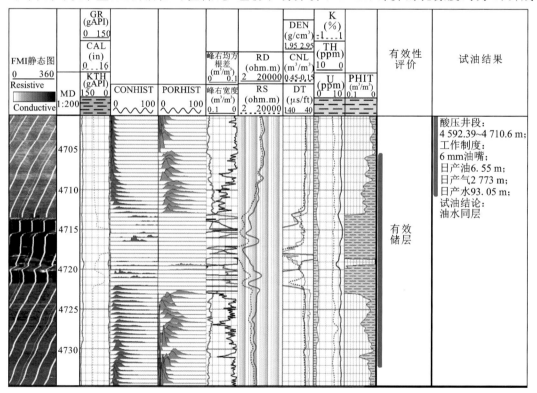

图 5-2-5　TZ5Y 井 4 705～4 732 m 井段成像资料孔隙度分布谱参数计算结果图

像资料计算的孔隙度分布谱分布极宽,有明显的多峰显示,且峰较平缓,有"拖尾状",说明储层中有高孔隙成分,具有良好的储集性;洞顶深度段计算的主峰右均方根差值约为 0.016,主峰右宽度约为 0.035;洞底深度段计算的主峰右均方根差值约为 0.046,主峰右宽度约为 0.031,按照建立的有效性评价标准解释为有效储层。对该井 4 592.39~4 710.60 m 井段进行酸压测试,6.0 mm 油嘴,日产油 6.55 m³,日产气 2 773 m³,日产水 93.05 m³,试油结论为油水同层。解释结论与试油结论相符。

2. 典型无效储层实例

图 5-2-6 为 TZ8CC 井良里塔格组 5 855~5 875 m 井段成像资料孔隙度分布谱参数计算结果图。由图可见,该井段井径条件良好,去铀伽马值略高,钍含量约为 2 ppm,说明井段略含泥,ELAN 计算的孔隙度约为 1.5%。成像资料计算的孔隙度分布谱分布窄,主要为单峰显示,且峰呈细尖状;计算的主峰右均方根差值约为 0.004,主峰右宽度约为 0.007,按照建立的有效性评价标准解释为无效储层。2005 年 11 月 26 日对 5 842.69~5 900.00 m 井段进行测试,气举,折日产残酸 11.5 m³,测试结论暂不定性。解释结论与试油结论相符。

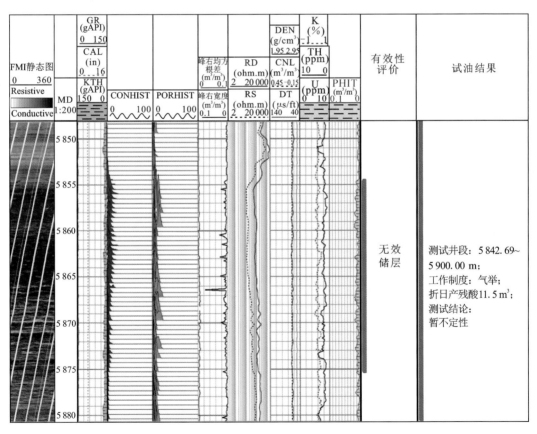

图 5-2-6　TZ8CC 井 5 855~5 875 m 井段成像资料孔隙度分布谱参数计算结果图

5.3 电成像图像分割方法

塔里木盆地奥陶系碳酸盐岩缝洞储层具有基块孔隙度低,裂缝、溶蚀孔洞等次生储渗空间发育的特点。对于这类裂缝、孔洞发育的碳酸盐岩储层,岩石基块孔隙度和渗透率的大小不能很好地表达储层的有效性(储层能否产出工业油流或经储层改造后能否产出工业油流)。裂缝、溶蚀孔洞的发育和组合情况是控制这类储层有效性的主要因素。因此,如何从测井资料中提取裂缝、溶蚀孔洞信息成为评价这类储层有效性的关键问题。

电成像测井应用多钮扣电极测量井壁附近地层的电导率曲线,经过预处理,结合伴测的井斜、井径及方位测量数据将电导率曲线以图像的形式直观地表达出来(Luthi,1990)。裂缝、溶蚀孔洞处的导电性与基块岩石的导电性有差别,这为从电成像测井图像中提取裂缝、溶蚀孔洞信息来评价碳酸盐岩缝洞储层的有效性提供了条件(张丽莉 等,1999)。

在其他信息处理领域,图像分割方法很多,成像测井图像分割存在的基本问题是如何根据成像测井资料自身的特点研究寻求合适的图像分割方法,以准确地从成像测井资料上提取井壁附近地层的缝洞信息。下面分别介绍不同的电成像图像分割方法。

5.3.1 基于灰度直方图的阈值分割算法

按图像分割研究的着眼点,图像分割技术分为两大类:基于区域描述的方法和基于边缘检测的方法。在基于区域描述的方法中一类有效的方法是利用图像的灰度值直方图进行图像分割(Crane,1997)。图像灰度值的直方图是指图像中各个灰度值(像素值)的分布函数,即各像素值在图中所占比例的曲线图。图 5-3-1(a)为碳酸盐岩地层中含有裂缝的电成像图像,图 5-3-1(b)为该图像的灰度值(测量的电导率值乘适当的系数取整数)计算的直方图。由图 5-3-1 可见该直方图反映原图像由一个背景峰、多个目标峰构成,目标峰的高度要远小于背景峰的高度。T_1 与 T_2 是分离目标与背景及噪声的灰度值,通常被称为阈值。当像素的灰度值介于 T_1 与 T_2 之间时,此像素属于目标(对应于地层中的孔

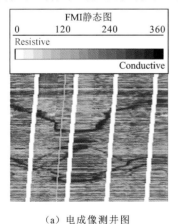

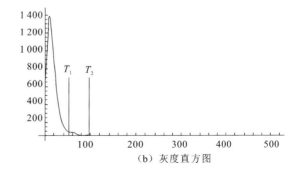

(a)电成像测井图　　　　　　　　　　(b)灰度直方图

图 5-3-1　含裂缝地层的电成像测井图及其灰度直方图

洞)。如果求出了分割阈值,就可以用重置图像像素灰度值的方法来得到一个目标与背景分离的图像。

应用电成像图像分割的基于图像灰度直方图的阈值分割算法有 p-tile 算法、Ridler 算法及基于熵的多阈值分割算法等。

1. p-tile 算法

一个比较简单的计算图像分割阈值的算法是 p-tile 算法(Doyle,1962),此算法的基本原理是利用已知目标与背景的百分比来寻求阈值。

在实际问题中确有一类图像其背景像素的百分比相对固定,如文本的扫描图像等。对于有孔洞和裂缝的电成像图像中背景地层像素的百分比一般不低于 75%,对应于孔洞、裂缝的像素不超过 25%。可以在此范围内确定一个 p 值,计算相应的阈值 T,由此分割电成像图像得到有意义的目标子图像。p-tile 算法的意义在于,当知道了目标在图像中所占的百分比后,可以计算出分割阈值 T 进行图像分割。实现 p-tile 算法的流程框图如图 5-3-2 所示。

2. Ridler 算法

p-tile 算法应用于电成像图像分割有它自身不可克服的不足。对于实际的电成像图像来说,由于地层各不相同,实际上并不知道地层背景与目标所占的百分比(这个百分比正是我们要寻求的)。因此,利用 p-tile 算法给出一个初始的估计阈值,再利用 Ridler 算法,可以对此估计值进行有效的改进。

Ridler 算法是 Ridler 在 1978 年发明的一种方法。其主要原理是利用阈值反复将图像划分为目标和背景部分,再利用各自的平均灰度值改进阈值。如果将阈值 T 以下的所有像素的平均灰度值记为 T_b,而其余的像素的平均灰度值记为 T_o,则新的阈值为

$$\frac{T_b + T_o}{2} \qquad\qquad (5-3-1)$$

以此方法不断循环下去,直到不再改进终止。算法实现流程框图如图 5-3-3 所示。

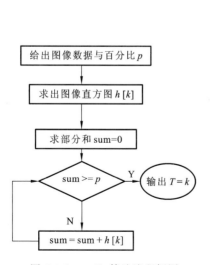

图 5-3-2　p-tile 算法流程框图

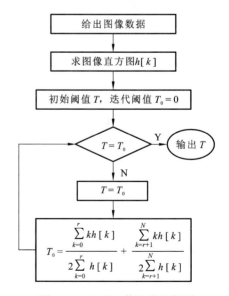

图 5-3-3　Ridler 算法流程框图

Ridler 算法对电成像图像的应用效果如图 5-3-4 所示。其中图的左边是分割图像,右边是原始图像。由图可见,该算法可以从地层背景中分离出裂缝图像。不足之处在于分离出的子图像中还有非裂缝、溶孔引起的斑点,即井壁凹凸不平等地层背景噪声。实际应用中可以结合 p-tile 算法和 Ridler 算法,由 p-tile 算法给出 Ridler 算法的初值,再由 Ridler 算法对初值进行迭代修正。此外,当图像背景峰与目标峰大小接近时 Ridler 算法效果较好。如果电成像测井的背景峰偏大,则 T 偏小;反之,T 偏大。

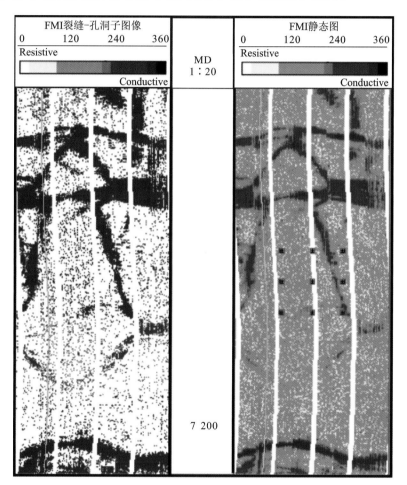

图 5-3-4 Ridler 算法图像分割实例

3. 基于熵的多阈值分割算法

熵是信息含量的度量,也就是所谓的紊乱度。假定随机变量 X 有 n 种可能的取值 x_1,x_2,$\cdots$,x_n,对应于电成像图像的灰度直方图的所有可能的图像值,X 取 x_i 的概率为 $p(x_i)$。随机变量 X 的熵定义为

$$H(X) = -\sum_{i=1}^{n} p(x_i) \log[p(x_i)] \tag{5-3-2}$$

　　利用熵寻求图像分割阈值的原理如下,一个图像的灰度直方图可以看成是一个随机变量的概率密度。现假定图像由背景与目标构成,而分割它们的阈值为 T,则对应背景的熵 H_b 和目标的熵 H_o 分别为

$$H_b = -\sum_{i=1}^{T} p_i \log(p_i)$$

$$H_o = -\sum_{i=T+1}^{N} p_i \log(p_i) \qquad (5\text{-}3\text{-}3)$$

这里 N 为灰度值数量,如果记 $f(T) = H_b + H_o$,则 $f(T)$ 是 T 的函数。此算法的原理就是寻求使 $f(T)$ 取最大的 T。基于熵的多阈值分割算法的计算框图如图 5-3-5 所示。

　　图 5-3-6 中的分割阈值就是利用上述算法得到的,$T_1 = 22$、$T_2 = 41$、$T_3 = 93$、$T_4 = 130$、$T_5 = 157$、$T_6 = 188$、$T_7 = 228$。

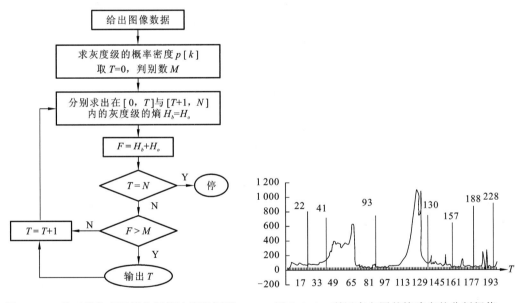

图 5-3-5　基于熵的多阈值分割算法流程框图　　　图 5-3-6　利用直方图的熵确定的分割阈值

　　利用熵阈值分割算法得到的分割图像如图 5-3-7 所示。由图 5-3-7 可知,该算法的不足之处在于存在过分割,部分有意义的目标也切除了。对目标部分的熵和背景部分的熵适当加权后,可解决这一问题,得到合理的分割结果。

5.3.2　二维二进小波变换图像分割方法

　　考虑图像像元邻域的特征,直接在二维图像中按 Mallat 等(1992a,1992b)的想法应用二维小波变换求出目标与背景边缘的点集。接着按这个边缘点集坐标点所对应的电成像静态图的像素电导率的平均值作为分割阈值进行图像分割(Liu et al.,2005)。实际数据处理表明,应用这种方法可以从实际的电成像测井资料中较准确地分割出孔洞、裂缝的

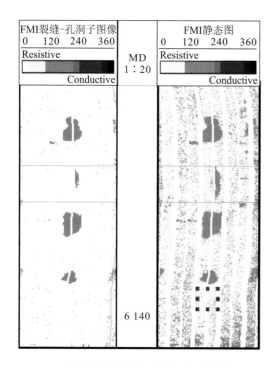

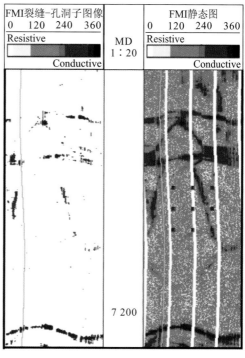

（a）基于熵的多阈值分割结果（孔洞）　　　　　（b）基于熵的多阈值分割结果（裂缝）

图 5-3-7　熵的多阈值分割算法电成像图像分割效果图

图像并且可以按深度段连续自动处理，获得合理的分割图像。

1. 二维二进小波变换多尺度边缘检测与图像分割

一维二进小波变换奇性检测的思想可推广到二维情况进行图像边缘检测。

设 $\theta(\zeta)$ 为一平滑函数，定义两个子波

$$\Psi^1(x,y)=\frac{\partial\theta(x,y)}{\partial x}, \quad \Psi^2(x,y)=\frac{\partial\theta(x,y)}{\partial y} \tag{5-3-4}$$

令 $\Psi_s^1(x,y)=\left(\frac{1}{s}\right)^1\Psi(x/s,y)$ 及 $\Psi_s^2(x,y)=\left(\frac{1}{s}\right)^1\Psi(x,y/s)$，对应于水平方向和垂直方向的平滑函数。

对于任一平方可积函数，小波变换为

$$W^1f(s,x,y)=f*\Psi_s^1(x)$$
$$W^2f(s,x,y)=f*\Psi_s^2(x) \tag{5-3-5}$$

于是有

$$\begin{bmatrix}W^1f(s,x,y)\\W^2f(s,x,y)\end{bmatrix}=s\begin{bmatrix}\dfrac{\partial}{\partial x}(f*\theta_s)(x,y)\\\dfrac{\partial}{\partial y}(f*\theta_s)(x,y)\end{bmatrix}=s\vec{\nabla}(f*\theta_s)(x,y) \tag{5-3-6}$$

可见,两分量的小波变换正比于 $\theta(x,y)$ 与函数 $f(x,y)$ 的梯度向量。类似于一维的情况,用同样的方法定义小波变换的模极大值点。在二维情况下,度量空间为 (s,x,y),对于 $s=(2^j)_{j\in z}$ 二维二进小波变换可写为

$$[W^1f(2^j,x,y),W^2f(2^j,x,y)]_{j\in z} \tag{5-3-7}$$

梯度向量的模和幅角为

$$Mf(2^j,x,y)=\sqrt{|W^1f(2^j,x,y)|^2+|W^2f(2^j,x,y)|^2} \tag{5-3-8}$$

$$Af(2^j,x,y)=\arctan\left(\frac{W^2f(2^j,x,y)}{W^1f(2^j,x,y)}\right) \tag{5-3-9}$$

对于给定的 j 值,就可以计算出沿幅角方向的模极大值点。由于实际图像中目标边缘有陡有平,保留模极大值点大于某个门限值的点,这样就得到尺度为 2^j 时的图像边缘。设 $b(x,y)$ 为边缘图像,则

$$b(x,y)=\begin{cases}1, & \text{若 } Mf(2^j,x,y)\text{在方向 } Af(2^j,x,y)\text{为极大值点,且 } Mf(2^j,x,y)\geqslant\varepsilon \\ 0, & \text{其他}\end{cases}$$

$$\tag{5-3-10}$$

分割阈值为

$$T_h=\frac{\sum\limits_{x,y\in b(xy)\neq 1}f(x,y)}{\sum\limits_{x,y}b(x,y)} \tag{5-3-11}$$

根据这样计算出的图像边缘坐标所对应的原图像灰度值计算其平均值作为图像的分割阈值,从而实现图像的分割。用这种方法进行图像分割的含义为,若某类边缘像素值所占的比例较大,则该类边缘对应的灰度值即为整幅图像的分割阈值。

2. 二维二进小波变换图像分割方法的实现

对于电成像测井的图像分割问题,实际不必计算每一 2^j 尺度的小波变换。采用的方法是,对于给定的 j 值分别对图像数据进行水平方向和垂直方向的小波变换,将水平方向和垂直方向经小波变换后的图像作为水平分量和垂直分量。按式(5-3-8)、式(5-3-9)计算模及幅角方向的极值点。对于给定的 j 值,计算步骤如下:

(1) 计算离散化频率域的子波;

(2) 输入图像数据;

(3) 对图像数据进行逐列和逐行快速傅里叶(FFT)变换;

(4) 将 FFT 变换数据与频率域小波乘积;

(5) 将与频率域子波乘积后的数据进行逆 FFT 变换,得到小波域水平分量和垂直分量;

(6) 计算大于给定门限的模极值点对应的原图像的坐标位置;

（7）根据模极值点对应的坐标位置的图像灰度值统计平均值；

（8）将平均值作为图像的分割阈值进行图像分割，输出分割图像；

（9）重复步骤(2)。

在实现上述方法时，采用具有一阶消失矩的小波函数，其为三次 B 样条函数的一阶导数。

图 5-3-8 是对 T4ED 井下奥陶统一间房组灰岩段电成像测井图像的分割结果。在该井段储集空间以溶蚀孔洞为主，裂缝较少见。电成像测井中分离出这些溶洞的子图像，且连续处理时的一致性很好。图 5-3-9 是 S6X 井电成像测井图像的分割结果。该井段局部发育高电导率张开裂缝。由图可见，该算法可以从电成像测井图像中分离出裂缝的子图像。但该算法没有考虑井壁凹凸不平等地层背景噪声的影响，分离出的缝洞子图像中包含大量的地层背景岩石噪声。

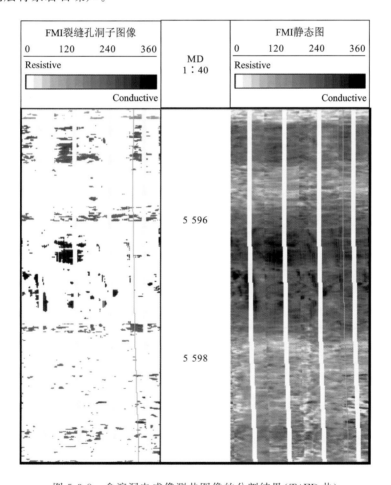

图 5-3-8　含溶洞电成像测井图像的分割结果（T4ED 井）

图左为分割结果，图右为输入图像

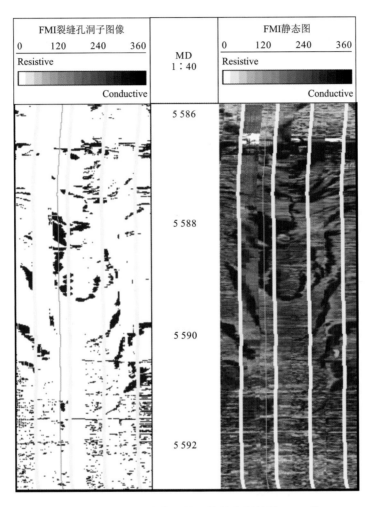

图 5-3-9　含裂缝电成像测井图像的分割结果（S6X 井）

图左为分割结果，图右为输入图像

5.3.3　一维二进小波变换图像分割方法

1. 一维二进小波变换图像分割原理

小波变换是具有局部化和多尺度分析能力的时-频局域变换。平方可积函数 $f(x) \in L^2(R)$ 在位置 x 的尺度为 2^j 的小波变换为

$$w_j(x) = f_{j-1} * \sqrt{2^j} \sum_k g_k W_n(2^j x - k) \qquad (5\text{-}3\text{-}12)$$

函数族 $\{\sqrt{2^j} W_n(2^j x - k)\}$ 为正交尺度函数 $\varphi(x) \in L^2(R)$ 生成的小波库，$g = \{g_k\} = \{(-1)^k h_{1-k}\} \in L^2(R)$ 是正交小波函数 $\psi(x) \in L^2(R)$ 对应的高通滤波器。

定义 $\Psi_{2^j}(x) = \sqrt{2^j} \sum_k g_k W_n(2^j x - k)$，则函数 $f(x)$ 对尺度为 2^j 的小波变换为

$$w_j(x) = f * \boldsymbol{\Psi}_{2^j}(x) \tag{5-3-13}$$

设 $\theta(x)$ 为一平滑函数，令 $\boldsymbol{\Psi}(x)$ 为 $\theta(x)$ 的一阶导数

$$\boldsymbol{\Psi}(x) = \frac{\mathrm{d}\theta(x)}{\mathrm{d}x} \tag{5-3-14}$$

记 $\theta_{2^j}(x) = \dfrac{1}{2^j}\theta\left(\dfrac{x}{2^j}\right)$，则对尺度为 2^j 的小波变换为

$$w_j(x) = f(x) * \boldsymbol{\Psi}_{2^j}(x) = f * \left(2^j \frac{\mathrm{d}\theta_{2^j}(x)}{\mathrm{d}x}\right) = 2^j \frac{\mathrm{d}x}{\mathrm{d}x}(f * \theta_{2^j})(x) \tag{5-3-15}$$

由此可见，小波系数 $w_j(x)$ 正比于 θ_{2^j} 所平滑函数 $f(x)$ 的一阶导数，故 $w_j(x)$ 的极值对应于 $f * \theta_{2^j}(x)$ 导数的极大值。而 $f * \theta_{2^j}(x)$ 导数的极大值是函数 $f(x)$ 对尺度为 2^j 时的局部突变点，因此小波系数 $w_j(x)$ 的模极大值指示函数 $f(x)$ 对尺度为 2^j 时的局部突变点位置。但值得注意的是，在二进小波变换对信号的分解过程中存在极值点漂移的问题。如图 5-3-10 所示，图中红线标出的模极大值点位置随尺度的变化而变化的，且尺度为 2^2、2^3、2^4 的模极大值点位置均不在信号突变点位置，而是在信号突变点位置附近。这种情况下直接将模极大值点位置当作信号突变点位置是不对的。针对这一问题，我们的解决办法，首先选定一合适的尺度，将合适尺度下的模极大值在原始信号上对应的位置点作为基准点；然后基准点同时向后和向前移动 10 个采样点作为搜索区间的起点和终点来确定搜索区间，对搜索

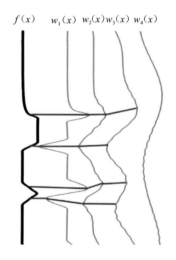

图 5-3-10　一维二进小波变换

$f(x)$ 为原始信号，$w_j(x)$ 为第 j 小波变换谱，小波系数的模极大值点指示原始信号的局部突变点位置

区间内的原始信号进行搜索，找出搜索区间内的最大值，并取最大值的一半作为突变点目标值；最后再次对搜索区间的原始信号进行搜索，找出搜索区间内原始信号上与突变点目标值相差最小且距离基准点最近的数据点作为突变点，从而确定原始信号的突变点位置。

在低电导背景向高电导目标（裂缝、孔洞）过渡处，电成像测井钮扣电极电导率曲线值升高，发生突变。不同尺度下小波变换系数的模极大值指示不同尺度下原始信号的突变点位置。因此对钮扣电极电导率曲线进行小波变换，选择合适的尺度，根据合适尺度下的小波变换系数的模极大值寻找钮扣电极电导率曲线上高电导目标与低电导背景之间的电导率突变点，将这些突变点作为分割的出发点保留高电导率目标，去掉低电导率的背景，可实现裂缝、溶蚀孔洞等有效高电导目标的提取（刘瑞林 等，2017）。

2. 一维二进小波变换图像分割及缝洞参数提取实现

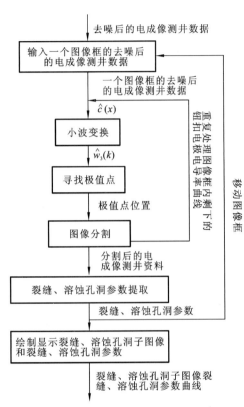

图 5-3-11　电成像测井小波变换模极大值图像
分割及裂缝、溶蚀孔洞参数提取流程

在实际电成像测井资料的图像分割处理过程中，以 192 个采样点的 192 条钮扣电极电导率数据作为一个图像框，以图像框作为基本处理单位，以去噪处理后的钮扣电极电导率曲线为对象，选用第 3 阶（2^3 尺度）的小波系数进行图像分割。一维二进小波变换图像分割及缝洞参数提取流程图如图 5-3-11 所示。

（1）裂缝、溶蚀孔洞等有效高导电目标分割。由于钻井过程中钻头震动导致井壁凹凸不平，造成电成像测井测量的背景岩石电导率发生波动。这些低电导背景岩石信息在电成像测井静态图像上表现为麻点状噪声或干扰。而目前国内外常用的基于电成像测井电导率数据的图像分割方法均未考虑地层背景噪声的影响，导致提取的裂缝、溶蚀孔洞参数与常规电阻率测井资料、孔隙度测井资料、储层有效性之间的关系较差。通常这些噪声电导率波动幅度较低，没有固定的频率，且在不同的尺度上均有响应。用简单的滤波方法（如中值滤波等）很难将其消除。为了避免图像分割得到的裂缝、溶蚀孔洞子图像中包含这类背景岩石信息，采用了一种基于小波包变换的多阈值去噪方法（Xie et al., 2017）。这是我们针对井壁凹凸不平等地层背景噪声在电导率曲线上的响应特征专门提出的一种去噪方法，能有效地消除或减少地层背景噪声对缝洞参数提取的影响。

对经过去噪处理的电导率数据 $\hat{c}(x)$ 进行二次样条小波变换，得到小波系数 $\hat{w}_j(x)$，j 为小波变换阶数；取第 3 阶的小波系数 $\hat{w}_3(x)$，寻找 $\hat{w}_3(x)$ 的极值点，舍弃小波系数值较小的极值点，确定钮扣电极电导率曲线电导率值突变点位置，即分割点位置；根据确定的分割点位置对钮扣电极电导率曲线 $\hat{c}(x)$ 进行分割，保留裂缝、溶蚀孔洞等有效高导电目标处的电导率数据。逐次处理图像框内的钮扣电极电导率曲线，直到处理完整个图像框的电成像电导率数据，即可得到一个图像框内裂缝、溶蚀孔洞子图像。

（2）裂缝、溶蚀孔洞参数提取。对经过图像分割提取出的裂缝-溶蚀孔洞子图像进行边缘检测处理，提取单个裂缝或是孔洞的像素点数、圆度、长度和宽度等参数（具体方法见 5.4 节）。按裂缝圆度大于等于 2.0、长宽比大于等于 4.5，溶蚀孔洞圆度小于 2.0、长宽比小于 4.5 这一标准来区分裂缝和溶蚀孔洞。最后分类统计不同深度点处裂缝-孔洞总面孔率、裂缝面孔率、孔洞面孔率。

（3）移动图像框，重复步骤（1）、（2）直至处理完整个井段的电成像测井资料，显示绘图，输出图像分割得到的裂缝、溶蚀孔洞子图像和提取的裂缝-孔洞总面孔率、裂缝面孔率、孔洞面孔率曲线，裂缝-孔洞总面孔率、裂缝面孔率、孔洞面孔率为孔隙度单位，为小数表示。

图 5-3-12 是塔里木盆地塔北地区某一溶蚀裂缝发育井段的电成像测井静态图及其基于小波变换模极大值图像分割的分割效果图与参数提取结果。由图 5-3-12(c)可见，经过图像分割得到的裂缝、溶蚀孔洞子图像上可见较为清晰完整的溶蚀裂缝；子图像上少见井壁凹凸不平等引起的背景噪声。提取的裂缝-孔洞总面孔率、孔洞面孔率、裂缝面孔率与溶蚀裂缝的发育情况有较好的对应关系。溶蚀裂缝发育，裂缝-孔洞总面孔率、孔洞面孔率、裂缝面孔率值较高；溶蚀裂缝不发育，则裂缝-孔洞总面孔率、孔洞面孔率、裂缝面孔率值较低。

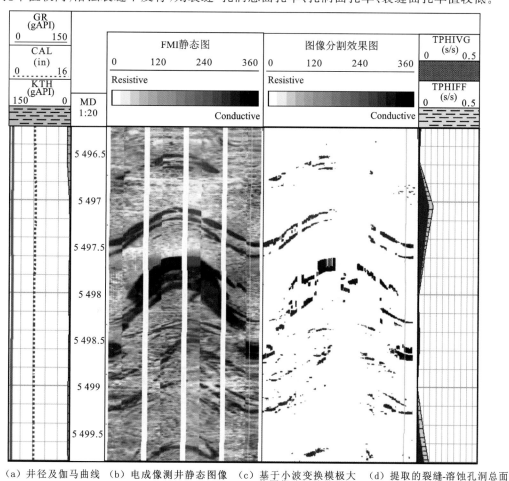

　（a）井径及伽马曲线　（b）电成像测井静态图像　（c）基于小波变换模极大值图像分割的效果图　（d）提取的裂缝-溶蚀孔洞总面孔率（TPHI）、孔洞面孔率、裂缝面孔率（TPHIFF）

图 5-3-12　溶蚀裂缝发育井段裂缝-孔洞参数提取结果

图 5-3-13 是溶蚀孔洞发育井段成像测井静态图及其基于小波变换模极大值图像分

割的分割效果图与信息提取结果。与图 5-3-12 类似,在溶蚀孔洞发育层段,基于小波变换模极大值图像分割方法能较好地分割出溶蚀孔洞子图像(图 5-3-13(c)),且提取的裂缝-孔洞总面孔率、孔洞面孔率、裂缝面孔率与溶蚀孔洞的发育情况相对应。溶蚀孔洞发育,裂缝-孔洞总面孔率、孔洞面孔率、裂缝面孔率值较高;溶蚀孔洞不发育,则裂缝-孔洞总面孔率、孔洞面孔率、裂缝面孔率值较低。

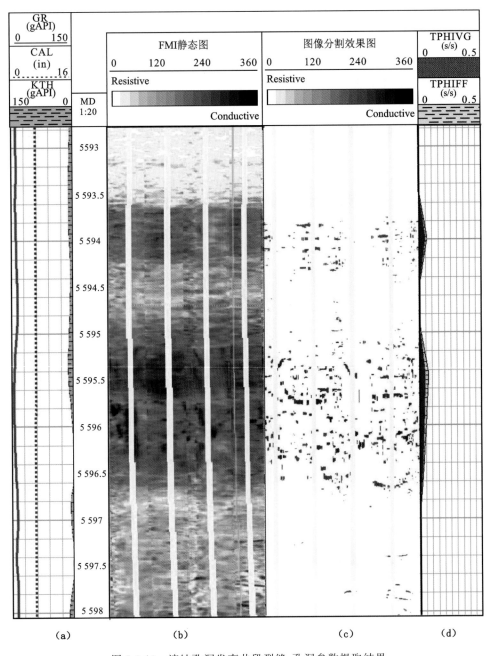

图 5-3-13　溶蚀孔洞发育井段裂缝-孔洞参数提取结果

5.4　电成像图像裂缝–孔洞参数计算方法

在图像分割基础上,对经过图像分割提取出的裂缝–溶蚀孔洞图像进行边缘检测处理,提取单个裂缝或是溶蚀孔洞的像素点数、圆度、长度和宽度等参数。

5.4.1　边缘标识

为了对电成像测井资料进行定量参数计算,需要从分割出的图像中求出目标边缘点序列。对边缘点列编码后,可以计算电成像测井图像中有意义目标的各种参数,如长度、宽度、周长、圆度等,然后利用这些参数作为中间结果来判断目标的形状。边缘跟踪法可以提取图像目标的边缘点列,它的输入是二值图像,输出是目标边缘的方向链码。

图 5-4-1 为多目标边缘拾取试验结果图。图 5-4-1 中的 1 号、2 号、3 号、5 号、7 号目标的圆度接近 1,故可将其归为溶蚀"孔洞";4 号和 6 号目标的圆度较大,故可将其归为"裂缝"。

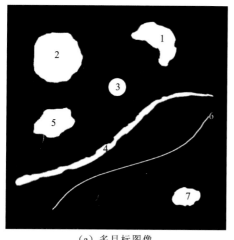　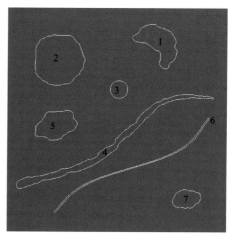

（a）多目标图像　　　　　　　　　　　　（b）拾取的多目标边缘图像

图 5-4-1　多目标边缘拾取试验结果图

对实际电成像测井图像进行多目标边缘提取的效果如图 5-4-2 所示。图中第一道为分割后的裂缝–溶蚀孔洞子图像,第三道为原始电成像静态图像,第四道为经图像边缘标记后的裂缝–溶蚀孔洞子图像。由图可见,图像中所有目标的边界坐标已被准确地标识出来。

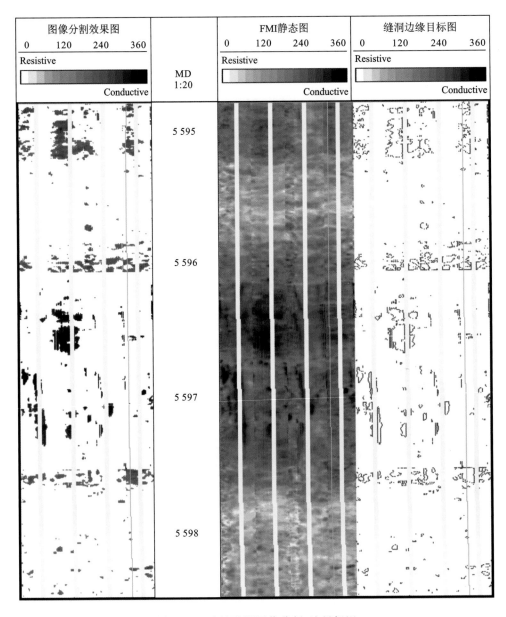

图 5-4-2　溶蚀孔洞图像分割、边界标识

5.4.2　孔洞、裂缝形状参数计算

1) 孔洞、裂缝的面积(面孔率)

从电成像测井图像出发,应用图像分割方法得到分割阈值 T 后就可以算出孔洞、裂缝的面积为

$$A_{目标面积} = \sum_{f(x,y)>T} \mathrm{Sing}\big[f(x,y)\big] \tag{5-4-1}$$

式中:$A_{目标面积}$ 为目标面积。有意义的目标(孔洞、裂缝)所占比例(面孔率)为

$$有意义的目标所占比例 = \frac{A_{目标面积}}{总面积} \tag{5-4-2}$$

2) 单目标的圆度

在边缘跟踪算法执行的过程中可以同时求出一个单目标的周长,而在填充算法执行的过程中可以同时求出单目标的面积,然后利用公式:

$$圆度 = \frac{(周长)^2}{4 \times \pi \times 面积} \tag{5-4-3}$$

显然圆度≥1,只有当目标是圆时,等号才成立,实际中等号是达不到的。此参数可以用于识别单个目标是孔洞(圆度≈1)还是裂缝(圆度≫1),以及刻画目标图形的复杂度。

3) 单目标(孔洞、裂缝)长度

根据边缘跟踪算法得到目标的边缘集 Points,设 $a(x_1,y_1),a(x_2,y_2)$ 是边缘上任意两点,则目标的长度(L)定义为

$$L = \max_{a(x_1,y_1),a(x_2,y_2) \in \mathrm{Points}} \left\{ \sqrt{(x_2-x_1)^2 + (y_2-y_1)^2} \right\} \tag{5-4-4}$$

实际中应取 $L+1$,这就可以避免单象素点目标的长度为 0。当目标为圆时,这样定义的长度是其直径;当目标为矩形时是其长对角线的长度,而不是矩形实际的长度;当为复杂图形时,是其边界点集中两点间距离的最大值。

4) 单目标(孔洞、裂缝)宽度

单目标(孔洞、裂缝)宽度(W)定义为边缘上垂直于长度的一组直线 $O_1O_1',O_2O_2',O_3O_3',\cdots$ 中距离最大的直线长度(图 5-4-3)。

设长径与图像横坐标 X 的夹角为 θ,

$$\theta_0 = \arctan \frac{y_c - y_s}{x_c - x_s} \tag{5-4-5}$$

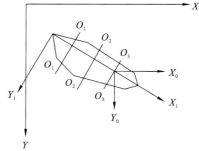

图 5-4-3　宽度计算坐标变换

式中：(x_s, y_s) 为长径始点；(x_c, y_c) 为长径终点。取一个新的坐标系，其 X 轴沿目标的长度方向。像素在新的坐标系中可表示为

$$x_1 = r\cos(\theta - \theta_0) = r(\cos\theta\cos\theta_0 + \sin\theta\sin\theta_0)$$

$$= r((x - x_s)/r \cdot \cos\theta_0 + (y - y_s)/r \cdot \sin\theta_0) = (x - x_s) \cdot \cos\theta_0 + (y - y_0)\sin\theta_0$$

$$y_1 = r\sin(\theta - \theta_0) = r(\sin\theta\cos\theta_0 - \cos\theta\sin\theta_0) = (y - y_s)\cos\theta_0 - (x - x_s)\sin\theta_0 \tag{5-4-6}$$

(x_1, y_1) 为 (x, y) 在坐标变换后的坐标。在新坐标系中，目标的宽度就很好计算了。

图 5-4-1 中的多目标形状参数计算结果如表 5-4-1 所示。图 5-4-1 中的 7 个目标中，模拟孔洞的目标有 5 个，相应的编号分别为 1、2、3、5、7；模拟裂缝的目标有 2 个，相应的编号分别为 4、6。由表 5-4-1 可以看出，5 个模拟孔洞目标的圆度均小于 2，长宽比也小于 2；而模拟裂缝目标的圆度均大于 2，且其长宽比也比较大。

表 5-4-1　多目标形状参数计算结果表

目标编号	目标面积 /像素点数	目标圆度	目标长度 /像素点数	目标宽度 /像素点数	目标长宽比
1	5 534	1.896	112.893	69.476	1.625
2	10 799	1.196	123.772	116.156	1.066
3	1 353	1.044	42.231	42.231	1.000
4	6 963	14.908	501.568	20.698	24.233
5	4 769	1.482	102.356	67.370	1.519
6	1 464	46.293	420.829	1.000	420.829
7	2 220	1.249	68.683	42.000	1.635

5.5　裂缝-孔洞参数可靠性验证

为了在电成像测井资料上自适应地从背景地层响应中提取次生裂缝、溶蚀孔洞参数以用于储层有效性评价，我们以钮扣电极电导率曲线为处理对象，消除井壁凹凸不平等引发的背景噪声，应用一维二进小波变换图像分割方法进行图像分割，在图像分割的基础上提取裂缝-孔洞面孔率。以塔里木盆地奥陶系碳酸盐岩地层的电成像测井数据为例，应用小波变换模极大值图像分割方法对多阈值去噪后的电成像测井资料进行小波变换模极大值图像分割，得到裂缝、溶蚀孔洞子图像，进而提取裂缝-孔洞总面孔率、裂缝面孔率、孔洞面孔率等参数。最后，通过与岩心 CT 扫描图像、常规测井资料和试油结果的比较，验证

了所提取裂缝、孔洞参数的合理性。

5.5.1　电成像测井图像分割提取的面孔率与岩心 CT 分割计算的面孔率对比

　　为了验证电成像测井图像分割提取的裂缝、孔洞参数的合理性,将其与岩心 CT (computer tomography)扫描图像分割计算的面孔率进行了对比。

　　岩心 CT 通过测定多组 X 射线束从多个方向透射过岩心某一选定切片后的 X 射线强度,数字化后得到该切片衰减系数分布,进而得到该切片的密度分布灰度图像 (Cronwell et al.,1984;Honarpour et al.,1985)。在岩心 CT 扫描图像上,灰度值越低、颜色越暗表示密度越小;灰度值越高、颜色越亮表示密度越大。在缝洞型碳酸盐岩中,裂缝和溶蚀孔洞等次生孔隙部分的密度要比岩石骨架的密度小。因此,在岩心 CT 扫描图像中裂缝和溶蚀孔洞等次生孔隙部分的灰度值相对岩石骨架来说要低一些。如图 5-5-1(a)所示,裂缝和溶蚀孔洞等次生孔隙颜色较暗为黑色,岩石骨架颜色较亮为灰色。对岩心 CT 扫描图像进行图像分割可提取缝洞型碳酸盐岩岩心某一选定切片裂缝和溶蚀孔洞等次生孔隙的面孔率。

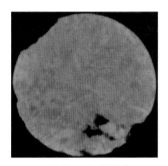 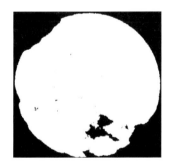

　　　　（a）CT 扫描图像　　　　　　　　　　（b）分割效果图

图 5-5-1　缝洞型碳酸盐岩岩心 CT 扫描图片及分割效果图

　　对电成像测井资料进行岩心深度归位,根据归位表及综合归位图,找出成像资料质量较好、对应深度的岩心段较完整的井段,采集 3 口井的 6 块岩心样本。

　　对岩心样本进行 CT 扫描,扫描图像矩阵为 512×512,空间分辨率为 $200\ \mu m$,每块岩心沿轴向扫描 128 个切片,切片厚度为 $200\ \mu m$。对岩心 CT 切片中值滤波后利用区域生长 (Grane,1997)的方法进行图像分割,提取出裂缝和溶蚀孔洞等次生孔隙部分(图 5-5-1(b))。统计分割后的二值化图像(图 5-5-1(b))中灰度值为 255(白点)的像素数目即为岩石骨架的面积 $S_{骨架}$。用边缘跟踪算法(周云才 等,2007)从统计分割后的二值化图像拾取岩心 CT 切片的外边界,统计岩心 CT 切片外边界内的所有像素数目即为岩心切片面积 $S_{切片}$,

则岩心切片缝洞孔隙面积 $S_{缝洞}＝S_{切片}－S_{骨架}$。求出单个岩心切片的缝洞面孔率 $PHIT_i＝$ $\dfrac{S_{缝洞}}{S_{切片}}$，然后利用 $PHIT_{ct}＝\dfrac{\sum\limits_{i=1}^{128}PHIT_i}{128}$，求出岩心沿轴向的平均缝洞面孔率。

3 口井 6 块缝洞型碳酸盐岩岩心样品 CT 扫描图像计算的平均缝洞面孔率及对应归位深度点电成像测井提取的裂缝-孔洞总面孔率、裂缝面孔率、孔洞面孔率等裂缝-溶蚀孔洞参数统计见表 5-5-1。

表 5-5-1　岩心 CT 扫描图像计算的平均缝洞面孔率与对应归位深度点电成像
测井裂缝-孔洞总面孔率、裂缝面孔率、孔洞面孔率统计表

序号	岩心编号	归位后对应深度 /m	岩心 CT 扫描照片提取的平均缝洞面孔率 $PHIT_{ct}(s/s)$	电成像测井资料提取的裂缝-溶蚀孔洞参数		
				裂缝-孔洞总面孔率 $PHIT_{total}$	孔洞面孔率 $PHIT_{vug}$	裂缝面孔率 $PHIT_{ff}$
1	T7AE-ct-1	5 730.815～5 730.940	0.001 001	0.054 085	0.034 985	0.019 045
2	T7AE-ct-2	5 738.565～5 738.690	0.000 005	0.042 605	0.029 865	0.012 650
3	T7GA-ct-1	5 977.585～5 977.710	0.002 731	0.079 120	0.073 560	0.005 560
4	S7G-ct-1	5 590.500～5 590.625	0.000 221	0.043 485	0.034 225	0.008 815
5	S7G-ct-2	5 591.250～5 591.375	0.000 646	0.053 725	0.049 645	0.003 820
6	S7G-ct-3	5 593.500～5 593.625	0.000 677	0.051 255	0.037 620	0.013 805

根据表 5-5-1 的统计结果,绘制了电成像测井裂缝-孔洞总面孔率-CT 扫描图像平均缝洞面孔率交会图(图 5-5-2(a))、电成像测井孔洞面孔率-CT 扫描图像平均缝洞面孔率交会图(图 5-5-2(b))。由于裂缝发育的井段岩心破碎,取样岩心主要取自岩心段较完整的溶蚀孔洞发育井段,取样岩心中的次生孔隙主要是溶蚀孔洞。因此,没有作电成像测井裂缝面孔率与 CT 扫描图像平均缝洞面孔率的交会图。

由图 5-5-2 可见,岩心对应深度上电成像测井提取的裂缝-孔洞总面孔率和孔洞面孔率均与岩心 CT 扫描图像计算的平均缝洞面孔率有相关性,说明电成像测井图像分割提取的裂缝、溶蚀孔洞面孔率是合理的。

电成像测井提取的裂缝-孔洞总面孔率和孔洞面孔率明显大于岩心 CT 扫描图像计算的平均缝洞面孔率。由表 5-5-1 中的数据可知,电成像测井裂缝-孔洞总面孔率和孔洞面孔率高出岩心 CT 扫描图像平均缝洞面孔率 27 倍以上。由于岩心 CT 扫描图像的分辨率为 $200\,\mu m$,岩心 CT 扫描图像分割计算的缝洞面孔率与缝洞的实际面孔率一致。因此,电成像测井提取的裂缝-孔洞总面孔率和孔洞面孔率比岩石裂缝、溶蚀孔洞的实际面孔率大。

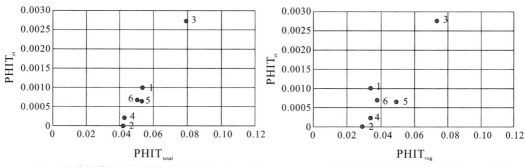

（a）电成像测井提取的裂缝–孔洞总面孔率 CT–扫描图像计算的平均缝洞面孔率交会图　　（b）电成像测井提取的孔洞面孔率–CT 扫描图像计算的平均缝洞面孔率交会图

图 5-5-2　缝洞型碳酸盐岩电成像测井孔洞参数与岩心 CT 扫描图像平均缝洞面孔率交会图

电成像测井裂缝、溶蚀孔洞面孔率大于岩石裂缝、溶蚀孔洞实际面孔率的原因是：在裂缝、溶蚀孔洞处泥浆的侵入使裂缝和溶蚀孔洞边界处的导电性变好，在电成像测井钮扣电极电导率曲线上产生边界变宽效应，导致从电成像测井图像上雕刻出的裂缝、溶蚀孔洞的尺寸比实际尺寸大。模拟井的实验结果支持这一推测。图 5-5-3(a)是在微裂缝模拟井中模拟的水平微裂缝，宽度分别为 0.2 mm、0.6 mm、0.8 mm、1 mm、1.5 mm、2 mm，图 5-5-3(b)是在微裂缝模拟井中实测的微电阻率成像测井（STAR）微电阻率扫描图像。利用裂缝幅度变化的数据点数乘以采样间隔的方法，根据 STAR 微电阻率扫描测井钮扣电极电导率曲线计算出 2 mm 的水平裂缝的视宽度为 38 mm。电成像测井资料确定的裂缝宽度是裂缝实际宽度的 19 倍。

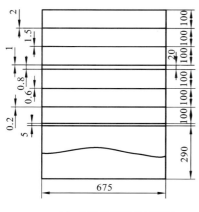
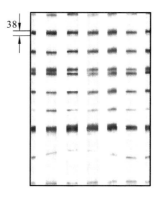

　　（a）水平微型裂缝示意图　　　　　　（b）实测 STAR 微电阻率扫描图像

图 5-5-3　微裂缝模拟井水平微裂缝示意图与实测 STAR 微电阻率扫描图像

5.5.2 电成像测井分割提取的面孔率与常规测井资料及其计算结果比较

前面通过对比提取的缝洞面孔率参数与微观尺度的岩心 CT 扫描图像平均缝洞面孔率,验证了提取的缝洞面孔率参数的合理性。换一个角度,从另一方面对比提取的缝洞面孔率参数与宏观尺度的常规测井资料及其计算结果,以进一步地验证电成像测井图像分割提取的缝洞面孔率参数的合理性。

在不含泥质的缝洞型碳酸盐岩中,泥浆侵入具有渗透性的储层引起双侧向电阻率曲线的降低。储层渗透性好,泥浆侵入多,双侧向测井值低;储层渗透性差,泥浆无侵入或侵入少,双侧向测井值高。因此,在不含泥质的缝洞型碳酸盐岩储层中双侧向电阻率的变化能很好地指示储层渗透性的变化。

三孔隙度模型将碳酸盐岩划分为岩石骨架、岩石基块孔隙、连通缝洞、孤立孔洞四部分,根据基块孔隙、连通缝洞及孤立孔洞串并联导电模型公式(Liu et al.,2009),求解连通缝洞孔隙度、孤立孔洞孔隙度、基块孔隙度、相对连通缝洞孔隙度等参数。在塔里木盆地奥陶系缝洞型碳酸盐岩的实际应用表明,常规测井资料三孔隙度模型计算的相对连通孔隙度大小能较好的指示缝洞型碳酸盐岩储层的有效性(Liu et al.,2009),相对连通缝洞孔隙度大表示储层有效性好,相对连通缝洞孔隙度小表示储层有效性差。

综上所述,双侧向电阻率和三孔隙度模型计算的相对连通缝洞孔隙度能用来指示缝洞型碳酸盐岩储层的渗透性和有效性。缝洞型碳酸盐岩储层的渗透性、有效性好,双侧向电阻率值降低,相对连通缝洞孔隙度增大;缝洞型碳酸盐岩储层的渗透性、有效性差,双侧向电阻率值升高,相对连通缝洞孔隙度减小。

图 5-5-4 和图 5-5-5 分别为是塔里木盆地塔中地区 TZ8CD 井和 TZ7E 井电成像测井分割提取的缝洞面孔率参数与双侧向电阻率、三孔隙度模型计算的相对连通缝洞孔隙度对比图。由图 5-5-4 和图 5-5-5 可见,电成像测井资料提取的裂缝-孔洞总面孔率、孔洞面孔率、裂缝面孔率与双侧向电阻率曲线及三孔隙度模型计算的相对连通缝洞孔隙度曲线的变化趋势一致。电成像测井分割提取的裂缝-孔洞总面孔率、孔洞面孔率、裂缝面孔率的高值与双侧向电阻率的低值及相对连通缝洞孔隙度的高值相对应;裂缝-孔洞总面孔率、孔洞面孔率、裂缝面孔率的低值对应双侧向电阻率的高值和相对连通缝洞孔隙度的低值。

这说明从亚观尺度的电成像测井资料上统计提取的裂缝-孔洞总面孔率、孔洞面孔率、裂缝面孔率等参数与宏观尺度的双侧向电阻率和相对连通缝洞孔隙度联系起来了。在缝洞型碳酸盐岩储层中,双侧向电阻率和相对连通缝洞孔隙度可以用来指示缝洞型碳酸盐岩储层的渗透性和有效性。因此,从电成像测井资料上提取的裂缝-孔洞总面孔率、孔洞面孔率、裂缝面孔率等参数也可更直观地指示缝洞型碳酸盐岩储层的渗透性和有效性。

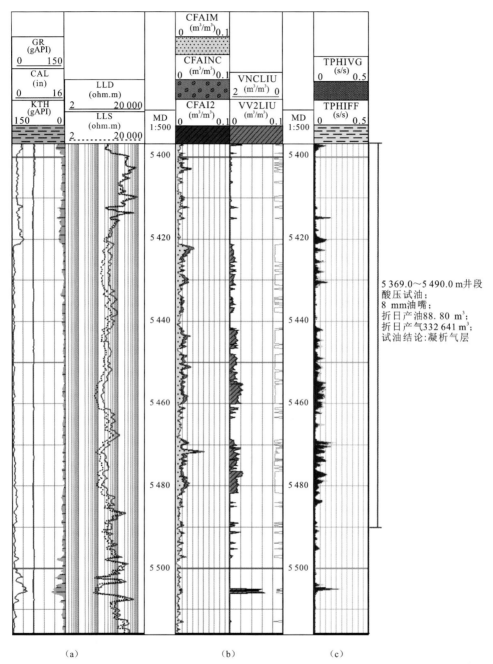

（a）　　　　　　　　　　（b）　　　　　　　（c）

图 5-5-4　TZ8CD 井电成像分割提取的面孔率与双侧向电阻率、
三孔隙度模型计算的相对连通缝洞孔隙度对比图

（a）常规测井曲线，包括井径及伽马曲线、双侧向电阻率曲线；（b）三孔隙度模型计算的基块孔隙度（CFAIM）、孤立孔洞孔隙度（CFAINC）、连通缝洞孔隙度（CFAI2）、相对连通缝洞孔隙度（FAI2/FAI）；（c）电成像测井图像分割提取的缝洞面孔率参数

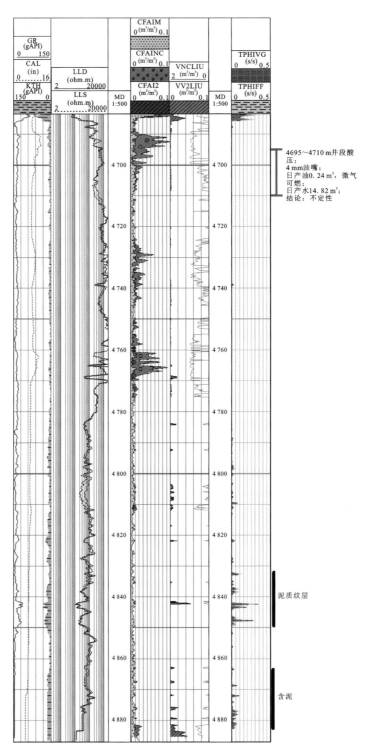

图 5-5-5　TZ7E 井电成像分割提取的面孔率与双侧向电阻率、三孔隙度模型计算的相对连通缝洞孔隙度对比图

5.5.3　试油验证

除了将提取的缝洞面孔率参数与岩心 CT 扫描图像计算的平均缝洞面孔率、双侧向电阻率、常规测井资料三孔隙度模型计算的相对连通缝洞孔隙度进行对比,还对提取的缝洞面孔率参数进行了试油验证。

对 TZ8CD 井 5 369～5 490 m 井段进行酸压试油,8 mm 油嘴,折日产油 88.80 m³,折日产气 332 641 m³,试油结论为凝析气层。如图 5-5-4 所示,TZ8CD 井在试油井段内井段发育三段储层,分别为 5 421～5 432 m 井段、5 441～5 462 m 井段和 5 469～5 482 m 井段。电成像测井资料提取的裂缝-孔洞总面孔率、孔洞面孔率、裂缝面孔率在 5 421～5 432 m、5 441～5 462 m 和 5 469～5 482 m 三个井段内均为相对高值,显示这三个井段的渗透性比较好。另外,TZ7E 井酸压试油井段为 4 695～4 710 m 井段,日产油 0.24 m³,气微量,日产水 14.82 m³,试油结论为不定性。在 TZ7E 井的试油井段内,电成像测井资料提取的裂缝-孔洞总面孔率、孔洞面孔率、裂缝面孔率接近很小(图 5-5-5),显示试油井段地层渗透性差。

TZ8CD 井和 TZ7E 井试油结果与电成像测井资料提取的裂缝-孔洞总面孔率、孔洞面孔率、裂缝面孔率的对比,刚好验证了电成像测井资料提取的裂缝-孔洞总面孔率、孔洞面孔率、裂缝面孔率指示缝洞型碳酸盐岩储层渗透性好坏的正确性。

5.6　电成像测井资料产能预测

塔里木盆地奥陶系碳酸盐岩缝洞储层岩石基块不具有储渗性,次生的裂缝和溶蚀孔洞是主要的储渗空间和流体流动通道。对于碳酸盐岩缝洞储层,流体的流动主要受孔隙结构和孔隙尺寸的影响。在均匀的孔隙空间(碳酸盐岩基块孔隙、均匀颗粒砂岩储层)中流体的流动遵循达西定律;流体在非均质的尺度较大的次生孔隙空间(裂缝、溶蚀孔洞)中的流动不是渗流,而是近似管流。原理上,以达西定律为基础的产能预测模型不适用于碳酸盐岩缝洞储层。

电成像测井是一种利用电流扫描地层得到井壁附近地层电导率图像的测井方法。由于井壁附近地层中不同地质体的电导率不同,因而成像测井资料能以图像的形式反映井壁附近地层的裂缝、溶蚀孔洞、层理等地质现象。在纯的碳酸盐岩缝洞储层井段,应用图像分割技术可从电成像测井图像上提取缝洞参数表达缝洞储层的有效性。目前,尚未见到考虑碳酸盐岩缝洞储层流体流动特征,应用电成像测井资料图像分割提取的缝洞参数进行产能预测的报道。

考虑碳酸盐岩缝洞储层流体在裂缝和连通的溶蚀孔洞中的流动近管流这一特征,以描述细管中不可压缩流体流动的哈根-泊肃叶(Hagen-Poiseuille)定律为基础,推导碳酸盐岩缝洞储层井筒内多尺度细管平面径向流流量计算公式;引入一个称为管流模型产能指数的概念,应用电成像测井资料图像分割结果提取的缝洞面积参数计算管流模型产能指数,建立了一种新的适用于碳酸盐岩缝洞多尺度管流模型产能预测方法(谢芳 等, 2018)。应用塔里木盆地北部地区奥陶系碳酸盐岩储层资料验证了方法的正确性。

5.6.1 碳酸盐岩缝洞储层井筒内多尺度细管平面径向流流量计算公式

1. Hagen-Poiseuille 定律

Hagen-Poiseuille 定律最初是由 Jean Leonard Marie Poiseuille 和 Gotthilf Heinrich Ludwig Hagen 分别于 1838 年和 1839 年通过实验独立发现(Sutera et al.,1893)。Hagen-Poiseuille 定律用来描述细管中不可压缩的牛顿流体流动,其流量表达式为

$$Q = \frac{\pi \Delta p R^4}{8\eta \Delta L} = \frac{\Delta p A_a^2}{8\pi \eta \Delta L} \tag{5-6-1}$$

式中:Q 为流经细管的流量;$\frac{\Delta p}{\Delta L}$ 为细管压力梯度的差分式;R 为细管的半径;A_a 为细管的横截面积;η 为流体黏度。

由式(5-6-1)可知,不可压缩的牛顿流体流经细管的流量与细管的压力梯度成正比,与细管的横截面积的平方成正比。其微分形式为

$$Q = \frac{A_a^2}{8\pi \eta} \cdot \frac{\mathrm{d}p}{\mathrm{d}L} \tag{5-6-2}$$

2. 碳酸盐岩缝洞储层井筒内多尺度细管平面径向流流量计算公式推导

塔里木盆地奥陶系碳酸盐岩缝洞储层岩石基块基本不具有储渗性,主要的储渗空间是次生的溶蚀裂缝和溶蚀孔洞发育,如图 5-6-1(a)所示。储层流体在溶蚀裂缝和连通的溶蚀孔洞中的流动近管流,与颗粒砂岩中流体的流动有重大差别。假定 Hagen-Poiseuille 定律可以用来描述流体在碳酸盐岩缝洞储层单个溶蚀裂缝或连通的溶蚀孔洞中的流动,将碳酸盐岩缝洞储层中的溶蚀裂缝和连通的溶蚀孔洞等效成横截面积大小不一的多个细管,建立碳酸盐岩缝洞储层多尺度管流模型。

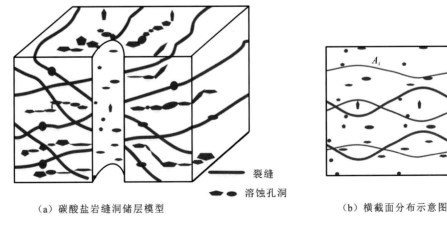

(a)碳酸盐岩缝洞储层模型　　　　　　(b)横截面分布示意图

裂缝
溶蚀孔洞

图 5-6-1　碳酸盐岩缝洞储层模型和井壁裂缝-溶蚀孔洞横截面分布示意图

设 A_i 为井壁处第 i 个等效细管的横截面积(图 5-6-1(b)), $\dfrac{\mathrm{d}p_i}{\mathrm{d}L_i}$ 为第 i 个等效细管压力梯度的差分式。对于碳酸盐岩缝洞储层多尺度管流模型,储层流体流量计算公式的微分形式为

$$Q = \sum_i \frac{A_i^2}{8\pi\eta} \cdot \frac{\mathrm{d}p_i}{\mathrm{d}L_i} \tag{5-6-3}$$

假设,在实际油井中地层流体从径向深处到井筒的流动为平面径向流动,压力差仅存在于井筒径向,不同深度没有串流,如图 5-6-2 所示。图中, r_e 为地层供给半径, r_w 为井眼半径, p_e 为地层供给边缘压力, p_w 为井眼压力,每个细管的压力梯度相同,储层厚度为 h。井眼中平面径向流动是关于井眼中心对称的,在圆柱坐标系中,井筒中流体管流流量则可表示为

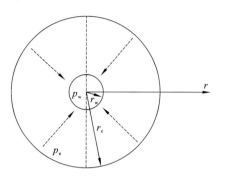

图 5-6-2　平面径向流

$$Q = \sum_i \frac{A_i^2}{8\pi\eta} \cdot \frac{\mathrm{d}p_i}{\mathrm{d}L_i} = \frac{\sum_i A_i^2}{8\pi\eta} \cdot \frac{\mathrm{d}p}{\mathrm{d}r} \tag{5-6-4}$$

将式(5-6-4)改写为

$$Q\mathrm{d}r = \frac{\sum_i A_i^2}{8\pi\eta}\mathrm{d}p \tag{5-6-5}$$

对供给半径积分

$$\int_{r_w}^{r_e} Q\mathrm{d}r = \frac{\sum_i A_i^2}{8\pi\eta} \int_{p_w}^{p_e} \mathrm{d}p \tag{5-6-6}$$

即可得到碳酸盐岩缝洞储层井筒内多尺度细管平面径向流流量公式

$$Q(r_e - r_w) = \frac{\sum_i A_i^2}{8\pi\eta}(p_e - p_w) \tag{5-6-7}$$

对式(5-6-7)两边同时乘以井筒泄油面积 $A = 2\pi r_w h$ 的平方,有

$$Q = \frac{A^2(p_e - p_w)}{8\pi\eta(r_e - r_w)} \frac{\sum_i A_i^2}{A^2} \tag{5-6-8}$$

式中: $\dfrac{\sum_i A_i^2}{A^2}$ 为井壁次生裂缝和连通溶蚀孔洞横截面积平方和与井壁面积平方之比,它的

大小与井壁裂缝-溶蚀孔洞横截面积所占比例有关,将此参数定义为 C_a, $C_a = \dfrac{\sum_i A_i^2}{A^2}$,称

为管流模型产能指数。则式(5-6-8)变为

$$Q = \frac{A^2 (p_e - p_w)}{8\pi\eta(r_e - r_w)} C_a \qquad (5\text{-}6\text{-}9)$$

由式(5-6-9)可见,碳酸盐岩缝洞储层产量与供给半径内的压力梯度 $\left(\dfrac{p_e - p_w}{r_e - r_w}\right)$ 的大小成正比;与地层流体的黏度(η)成反比;与井筒的泄油面积 A 的平方成正比;与管流模型产能指数 $\left(C_a = \dfrac{\sum\limits_i A_i^2}{A^2}\right)$ 成正比。当储层供给半径内压力梯度、地层流体性质及井筒泄油面积稳定时,碳酸盐岩缝洞储层产量仅取决于管流模型产能指数(C_a)。

电成像测井资料图像分割与缝洞参数提取方法为计算管流模型产能指数(C_a)奠定了基础。实际上,可以从分割后的电成像裂缝-溶蚀孔洞子图像中计算出井壁处裂缝或连通的溶蚀孔洞的横截面积,进而计算管流模型产能指数(C_a)。

5.6.2 电成像测井资料管流模型产能指数计算

应用电成像图像分割技术能从刻度后的电成像图像上分割出清晰的井壁裂缝-溶蚀孔洞子图像,提取裂缝、溶蚀孔洞的横截面积等几何参数。下面讨论从分割出的电成像裂缝-溶蚀孔洞子图像上计算单个裂缝-溶蚀孔洞目标的面积,进而计算管流模型产能指数(C_a)。

应用5.4节中的多目标边缘拾取及目标几何参数提取算法求取电成像裂缝-溶蚀孔洞子图像中单个裂缝-溶蚀孔洞目标的边缘坐标;计算每一个裂缝-溶蚀孔洞目标的长度、宽度、面积等几何参数;最后根据提取的单个裂缝-溶蚀孔洞目标面积计算管流模型产能指数(C_a)。

电成像多目标拾取算法能够拾取记录电成像裂缝-溶蚀孔洞子图像中单个裂缝或溶蚀孔洞目标边缘内的像素点数。图像目标边缘的像素点数即为目标的面积。应用电成像多目标拾取算法拾取记录的单个裂缝或溶蚀孔洞目标边缘内的像素点数即为单个裂缝或溶蚀孔洞目标的面积,记为 A_i。

电成像裂缝-溶蚀孔洞子图像的总像素点数为电成像图像的面积,可近似的看成井壁面积,记为 A。利用管流模型产能指数的定义式 $C_a = \dfrac{\sum\limits_i A_i^2}{A^2}$ 即可计算管流模型产能指数。

利用电成像图像分割结果计算管流模型产能指数的具体流程步骤如图5-6-3所示:①输入一个图像框的电成像图像分割结果数据;②对输入的图像框内的单个极板的图像分割结果数据进行多目标边缘拾取处理,记录每个裂缝或溶蚀孔洞目标的面积;③移动至下一个极板,直至处理完所有的极板;④根据管流模型产能指数定义式计算单个图像框的管流模型产能指数;⑤移动至下一个图像框,直至处理完整个井段,输出管流模型产能指数数据。管流模型产能指数计算结果如图5-6-4(c)所示。

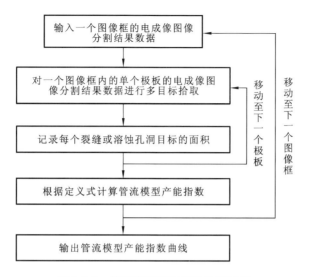

图 5-6-3　管流模型产能指数计算流程

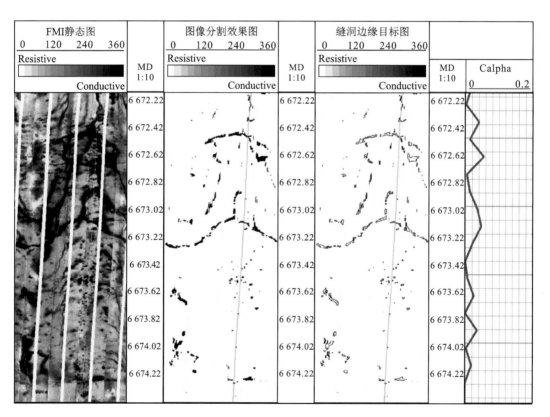

（a）刻度后的电成像图像　（b）分割出来的电成像裂　　　　　　　（c）目标边缘图像　　　　　（d）管流模型产能
　　　　　　　　　　　　　　缝-溶蚀孔洞子图像　　　　　　　　　　　　　　　　　　　　　　　　　指数曲线

图 5-6-4　成像图像分割、多目标拾取及管流模型产能指数计算结果图

5.6.3 塔北地区奥陶系碳酸盐岩缝洞储层电成像测井资料产能预测

由前面推导出的碳酸盐岩缝洞储层井筒内多尺度细管平面径向流流量公式可以看出,对于实际生产资料在利用电成像测井资料计算出管流模型产能指数之后,若能确定井筒泄油面积 A、井周储层供给半径内的压力梯度 $\dfrac{p_e - p_w}{r_e - r_w}$ 及井周储层流体黏度 η 等参数,则可利用碳酸盐岩缝洞储层井筒内多尺度细管平面径向流流量公式直接进行产能预测。实际上,对于碳酸盐岩缝洞储层,因为泄油半径 r_e 未知,供给半径内的压力梯度 $\dfrac{p_e - p_w}{r_e - r_w}$ 这一参数不好确定。为此,令 $B = \dfrac{A^2 (p_e - p_w)}{8\pi\eta(r_e - r_w)}$,碳酸盐岩缝洞储层井筒内多尺度细管平面径向流流量公式变为

$$Q = BC_a \tag{5-6-10}$$

利用已有的实际生产试油产量数据来确定 B。这样就可按照式(5-6-10)利用电成像测井资料对碳酸盐岩缝洞储层进行产能预测。

将碳酸盐岩缝洞储层管流模型产能预测方法应用于塔里木盆地北部地区奥陶系碳酸盐岩缝洞储层,计算管流模型产能指数,结合生产试油产量数据确定多尺度细管平面径向流流量公式中的系数 B,建立塔北地区奥陶系碳酸盐岩缝洞储层多尺度管流模型产能预测模型;将得到的产能预测模型应用于实际资料,对比预测产量与实际试油产量,验证电成像多尺度管流模型产能预测方法的可靠性。

1. 塔北地区奥陶系碳酸盐岩缝洞储层电成像产能预测模型

对塔里木盆地北部地区奥陶系碳酸盐岩电成像测井资料进行图像分割处理,计算管流模型产能指数,剔除硅质团块发育、含泥等异常类似储层的井段,统计 8 口井 13 个溶蚀孔洞型、裂缝型及裂缝-溶蚀孔洞型储层的平均管流模型产能指数。然后,结合生产试油产量数据建立塔北地区奥陶系碳酸盐岩缝洞储层多尺度管流模型产能预测模型。

为保证不同井不同储层段生产试油产量数据的一致性,把生产试油的折日产量转化为单位厚度储层在 10 mm 油嘴工作制度下的折日产量。计算单位厚度储层在 10 mm 油嘴工作制度下的折日产量时用到的储层厚度是试油井段内有效储层厚度。

储层段平均管流模型产能指数与单位厚度储层在 10 mm 油嘴工作制度下的折日产量关系如图 5-6-5 所示。由图 5-6-5 可见,单位厚度储层在 10 mm 油嘴工作制度下的折日产量与根据电成像测井资料计算的管流模型产能指数有好的线性正相关关系,与碳酸盐岩缝洞储层井筒内多尺度细管平面径向流流量公式一致。这说明,我们之前的假设是成立的,能够用 Hagen-Poiseuille 定律来描述流体在碳酸盐岩缝洞储层裂缝和连通的溶蚀孔洞中的流动,可以将次生裂缝和连通的溶蚀孔洞等效成横截面积大小不一的多个细管。

根据图 5-6-5 中的数据,按照碳酸盐岩缝洞储层井筒内多尺度细管平面径向流流量

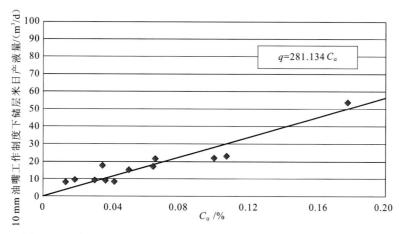

图 5-6-5　溶蚀孔洞型、裂缝型及裂缝-溶蚀孔洞储层管流模型产能指数
与单位厚度储层在 10 mm 油嘴工作制度下的折日产量关系图

式(5-6-10)建立塔北地区奥陶系碳酸盐岩溶蚀孔洞型、裂缝型及裂缝-溶蚀孔洞储层多尺度管流模型产能预测模型

$$q=281.134C_{\alpha} \tag{5-6-11}$$

2. 模型验证

对塔里木盆地北部地区另外 9 口井,应用建立的塔北地区奥陶系碳酸盐岩溶蚀孔洞型、裂缝型及裂缝-溶蚀孔洞储层多尺度管流模型产能预测模型进行产能预测。所有储层段中除 S7E 井的一个储层段为单产状溶蚀扩大小溶洞外,其余储层段为溶蚀孔洞型储层或裂缝-溶蚀孔洞储层。产能预测结果见表 5-6-1,预测产量与生产试油产量关系图如图 5-6-6 所示。

表 5-6-1　塔北地区奥陶系碳酸盐岩缝洞储层产能预测结果

井号	储层段/m	试油层段/m	管流模型产能指数/%	预测产量/m³	生产试油产量/m³	储层类型
TK4AY	5 419.0～5 448.5	5 387.83～5 480.0	0.036	240.40	360.00	溶蚀孔洞型
	5 457.0～5 473.0		0.037	132.78		溶蚀孔洞型
T7AE	5 715.0～5 722.0	5 710.0～5 790.0	0.027	42.38	96.00	溶蚀孔洞型
	5 730.0～5 732.0		0.026	11.86		溶蚀孔洞型
	5 737.0～5 743.0		0.029	39.50		溶蚀孔洞型
S9B	5 692.3～5 697.4	5 692.0～5 704.0	0.026	22.28	20.00	裂缝-溶蚀孔洞型储层
T2AY	5 594.0～5 612.0	5 570.67～5 660.0	0.077	233.86	228.00	裂缝孔洞型
TK4CZ	5 563.0～5 466.2	5 478.5～5 504.0	0.028	20.27	264.10	溶蚀孔洞型
	5 477.0～5 501.5		0.036	200.52		裂缝孔洞型
	5 502.7～5 507.7		0.010	10.85		溶蚀孔洞型

续表

井号	储层段/m	试油层段/m	管流模型产能指数/%	预测产量/m³	生产试油产量/m³	储层类型
T9AB	5 837.0～5 839.8	5 826.0～5 875.0	0.083	39.38	65.00	溶蚀孔洞型
	5 847.0～5 850.4		0.035	20.04		溶蚀孔洞型
T2AX	5 577.0～5 590.5	5 561.0 以下井段	0.057	130.44	140.00	裂缝孔洞型
TK8FE	6 053.5～6 056.8	6 013.08～6 080.0	0.024	11.25	70.12	溶蚀孔洞型
	6 058.3～6 062.0		0.024	12.54		溶蚀孔洞型
	6 066.1～6 071.5		0.043	32.95		溶蚀孔洞型
	6 072.4～6 073.6		0.009	1.47		溶蚀孔洞型
	6 079.4～6 085.0		0.022	17.46		溶蚀孔洞型
S7E	5 476.0～5 495.7	5 484.0～5 496.0	0.039	130.93	204.00	单产状溶蚀扩大小溶洞

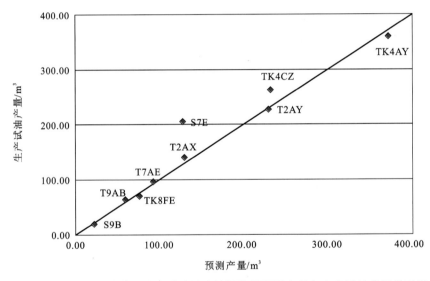

图 5-6-6　塔北地区奥陶系缝洞碳酸盐岩缝洞储层预测产量与生产试油产量关系图

对比表 5-6-1 中的预测产量和生产试油产量发现,除 S7E 井段外,其余井的预测产量和生产试油产量都很接近。在预测产量与生产试油产量关系图上(图 5-6-6),除 S7E 井数据点以外,其余数据点均在对角线上或对角线两侧分布,且分布均匀。这说明在塔里木盆地北部地区奥陶系碳酸盐岩地层溶蚀孔洞型、裂缝型及裂缝-溶蚀孔洞储层中电成像多尺度管流模型产能预测方法是可靠的,其产能预测结果是正确的。

S7E 井的预测结果与试油结果差别较大主要是受储层类型的影响。S7E 井 5 4760～5 495.7 m 发育单产状溶蚀扩大小溶洞,应用溶蚀孔洞型、裂缝型及裂缝-溶蚀孔洞储层多尺度管流模型产能预测模型对其进行产能预测必然会出现较大误差。

5.6.4　讨 论

碳酸盐岩缝洞储集层电成像多尺度管流模型产能预测方法,以电成像测井资料图像分割的裂缝—溶蚀孔洞子图像作为缝洞储集层产能预测依据,因此电成像测井资料图像分割结果的准确性决定了产能预测的准确性。电成像测井资料图像分割的基础是溶蚀缝洞处的导电性与基块岩石的导电性存在差别。在水基钻井液条件下,由于钻井液的侵入,溶蚀缝洞处的导电性比岩石基块的导电性好,这为电成像测井资料图像分割奠定了基础。

塔里木盆地奥陶系碳酸盐岩地层中尚存在一些在电成像测井资料上有类似储集层响应的地质现象,如泥质纹层、硅质团块、泥质充填裂缝及泥质充填洞穴等,在电成像测井资料上不易区分,这些地质现象要结合其他测井资料加以仔细区分,以排除这些地质现象对电成像图像分割的干扰。

由上面的讨论可以得出,碳酸盐岩缝洞储集层电成像测井资料产能预测方法在碳酸盐岩缝洞储集层中的应用条件:①地层为岩性较纯的碳酸盐岩地层,主要储渗空间为溶蚀缝洞;②水基钻井液钻井,井壁附近缝洞处的导电性较基块岩石好;③储集层段没有泥质纹层、泥质充填缝洞以及硅质团块这些类似储集层的干扰。

对其他岩性的裂缝型地层,若流体在裂缝中的流动对产量的贡献比流体在岩石基块中的渗流对产量的贡献大得多,且岩石中没有其他矿物的附加导电性,如裂缝性火山岩、裂缝性变质岩及裂缝性致密砂岩等,在有质量较好的电成像测井资料的条件下,原理上文中的方法也是适用的。

第6章 碳酸盐岩储层流体性质识别技术及应用

低孔隙度缝洞型碳酸盐岩储层流体性质的识别是一个困难的问题。主要原因有两点,一是由于总孔隙度较低,加之泥浆的侵入,裂缝、连通孔洞流体的渗流特性和导电特性不同于砂岩储层。当地层被钻开后,钻井液侵入裂缝、连通孔洞,储集层中原有的流体会被驱替,在测井仪器的径向探测范围内,储集层中流体的导电性已不是原生流体的导电性,而是"混合液"的导电性。二是塔里木盆地碳酸盐岩储层大多要经过酸压改造才能获得好的工业产能,酸压改造所波及的范围已大大超出测井仪器的径向探测范围,致使测井解释评价结果与酸压、试油结果对比困难。

在测井解释中,通常用含油气饱和度的大小来度量储层储存的是油还是水。含油气饱和度的计算涉及三个方面,测量的地层电阻率、地层水电阻率及计算含水饱和度的模型公式。在碳酸盐岩缝洞储层评价中,联系测量电阻率的饱和度公式形式,饱和度公式中的混合液电阻率的确定也较困难。

本章主要从四个角度来讨论缝洞型碳酸盐岩储层流体性质识别方法:①根据第4章的三孔隙度模型计算的孔隙成分参数,引入进一步的假设后进行饱和度计算。②考虑钻井液对连通缝洞和孤立缝洞的影响,应用阿尔奇公式构造一个混合液饱和度计算公式,计算混合液饱和度,制作含水饱和度与视地层水电阻率交会图,应用研究的投影作图法将由于钻井液侵入使之偏离理论线的计算结果拉回到未被钻井液侵入的理论线上,再根据其大小判断流体性质。③对于勘探、开发已有较多井及试油结果的地区,引入一个度量单位孔隙度导电性好坏的物理量——视地层水电阻率,计算其均值和方差。在视地层水电阻率均值和方差交会图上,根据已知油气层和水层的分布来识别未试油气井的流体性质。④对于孔隙度较低的裂缝-孔洞型碳酸盐岩储层,应用电成像测井资料信息量大的特性,根据电成像测井图像框的每个钮扣电极测量的电导率信息,计算其视地层水电阻率谱,根据谱形的分布形状,提取相应参数表达储层流体性质。这些方法在碳酸盐岩缝洞储层流体性质评价中均见到良好效果。

6.1 三孔隙度模型饱和度方程

泥浆电阻率与原始地层水电阻率不同,泥浆侵入地层后对测量电阻率的改变影响我们对缝洞型碳酸盐岩储层流体性质的判断。下面讨论根据三孔隙度模型计算的孔隙成分参数,引入进一步的假设后进行饱和度计算。假设裂缝、连通孔洞中的原生流体被污染,变为钻井液(导电性为泥浆电阻率或泥浆滤液电阻率),大的孤立孔洞中也被泥浆充填,仅岩石基块中的流体未被污染,岩石基块中的流体性质决定缝洞储层的流体性质。岩石骨架不导电,仅有三种孔隙成分中的不同流体导电,在测量的总电阻率中按照三孔隙度模型计算的孔隙成分,扣除并联导电的连通缝洞部分导电性和串联导电的孤立孔洞导电部分对电阻率的影响,计算基块含水饱和度来评价缝洞型碳酸盐岩储层的流体性质(漆立新 等,2010)。

6.1.1　双侧向为"正差异"时的饱和度方程

类似校正泥质的方法,校正泥浆侵入对测量电阻率的影响,可以导出三孔隙度模型下的饱和度方程。假定连通缝洞(裂缝)、孤立孔洞充满泥浆滤液,记

$$C_t = \frac{1}{R_t}, \quad C_w = \frac{1}{R_w}, \quad C_{mf} = \frac{1}{R_{mf}} \tag{6-1-1}$$

式中:C_t 为岩石电导率;C_w 为地层水电阻率;C_{mf} 为泥浆滤液电阻率;C_{fo} 为岩石基块与裂缝并联的电导率。在三孔隙度模型下,岩石总的导电性是岩石基块的导电性先与裂缝的导电性并联,再与孤立孔洞的导电性串联

$$\begin{cases} C_{fo} = (S_w^n \cdot \phi^m) C_w (1 - \phi_2) + C_{mf} \cdot \phi_2 \\ R_t = \phi_{nc} R_{mf} + \dfrac{1 - \phi_{nc}}{C_{fo}} \end{cases} \tag{6-1-2}$$

式中:$S_w^n \cdot \phi^m$ 为考虑了孔隙几何形状的有效含水量。于是

$$\frac{1}{R_t - \phi_{nc} R_{mf}} = \frac{(S_w^n \cdot \phi^m) C_w (1 - \phi_2) + C_{mf} \cdot \phi_2}{(1 - \phi_{nc})}$$

$$S_w^n = \frac{\left[R_w (1 - \phi_{nc}) - \dfrac{R_w}{R_{mf}} (R_t - \phi_{nc} R_{mf}) \phi_2 \right]}{\phi^m (R_t - \phi_{nc} R_{mf}) \phi_2} \tag{6-1-3}$$

当 $\phi_{nc} = 0$ 时

$$S_w^n = \frac{\left[R_w - \dfrac{R_w}{R_{mf}} (R_t) \phi_2 \right]}{\phi^m R_t (1 - \phi_2)} \tag{6-1-4}$$

当 $\phi_2 = 0$ 时

$$S_w^n = \frac{\left[R_w (1 - \phi_{nc}) \right]}{\phi^m (R_t - \phi_{nc} R_{mf})} \tag{6-1-5}$$

当 $\phi_2 = 0, \phi_{nc} = 0$ 时,方程退化为阿尔奇公式

$$S_w^n = \frac{R_w}{\phi^m R_t} \tag{6-1-6}$$

6.1.2　双侧向为"负差异"时的饱和度方程

岩石总的导电性是岩石的基块导电性先与孤立孔洞的导电性串联,再与裂缝的导电性并联

$$R_{fo} = \phi_{nc} R_{mf} + \frac{1 - \phi_{nc}}{S_w^n \phi^m C_w}$$

$$C_t = \frac{(1 - \phi_2)}{R_{fo}} + C_{mf} \phi_2 \tag{6-1-7}$$

$$\frac{1}{R_t} - \frac{\phi_2}{R_{fo}} = \frac{(1 - \phi_2)}{\phi_{nc} R_{mf} + \dfrac{(1 - \phi_{nc})}{S_w^n \phi^m C_w}}$$

化简有

$$S_w^n = \frac{\left(\dfrac{1}{R_t} - \dfrac{\phi_2}{R_{mf}}\right)(1 - \phi_{nc})R_w}{A\phi^m} \qquad (6\text{-}1\text{-}8)$$

式中：$A = (1 - \phi_2) - \left(\dfrac{1}{R_t} - \dfrac{\phi_2}{R_{mf}}\right)\phi_{nc}R_{mf}$。

当 $\phi_2 = 0, \phi_{nc} = 0$ 时，方程也退化为阿尔奇公式。

6.1.3 基块饱和度的计算及标定问题

由岩块孔隙度与基块孔隙度的关系：

$$\phi_m = \phi_b(1 - \phi_2 - \phi_{nc}) \qquad (6\text{-}1\text{-}9)$$

式中：ϕ_m 为岩块孔隙度；ϕ_b 基块孔隙度。类似地，有两者之间的含水饱和度关系

$$S_{wn} = S_{wb}(1 - \phi_2 - \phi_{nc}) \qquad (6\text{-}1\text{-}10)$$

式中：S_{wn} 为岩块孔隙含水饱和度；S_{wb} 为基块孔隙含水饱和度。

骨架孔隙成分中的含水量为 $S_{wn}\phi_m$

$$S_{wn}\phi_m = S_{wn}(\phi - \phi_2 - \phi_{nc}) = \frac{S_{wn}(1 - v - v_{nc})}{\phi} \qquad (6\text{-}1\text{-}11)$$

式中：v 为相对连通孔隙度；v_{nc} 为相对孤立孔洞孔隙度。另一方面，岩块中的含水量等于总含量，减去连通裂缝与孤立孔隙成分的含水量

$$S_{wn}\phi_m = \phi S_w - \phi_2 S_{w2} - \phi_{nc}S_{wnc} \qquad (6\text{-}1\text{-}12)$$

式中：S_{w2} 为连通缝洞孔隙含水饱和度；S_{wnc} 为孔立孔洞孔隙含水饱和度。有

$$S_{wn}(1 - v_2 - v_{nc}) = \phi S_w - \phi_2 S_{w2} - \phi_{nc}S_{wnc}$$

所以

$$S_{wn} = \frac{\phi S_w - \phi_2 S_{w2} - \phi_{nc}S_{wnc}}{1 - v_2 - v_{nc}}$$

式(6-1-11)代入式(6-1-12)有

$$S_{wb} = \frac{S_w - v_2 S_{w2} - v_{nc}S_{wnc}}{(1 - v_2 - v_{nc})(1 - \phi_2 - \phi_{nc})} \qquad (6\text{-}1\text{-}13)$$

若已知 S_w、S_{w2} 及 S_{wnc}，则可求出基块的饱和度。

6.1.4 关于基块饱和度公式的讨论

与 Poupon 等(1971)消除泥质的导电性求饱和度一样，我们在求饱和度的过程中，已经消除侵入缝洞的泥浆滤液的导电性。泥浆的导电性不能算作为地层水的导电性。这是因为连通缝洞与孤立孔洞被泥浆充满，地层水的导电性在这些孔隙空间的导电性为零，导致计算的地层的总含水(含地层水)饱和度偏低。尽管连通缝洞与孤立孔洞的含泥浆滤液的饱和度为1，但含地层水饱和度为0。即

$$S_{w2}=0, \quad S_{wnc}=0 \tag{6-1-14}$$

式(6-1-13)变为

$$S_{wb}=\frac{S_w}{(1-v_2-v_{nc})(1-\phi_2-\phi_{nc})} \tag{6-1-15}$$

计算的基块的饱和度值(S_{wb})可用毛管压力测量不带裂缝(纹)的岩块饱和度来标定。

三孔隙度计算模型中,连通的缝洞孔隙及孤立孔洞均被钻井时的泥浆侵入,这两部分孔隙空间,不论原状地层是含水还是含油气,都已被泥浆替代。因而这些缝洞孔隙空间的流体是不能反映原状地层中流体的赋存状态的。若计算的孔隙成分仅为连通缝洞或孤立孔洞、或是这两者的组合,则该井段是不能识别流体性质的。即在三孔隙度模型下,这三种储层类型根据测井解释资料是不能直接判别储层流体性质的。

此外,若孔隙成分中基块孔隙度在三种孔隙成分中太小,计算的基块饱和度误差也较大,这可以从式(6-1-15)看出。同时也应指出,对于基块孔隙度很低的地层,要求准基块饱和度也是困难的。

6.1.5　实际资料处理及分析

应用上述基于三孔隙度模型的饱和度方程计算塔北地区塔河油田约 230 口井,取得良好应用效果。从处理的 230 口井中挑选了酸压试油结论为"油层""水层""稠油层"的 128 口井 272 层段(其中有油层段 90 层,稠油层 50 层,水层 132 层),并将饱和度方程计算的饱和度值与酸压试油结果对比,符合情况见表 6-1-1。其中,油层 90 层中符合 72 层,符合率 80%;水层 132 层中符合 93 层,符合率 70.5%;稠油层 50 层中符合 46 层,符合率 92%。

表 6-1-1　塔北地区塔河油田三孔隙度模型饱和度计算结果与酸压结果对比情况统计表

流体性质	井数	总层数	计算结果符合	不符合							符合率/%	去除高阻段的符合率		
				未知原因	小溶洞不符合	仪器分辨率	泥浆侵入严重	电阻率高	孔隙度小	扩径		层数	计算结果符合层数	符合率/%
水层		132	93	10	1		2	24	1	1	70.5	108	93	86.1
油层	128	90	72	4	1	2	4		7		80.0	90	72	80.0
稠油层		50	46	4							92.0	50	46	92.0

从上述的计算结果中选出其中的 150 层作出的总含水饱和度与基块饱和度交会图,如图 6-1-1 所示。油层点主要分布在 $S_w<40\%$,$S_{wb}<40\%$ 的区域;水层点主要分布在 $S_w>40\%$,$S_{wb}>40\%$ 的区域。

部分层段计算的油层饱和度值与酸压结果不符合的主要原因有:①由于仪器分辨率的限制,对于小溶洞(厚度小于 0.5 m)、单产状溶蚀缝测量段的总孔隙度与声波孔隙度不

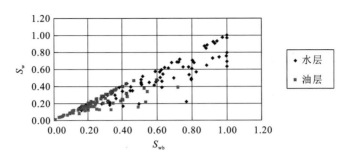

图 6-1-1 饱和度方程计算的油层、水层总饱和度
与基块饱和度井段平均值交会图

匹配造成的饱和度计算不好,这类情况的储层有 3 层;②由于泥浆侵入严重,而饱和度模型方法理论上就不能识别的油层有 4 层;③由于储层段总孔隙度计算过小而造成的不符合有 7 层;④不属于上述三种情况又未知原因(可能是串层油气)的有 4 层。

水层不符合的原因主要有:①异常高阻,有 24 层不符合,原因是我们用去掉泥浆影响后的饱和度方程计算,对于电阻率太高的地层,计算的含水饱和度仍太低;②一些未知原因,有 10 层,这些层我们还尚未从地质模式上去找原因,一个可能的原因是地层水沿着裂缝上串。去掉异常高阻这一因素,按上述饱和度方程计算结果解释的油层、稠油层、水层符合率都在 80% 以上。

6.1.6 单井处理典型实例

1. 溶孔型储层典型实例

T8ADK 井一间房组 5 808～5 828 m 井段(图 6-1-2)自然伽马和去铀伽马测井值较低,井径曲线平直;能谱测井曲线变化不大;双侧向曲线值降低,深侧向电阻率平均值约为 509 Ω·m,浅侧向电阻率平均值约为 541 Ω·m,呈微小的"负差异";三孔隙度测井曲线变化不大,局部密度测井值降低。ELAN 计算的平均孔隙度约为 1.7%,不含泥。三孔隙度模型计算的连通性一般,泥浆侵入不多,总饱和度平均值为 30% 左右,基块含水饱和度平均值为 31% 左右。从测井资料的响应特征上看,其储集空间类型为溶孔;根据总饱和度与基块含水饱和度计算结果综合解释为油层。该井段录井气测组分齐全,组分出至 C5 (C_5H_{12}),为典型的溶孔型油层的气测特征。2004 年 1 月 4 日至 1 月 15 日对该井 5 773.63～5 840 m 井段酸压,日产油 142.23 m³,日产气 7 503 m³,含水 1.23%,试油结论为高产油气层。产液剖面解释 5 810～5 823 m 井段为主要的产油层,计算产油 140.24 m³/d,不产水。解释结论与气测结果、试油结果及产液剖面相符。

ADY 井鹰山组 6 121～6 130m 井段(图 6-1-3)井径平直,自然伽马测井值和去铀伽马测井值较低,能谱测井值也不大;深、浅双侧向测井值降低,呈锯齿状,深侧向电阻率的平

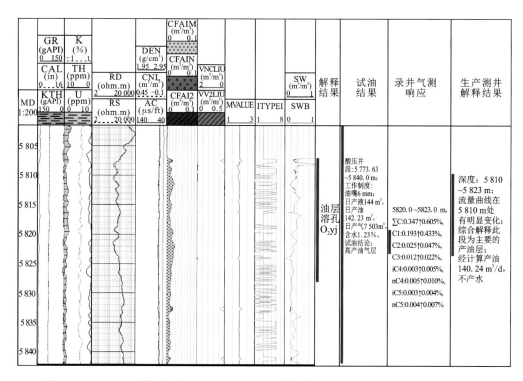

图 6-1-2　T8ADK 井一间房组 5 808～5 828 m 井段溶孔型油层的测井解释综合评价图

均值为 78.927 Ω·m 左右,浅测向测井值平均值为 101.097 Ω·m 左右,呈明显"负差异",底部储层段 6 137～6 145 m 孔隙度极低,深浅侧向呈现微小"负异常";计算的孔隙度的平均值为 2.5% 左右,以基块孔隙为主,有一定的连通性;计算的总的含水饱和度平均值为 56.8% 左右,基块含水饱和度的平均值为 61.4% 左右。从测井资料的响应特征上看,其储集空间类型为溶孔,综合总的含水饱和度和基块含水饱和度偏高解释为水层。该段录井气测组分比较齐全,组分出至 C4(C_4H_{10})。该井试油井段 6 100～6 157 m,酸压后分别用 4 mm、6 mm、10 mm 油嘴和无油嘴排酸,累计排液 434 m^3 停喷,试油结论为水层。解释结论与试油结果相符。

2. 裂缝型储层典型

T8BGK 井一间房组 5 660～5 678 m 井段(图 6-1-4)井径平直,自然伽马值和去铀伽马值较低,能谱测井曲线变化不大;双侧向曲线值降低,呈锯齿状;深侧向电阻率平均值约为 382.634 Ω·m,浅侧向电阻率平均值约为 292.53 Ω·m,呈明显"正差异";三孔隙度测井曲线变化不大。ELAN 计算的平均孔隙度约为 2.2%,不含泥。三孔隙度模型计算的连通性一般,无泥浆侵入,总的含水饱和度平均值为 16.2% 左右,基块含水饱和度平均值为 16.5% 左右。从测井资料的响应特征上看,其储集空间类型为溶蚀孔缝,根据总含水饱和度与基块含水饱和度计算结果综合解释为油层。2004 年 2 月 25

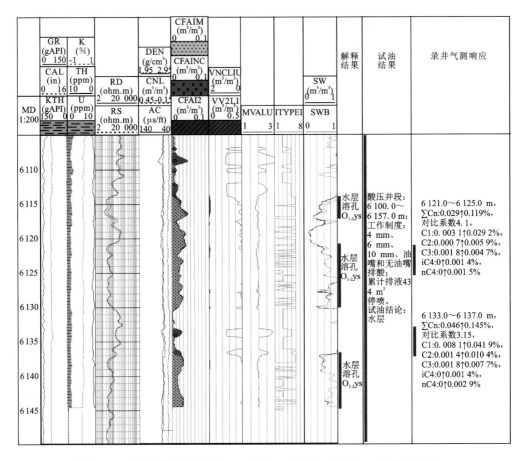

图 6-1-3 ADY 井鹰山组 6 115～6 117 m、6 121～6 130 m、6 137～6 145 m

井段溶孔型水层的测井解释综合评价图

日至 3 月 14 日对该井 5 608.61～5 700 m 井段进行了酸压施工作业,油嘴 6 mm,日产油 205.2 m³,日产气 10 154 m³,含水微,试油结论为高产油气层。测井解释结果与试油结果相符。

S1BF-3 井一间房组 5 833.5～5 842 m 井段(图 6-1-5)井径曲线平直,自然伽马测井值和去铀伽马测井值比较低,能谱测井值也不大;双侧向电阻率值明显降低,深侧向电阻率的平均值为 126 Ω·m,浅侧向电阻率平均值为 87 Ω·m,呈"正差异";三孔隙度曲线变化不大,局部密度测井值减小。ELAN 计算的孔隙度的平均值为 1.4%,不含泥;三孔隙度模型计算的总含水饱和度平均值为 63%,基块含水饱和度平均值为 78%。从测井资料的响应特征上看,其储集空间类型为溶蚀孔缝型,根据总含水饱和度和基块含水饱和度的计算结果综合解释为水层。2005 年 9 月 25 日至 11 月 28 日对该井 5 828.73～5 943 m 井段进行酸压完井作业,试油结论定为水层。解释结论与试油结果相符。

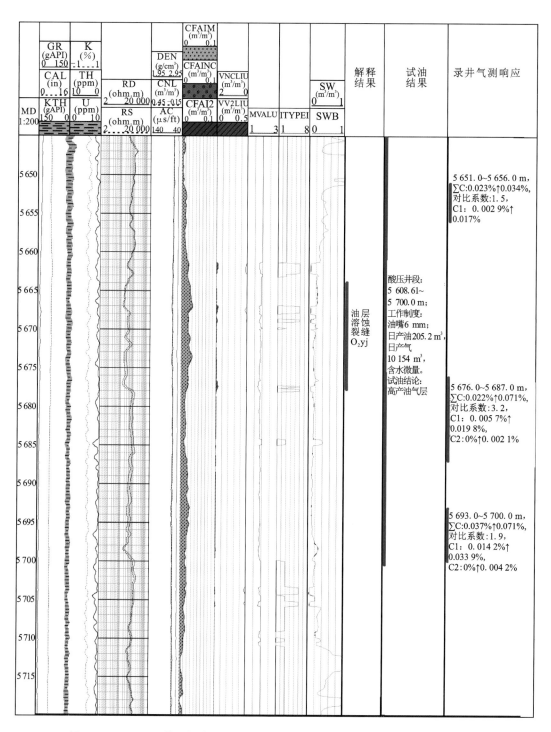

图 6-1-4　T8BGK 井—间房组 5 660～5 678 m 井段溶蚀孔缝测井解释综合评价图

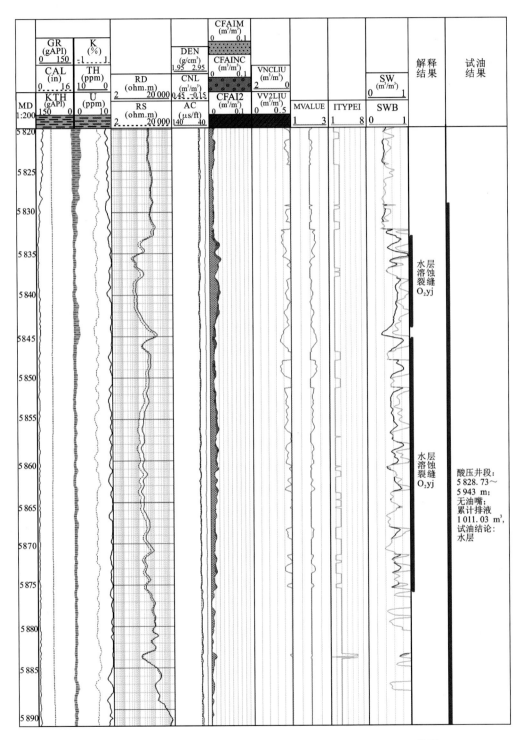

图 6-1-5 S1BF-3 井一间房组 5 833.5～5 842 m、5 846～5 865 m 井段

溶蚀孔缝型储层测井解释综合评价图

3. 溶洞型储层典型实例

T8ABK 井鹰山组 5 587～5 590 m 井段(图 6-1-6)自然伽马值略微增加,去铀伽马测井值比较低,能谱测井值也不大,井径曲线平直;双侧向测井值相对基线降低,形成尖峰,深侧向电阻率平均值为 81.542 Ω·m,浅侧向电阻率平均值为 39.711 Ω·m,呈明显"正差异"。三孔隙度模型计算的孔隙度的平均值为 4.1% 左右,以基块孔隙为主,有泥浆侵入,连通性较好;计算的总的含水饱和度平均值为 13% 左右,基块含水饱和度的平均值为 17% 左右。从测井资料的响应特征上看,其储集空间类型为溶洞,综合总的含水饱和度和基块含水饱和度计算结果综合解释为油层。该井段气测录井组分齐全,组分出至 C5,为典型的溶洞型油层的气测特征。2004 年 1 月 20 日至 2 月 5 日对该井裸眼井段 5 517.15～5 615 m 进行了酸压完井施工作业,6 mm 油嘴,日产油 192 m³,日产气 0.28×10⁴ m³,试油结论为高产油气层。产液剖面解释 5 581～5 591 m 为本井的主产层。通过产液剖面计算,该段地面产油 179.71 m³/d,产气 2 695.57 m³/d,产水 0 m³/d。测井解释结果与气测特征、试油结果及产液剖面解释结果相符。

TK6EG 一间房组 5 515～5 517 m 井段(图 6-1-7)井径曲线平直,自然伽马测井值和去铀伽马测井值比较低,能谱测井值也不大;双侧向电阻率值明显降低,深侧向电阻率的平均值为 336 Ω·m,浅侧向电阻率平均值为 577 Ω·m,呈"负差异";三孔隙度曲线变化不大,局部密度测井值减小。ELAN 计算的孔隙度的平均值为 2.4%,不含泥;三孔隙度模型计算的总含水饱和度平均值为 40% 左右,基块含水饱和度平均值为 70% 左右。从测井资料的响应特征上看,其储集空间类型为溶洞型,根据总的含水饱和度和基块含水饱和度的计算结果综合解释为水层。该井段气测录井组分较为齐全,组分出至 C4。对 5 511～5 549.5 m 酸压,试油结果为水层。测井解释结果与气测特征、试油结果相符。

4. 稠油层典型实例

ADX 井一间房组 6 385.5～6 397 m 井段(图 6-1-8)井径曲线平直,自然伽马值和去铀伽马值较低;能谱测井曲线变化不大;双侧向曲线值降低,深侧向电阻率平均值约为 890 Ω·m,浅侧向电阻率平均值约为 897 Ω·m,呈微小的"负差异";三孔隙度测井曲线变化不大,局部密度测井值降低,声波、中子测井值略有增大。ELAN 计算出的平均孔隙度约为 3.8%,不含泥。三孔隙度模型计算的连通性较差,泥浆侵入很少,总饱和度平均值为 12% 左右,基块含水饱和度平均值为 15% 左右。根据总饱和度与基块含水饱和度计算结果综合解释为稠油层。该井 6 385～6 389 m 井段气测录井显示气测组分齐全,出至 C5。2007 年 3 月 17 日至 3 月 26 日对一间房组 6 332.58～6 440 m 井段进行了完井作业,地层实际产油 286.9 m³,注采比 1.74,原油综合含水 0,定名为稠油层。解释结果与试油结果相符。

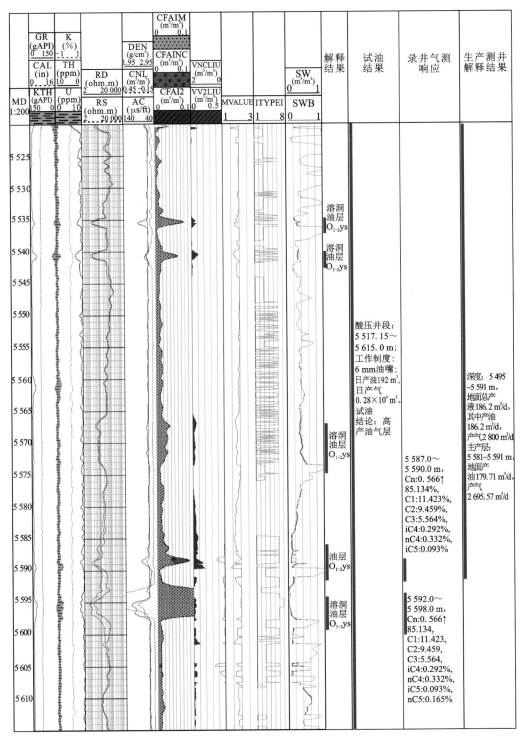

图 6-1-6　T8ABK 井鹰山组 5 534～5 536 m、5 539～5 541.5 m、5 566～5 573 m、
5 587～5 590 m、5 592～5 597 m 井段溶洞型储层测井解释综合评价图

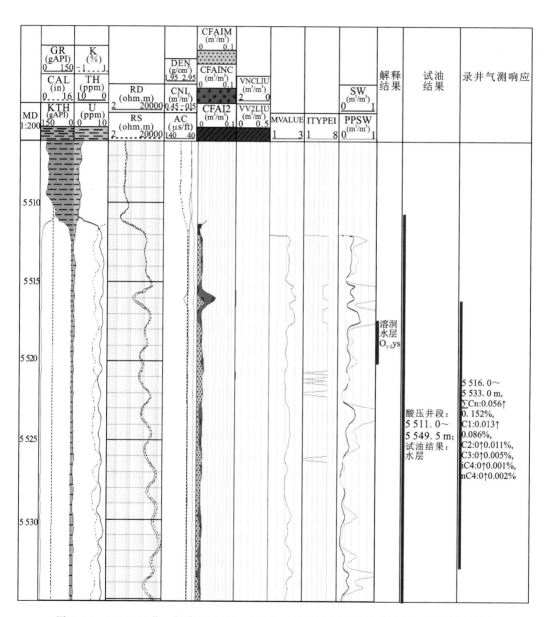

图 6-1-7　TK6EG 井一间房组 5 515～5 517 m 井段溶洞型水层的测井解释综合评价图

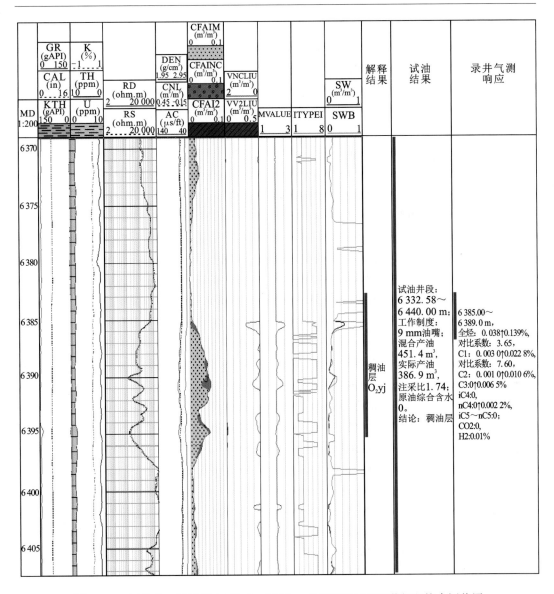

图 6-1-8　ADX 井一间房组 6 385.5～6 397 m 井段稠油层的测井解释综合评价图

6.2　投影作图方法及其应用

　　塔里木盆地奥陶系碳酸盐岩储层段地层水矿化度高达到 20 万 ppm 左右,地层水电阻率很低,约 0.014 Ω·m。而泥浆滤液的矿化度相对较低,泥浆滤液的电阻率约是地层水电阻率的 10 倍,属于电阻率增大侵入情形。

　　已有的研究表明,当泥浆滤液侵入储层段之后,井眼到原状地层之间的流体特征和电性参数是不均匀沿径向分布的。对于电阻率增大侵入情形,在井眼附近泥浆滤液与地层水混合后,混合液电阻率要比原状地层的地层水电阻率高;越向径向深处,混合液电阻率越接近地层水电阻率。这是一个渐变的沿径向的电阻率分布,侵入带与原状地层之间在仪器的探测范围内没有明显的界限。

　　井眼附近电阻率径向深度上渐变的快慢显然也与储层井段的储集空间的几何形态及大小有关。对于裂缝性地层,当裂缝孔隙度较大时,泥浆滤液侵入深,测井仪器探测范围内的混合液地层水电阻率高;而当裂缝孔隙度较小时,泥浆滤液侵入浅,测井仪器探测范围内的混合液地层水电阻率较低,接近地层水电阻率。对于纯孔隙型储层,泥浆滤液的侵入特性类似于砂岩。当孔隙度较大时,侵入深;当孔隙度较小时,侵入浅。因而在测井仪器的探测范围内,对于侵入深者,测量的地层水电阻率高,侵入浅者测量的地层水电阻率低,接近原状地层水电阻率。

　　在三孔隙模型中,连通缝洞孔隙成分大的储层则侵入深,在仪器探测范围内混合液泥浆电阻率逐渐达到泥浆滤液电阻率的值;而对基块孔隙成分则类似于砂岩侵入,只有当基块孔隙度较大时,才能在仪器探测范围内完全变为泥浆滤液值。这两点是我们修正混合液地层水电阻率的依据(刘瑞林 等,2009b)。

6.2.1　泥浆滤液侵入对混合液地层水电阻率的修正

　　溶蚀孔洞、溶蚀缝洞型储层由于泥浆的侵入,在深侧向测井仪器探测深度范围内,原始地层水已部分地与泥浆滤液混合,使测量的深电阻率值受泥浆滤液的影响。在好的渗透层段,在计算饱和度时若仍用原始地层水电阻率计算饱和度,则使计算的含水饱和度值偏小。特别是裂缝孔隙度较大的地层及孔洞孔隙度较大的地层,用原始地层水计算的饱和度将偏低很多。这是裂缝性地层用饱和度参数识别流体性质时的困难所在。在下面的讨论中,用三孔隙度模型计算出的孔隙成分参数对混合液电阻率进行修正,给出实际计算混合饱和度的相应公式。

　　奥陶系地层大多在 4 500～5 000 m 以下,钻井液易侵入裂缝孔隙中,因此裂缝孔隙空间中的混合液主要是泥浆滤液,其电阻率为泥浆滤液电阻率。大的孔洞空间中的混合液电阻率,按照三孔隙度模型的假设,也是泥浆滤液电阻率。对于基块孔隙空间,按照通常双侧向测井的假定,在浅电阻率测井的探测范围内是侵入带,而深侧向测井的探测深度要深一些,因而仍然假定为其孔隙空间中的地层水电阻率为原始地层水电阻率。这样,我们就可以得到三孔隙成分参数计算的混合液地层水电阻率

$$R_{\mathrm{wmix}} = \frac{\phi_{\mathrm{m}} R_{\mathrm{w}} + \phi_{\mathrm{nc}} R_{\mathrm{mf}} + \phi_2 R_{\mathrm{mf}}}{\phi} \tag{6-2-1}$$

式中:ϕ_{m} 为基块孔隙度;ϕ_{nc} 为孔洞孔隙度;ϕ_2 为裂缝孔隙度;R_{wmix} 为混合液地层水电阻率。计算混合液地层水饱和度的公式为

$$S_{\mathrm{w}} = \sqrt{\frac{R_{\mathrm{wmix}}}{R_{\mathrm{t}} \phi^m}} \tag{6-2-2}$$

式中:m 为用三孔隙度模型计算的随深度变化的胶结指数。计算视地层水电阻率的公式为

$$R_{\mathrm{wa}}^{\frac{1}{2}} = \sqrt{R_{\mathrm{t}} \phi^m} \tag{6-2-3}$$

这样得到的混合液地层水饱和度与视地层水电阻率的关系为

$$S_\mathrm{w} = \frac{\sqrt{R_\mathrm{wmix}}}{R_\mathrm{wa}^{\frac{1}{2}}}$$ 　　　　　(6-2-4)

6.2.2　校正泥浆滤液侵入的投影作图法

　　根据三孔隙度模型的胶结指数计算视地层水电阻率及混合液含水饱和度时,尽管用随深度逐渐变化的胶结指数(m),已经把储集空间的不同孔隙成分的变化考虑了进去,同时也采用一些方法校正了泥浆侵入对地层混合液电阻率的影响,改进了混合液地层水饱和度计算结果。但是由于实际泥浆滤液侵入的复杂性,泥浆侵入对饱和度与视地层水电阻率计算的影响并没有很好地校正和消除。在计算饱和度的公式的分子($\sqrt{R_\mathrm{wmix}}$)与分母(视地层水电阻率 $R_\mathrm{wa}^{\frac{1}{2}}$)中都含有泥浆滤液侵入的影响,初始计算的 S_w 还不是地层的原始饱和度。

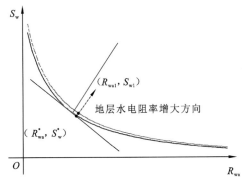

图 6-2-1　初始计算的$(R_\mathrm{wa1},S_\mathrm{w1})$投影到 R_wa-S_w 平面上$(R_\mathrm{wa}^*,S_\mathrm{w}^*)$点示意图

　　为了消除泥浆滤液侵入对视地层水电阻率和饱和度计算的影响,提出采用如图6-2-1所示的投影作图法。在图6-2-1中,先作出给定地层水电阻率为 R_w 的理论 S_w-R_wa 曲线上过$(R_\mathrm{wa}^*,S_\mathrm{w}^*)$点的切线,然后再作出过点$(R_\mathrm{wa1},S_\mathrm{w1})$垂直于上述切线的直线,这样就可将实际计算的点$(R_\mathrm{wa1},S_\mathrm{w1})$投影到给定地层水电阻率 R_w 的 R_wa-S_w 理论曲线上的$(R_\mathrm{wa}^*,S_\mathrm{w}^*)$点。理论线上的 R_wa^* 与 S_w^* 值是校正了泥浆滤液侵入影响的视地层水电阻率及饱和度。

　　这种投影作图法的物理意义是,对于给定孔隙度 ϕ 和 m 值的储层,投影作图法沿着视地层水电阻率和饱和度增大相反的方向,将受泥浆滤液侵入影响的视地层水电阻率及饱和度值投射回到未受泥浆滤液侵入影响的位置。从用电阻率计算地层水饱和度的角度说,对于给定孔隙度和 m 值的储层,这种投影作图法实际上给出了消除泥浆滤液侵入影响的地层的真电阻率 $R_\mathrm{t} = (R_\mathrm{wa}^{\frac{1}{2}})\phi^{-m}$。由饱和度计算公式 $S_\mathrm{w} = \frac{\sqrt{R_\mathrm{w}}}{R_\mathrm{wa}^{\frac{1}{2}}}$ 可知,投影作图法实际上也同时校正了泥浆侵入对饱和度计算与视地层水电阻率计算的影响。投影作图法对初步计算的视地层水电阻率的改进在于消除了饱和度计算公式中由于泥浆滤液侵入对分子分母的影响。

　　上述投影作图法的数学推导过程较繁,这里不再赘述。我们已在研究中实现了这种投影作图法。对于裂缝孔隙度与孔洞孔隙度大的地层,对饱和度和视地层水电阻率的改进还是很大的。

6.2.3　投影作图方法的应用

　　为了研究投影作图方法在塔里木盆地奥陶系碳酸盐岩地层中的适用情况,应用投影作图方法处理塔北地区和塔中地区奥陶系碳酸盐岩地层测井资料,计算储层含水饱和度,进行流体识别,与测试、酸压结果进行对比。实际应用表明,对于连通孔隙度大(受泥浆侵入影响大)的地层,投影作图方法对饱和度和视地层水电阻率的改进还是很大的。

1. 塔北地区应用实例

应用投影作图方法处理塔北地区 100 余口井的实际资料。塔北地区考虑泥浆滤液浸入校正后视地层水电阻率和混合液饱和度的多口井的逐点计算结果的交会图如 6-2-2 所示。应用投影作图法校正后的视地层水电阻率和饱和度的交会图如 6-2-3 所示。在此交会图上,油层与水层的区分就更明显了。油层的视地层水电阻率大于 0.33,且含水饱和度在 40% 以下;水层的视地层水电阻率小于 0.22,且含水饱和度在 57% 以上;介于两者之间的是油水过渡带。轮古地区地层水矿化度在 180 000 ppm 左右,地层水电阻率约为 0.015 Ω·m。为了消除泥浆侵入的影响,应用投影作图法对轮古地区多口井资料进行了计算。

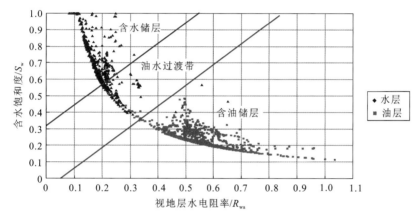

图 6-2-2　塔北地区多井储层井段计算的视地层水电阻率与含水饱和度交会图

考虑了泥浆浸入,数据取自 S1AG 井(水层,5 937～5 948.5 m,5 964～5 976.5 m,6 022.5～6 035.5 m,6 040.5～6 050 m); TK7BF 井(油层,5 627～5 687 m);TK6BA 井(油层,5 475～5 482 m,5 509～5 519 m,5 533～5 547 m,5 580～5 616 m); S80 井(油层,5 581～5 586 m,5 615～5 628 m);TK1ACY 井(水层,6 148～6 180 m,6 244～6 249 m,6 252～6 262 m); TK1BAX 井(水层,6 027～6 038 m)相应储层段的逐点处理结果,去掉 ϕ < 1.2% 的点子,共 1 586 个点

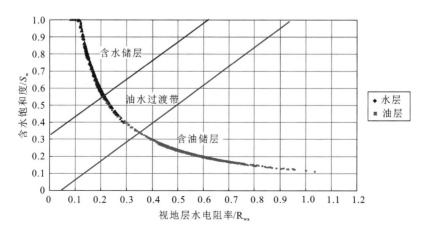

图 6-2-3　塔北地区多井储层井段计算的视地层水电阻率与含水饱和度交会图(投影后)

图 6-2-4 是 TK1ACZ 井溶孔型储层投影作图法视地层水电阻率与饱和度计算结果图。图中，第一道为深度索引，第二道为自然伽马、井径和去铀伽马，第三道为能谱测井的铀、钍、钾含量，第四道为双侧向电阻率曲线，第五道为三孔隙度曲线，即密度测井、中子测井和声波测井曲线，第六道为计算的孔隙度成分参数，即基块孔隙度、非连通缝洞孔隙度和连通缝洞孔隙度，第七道为相对连通缝洞孔隙度与相对非连通缝洞孔隙度，第八道为计算的随深度变化的胶结指数，第九道为储层类型曲线；第十道为投影前、后的饱和度曲线，黑色线为投影前饱和度曲线，红色为投影后饱和度曲线；第十一道为投影前、后的视地层水电阻率曲线，黑色线为投影前的，红色线为投影后的；后面两道分别为测井解释结果与试油结论。由图可见，对于非连通缝洞孔隙度和连通缝洞孔隙度较大的储层段（6 037～6 049 m），投影作图法对饱和度和视地层水电阻率的改进是很大的。相应的饱和度和视地层水电阻率计算结果更合理，含水饱和度减小很多，符合试油结论。该井对 6 016.84～6 110 m 井段酸压，7 mm 油嘴，日产油 74.9 m³，测试结论为油气层。

图 6-2-5 是 S1AG 井溶蚀裂缝型储层投影作图法视地层水电阻率与饱和度计算结果图。绘图曲线与图 6-2-4 相同。该井由于连通缝洞孔隙度（裂缝）绝对值不大，投影作图法对饱和度和视地层水电阻率的改进不大。计算结果也与试油结论符合。

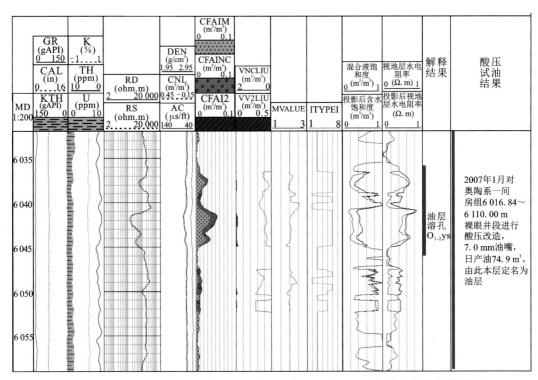

图 6-2-4　TK1ACZ 井溶孔型储层投影作图法视地层水电阻率与饱和度计算结果图

2. 塔中地区应用实例

塔中地区地层水矿化度在 80 000～110 000 ppm，地层水电阻率一般在 0.02 Ω·m 左右。为了消除泥浆侵入的影响，应用投影作图法对塔中地区多口井资料进行了计算。

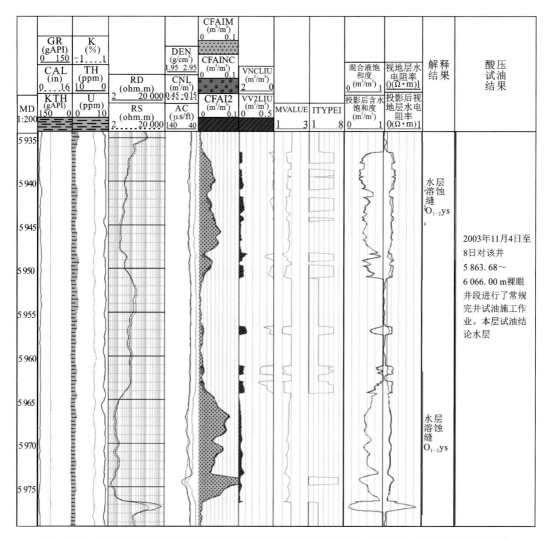

图 6-2-5　S1AG 井鹰山组溶蚀裂缝型储层投影作图法视地层水电阻率与饱和度计算结果图

图 6-2-6 是从塔中地区多口井中取出的油气层和水层的逐点视地层水电阻率与含水饱和度投影前的交会图。图中横坐标是计算的视地层水电阻率,纵坐标是计算的混合液含水饱和度。由于泥浆侵入的影响,点子大多数偏离 $S_{\mathrm{w}}=\dfrac{\sqrt{R_{\mathrm{w}}}}{R_{\mathrm{wa}}^{\frac{1}{2}}}$ 理论线。由图可见,含油气层点 S_{w} 小于 40%,$R_{\mathrm{wa}}^{\frac{1}{2}}$ 大于 0.38 Ω·m;水层点 S_{w} 大于 60%,$R_{\mathrm{wa}}^{\frac{1}{2}}$ 小于 0.3 Ω·m;中间是油水过渡带。

图 6-2-7 是用投影作图法将偏离理论线的点子拉回到理论线的 $S_{\mathrm{w}}\text{-}R_{\mathrm{wa}}^{\frac{1}{2}}$ 交会图。由于塔中地区不同井区地层水电阻率有差异,因而计算点投影在不同的理论线上,投影后的 S_{w} 和 $R_{\mathrm{wa}}^{\frac{1}{2}}$ 值是消除泥浆侵入影响后的值。由图可见,油气层的视地层水电阻率大于 0.3 Ω·m,

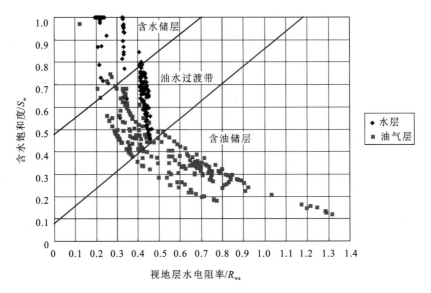

图 6-2-6　塔中地区多井储层井段计算的视地层水电阻率与含水饱和度交会图（投影法前）

数据取自 TZ8CY 井（油气层,5 601～5 603 m,5 611～5 614 m）;TZ6C-1 井（油气层,4 925～4 927 m）;TZ621 井（油气层,4 874～4 876 m）;TZ62 井（凝析气层,4 738～4 744.5 m）;ZGZ 井（水层,6 261.5～6 270 m,6 278.5～6 283 m）;TZ5E 井（含油水层,5 850～5 852.5 m）;ZG4C 井（含气水层,5 578～5 603 m）相应储层段的逐点处理结果,去掉总孔隙度小于 1.0% 的采样点,共 423 个点

且含水饱和度小于 42%;水层的视地层水电阻率小于 0.22 Ω·m,且含水饱和度大于 70%;介于两者之间的是油水过渡带。

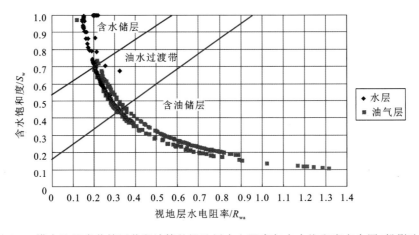

图 6-2-7　塔中地区多井储层井段计算的视地层水电阻率与含水饱和度交会图（投影法后）

图 6-2-8 为塔中地区视地层水电阻率累计频率图。该图横坐标为累计频率,纵坐标为视地层水电阻率值。由图可见油气层点和水层点在累计频率图上的平均值和斜率都不相同,油气层视地层水电阻率的平均值比水层的大,且油气层点的斜率比水层点的要大。

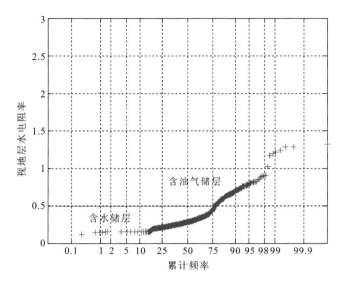

图6-2-8 塔中地区多井储层井段计算的视地层水电阻率累计频率图

6.3 常规测井资料视地层水电阻率方法及应用

对于开发区块,当有一部分测井资料及试油结果时,我们可以用较为简单直观的方法识别流体性质,其中常规测井资料计算的视地层水电阻率均值和方差就是其中之一(王招明等,2013)。

6.3.1 统计频率交会图的数学原理

在概率统计中,如果某随机变量的多次观测结果呈正态分布特征,则在正态概率坐标系中随机变量观测值与相应累计正态分布频率表现为直线特征。利用正态概率坐标系中累计频率的线性特征可以直观地判别随机变量的观测结果是否呈正态分布。此外,累计频率直线的斜率由正态分布的标准偏差决定,偏差越小,斜率越小;反之,偏差越大,斜率越大。

已有的研究表明,碳酸盐岩裂缝性地层的 $R_{wa}^{\frac{1}{2}} = \sqrt{R_t \phi^m}$ 具有良好的正态分布特性,水层的 $R_{wa}^{\frac{1}{2}}$ 与累计频率有直线关系;而油层的 $R_{wa}^{\frac{1}{2}}$ 要大于水层的 $R_{wa}^{\frac{1}{2}}$,形成斜率较大的另外的直线。在油层和水层的 $R_{wa}^{\frac{1}{2}}$ 与累计频率的交会图上就可以拟合出两条斜率不同的直线,分别显示出水层、油层数据点的分布。应用这样的方法就能识别油层、水层。方法步骤如下:

(1) 选择不含泥质的储层段,分别计算其 $R_{wa}^{\frac{1}{2}}$;

(2)按 $R_{wa}^{\frac{1}{2}}$ 从小到大的顺序排列起来,并依次计算频率百分数和累计频率百分数;

(3)以 $R_{wa}^{\frac{1}{2}}$ 为纵坐标、$\Phi^{-1}(y)$ 为横坐标绘图,观察数据斜率的变化,识别油水层。

若随机变量 $R_{wa}^{\frac{1}{2}}$ 服从正态分布,则 $R_{wa}^{\frac{1}{2}}$ 的频数的分布将呈现出中间有峰值,两端对称

的特征,密度函数为

$$f(x) = \frac{1}{\sigma \sqrt{2\pi}} e^{-\frac{1}{2}\left(\frac{x-\mu}{\sigma}\right)^2} \tag{6-3-1}$$

函数图形如图 6-3-1 所示。

图中 $x = \mu$ 是随机变量的均值,代表出现次数最多的随机变量值。仿此,若油层的随机变量同样也服从正态分布,则油层、水层服从的分布函数及图形特征相似,只是均值 μ 和 σ 不同。只根据这两个参数很难从图形上区分油层、水层的分布特征。对 $f(x)$ 积分,可得到积累频率 $F(x)$ 函数

$$y = F(x) = \int_{-\infty}^{x} \frac{1}{\sigma \sqrt{2\pi}} e^{\frac{(t-\mu)}{-2\sigma^2}} \mathrm{d}t \tag{6-3-2}$$

在直角坐标系中,上述分布函数的图形如图 6-3-2 所示。

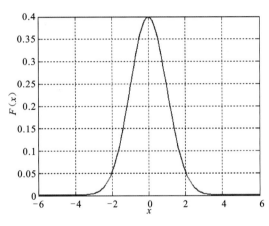

图 6-3-1　正态分布函数图形

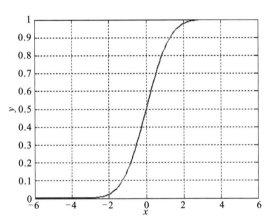

图 6-3-2　正态累计频率分布函数图形

由图 6-3-2 可见,正态累计频率分布函数为单调增函数,因而它有相应的反函数。由于不同的分布函数的图形也有类似的形状,因此从上述分布函数的形态上去判别一个分布是否服从不同的正态分布仍然比较困难。正态概率坐标能够检验分布类型,粗略地判断总体是否服从正态分布。在此坐标系中,它能够使随机变量的取值 x 和相应的分布函数 $F(x)$ 组成的数据对 $[x, F(x)]$ 呈现一条直线。

令 $\xi = \frac{t-\mu}{\sigma}$,则

$$y = F(x) = \int_{-\infty}^{x} \frac{1}{\sigma \sqrt{2\pi}} e^{\frac{(t-\mu)}{-2\sigma^2}} \mathrm{d}t = \int_{-\infty}^{\frac{x-\mu}{\sigma}} \frac{1}{\sqrt{2\pi}} e^{-\frac{\xi^2}{2}} \mathrm{d}\xi = \Phi\left(\frac{x-\mu}{\sigma}\right) \tag{6-3-3}$$

即 $y = \Phi\left(\frac{x-\mu}{\sigma}\right)$。设其反函数为 $\Phi^{-1}(y)$,则

$$\Phi^{-1}(y) = \frac{x-\mu}{\sigma}$$

于是

$$x = \mu + \sigma \times \Phi^{-1}(y) = \mu + \sigma \times \eta, \quad \eta = \Phi^{-1}(y) \tag{6-3-4}$$

可见,在纵坐标 x 和横坐标 η 都是等距离刻度的坐标系中,随机变量 x 随 η 变化是一直线,直线的斜率为方差。

设有 k 个观察点 $(x_1, y_1), (x_2, y_2), \cdots, (x_k, y_k)$,将这些点转换成 $(x_1, \eta_1), (x_2, \eta_2), \cdots, (x_k, \eta_k)$,在坐标系 x-η 上观察这 k 个点的分布是否呈直线,就可以判断分布是否为正态分布。其中 $\eta_i = \Phi^{-1}(y_i)$ 可以通过查标准正态分布表得到。

人们早期是根据 (x_i, y_i) 的值画在制作好的正态概率纸(横坐标用积累频率 y 标识,但刻度用 $\Phi^{-1}(y)$ 均匀刻度)上。目前,由于计算机技术的发展,可直接算出 (x_i, y_i) 作 (x_i, η_i) 图,找出其不同的方差(斜率)。

由上面的讨论可以看出,$R_{\mathrm{wa}}^{\frac{1}{2}}$ 方法的实质是利用正态概率坐标,在图形上展示储层段计算的视地层水电阻率不同的方差(斜率)。由图形上斜率的不同,从而实现油层、水层的判断。利用正态概率坐标作图方法识别流体性质的例子如图 6-3-3 和图 6-3-4 所示,水层与油气层的视地层水电阻率方差不同,表现在图上斜率(方差)不同。由上述讨论可知,储层段计算的视地层水电阻率的方差也是识别油水层的一个重要特性。

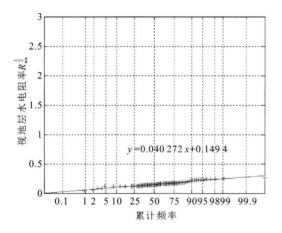

图 6-3-3　LG3G 井 6 651～6 670 m 井段
视地层水电阻率累计频率图(水层)

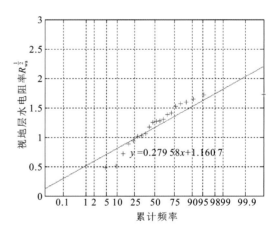

图 6-3-4　LN6DE 井 5 785～5 788 m 井段
视地层水电阻率累计频率图(油气层)

6.3.2　常规测井资料视地层水电阻率及其方差

对于一口井中的某一井段,由于孔隙成分的变化,我们并不知道其 m 值的大小。因此,我们把常规测井资料视地层水电阻率重新定义为

$$R_{\mathrm{wa}} = \phi R = \frac{\phi}{C} \tag{6-3-5}$$

式中:ϕ 为地层的孔隙度;R 为电阻率;C 为电导率。由定义可知,视地层水电阻率(R_{wa})是地层单位导电性所需的孔隙度。对于碳酸盐岩地层,相同孔隙度缝洞中油气的导电性

比相应地层水的导电性差,因而含油气层段测量的 R 比含水层段测量的 R 大一些(C 小一些);由于缝洞在地层分布的非均质性,泥浆对缝洞侵入的随机性,导致测量的 C 随机性加大。同时,对于含油气井段,这种随机性是在高电阻率背景下随机性增大,导致含油气井段视地层水电阻率波动性变大。方差是度量一个随机变量在均值附近波动性大小的物理量,因而在含油井段视地层水电阻率的方差也大。对于含水井段,泥浆的侵入是在低电阻率背景下的侵入,尽管也增加了视地层水电阻率的波动性,但波动性小一些,因而其方差要较含油气井段小一些。上述讨论适用于 $R_{mf} > R_w$ 的情况。

6.3.3　常规测井资料视地层水电阻率方法的应用

　　由前面对 $R_{wa}^{\frac{1}{2}}$ 累计频率及我们定义的常规测井资料视地层水电阻率(R_{wa})的讨论可知,储层段内常规测井资料计算的视地层水电阻率的均值与方差是识别油气层和水层的重要指标。为了研究常规测井资料视地层水电阻率识别流体性质的方法在塔里木盆地奥陶系碳酸盐岩地层中的适用情况,应用常规测井资料视地层水电阻率方法处理塔北地区和塔中地区奥陶系碳酸盐岩地层测井资料,建立常规视地层水电阻率的均值和方差交会图,与测试、酸压结果进行对比,建立流体识别标准用来进行流体识别。实际应用表明,我们定义的常规测井资料视地层水电阻率(R_{wa})的均值和方差对塔里木盆地奥陶系碳酸盐岩储层的流体性质有较好的区分性。油气层视地层水电阻率的值较大,且值的波动性也较大;水层的视地层水电阻率值较小,且值的波动性也较小。

1. 轮古地区应用实例

　　为了建立轮古地区常规视地层水电阻率识别油气层和水层的标准,排除了部分异常点(含泥储层、气层、含沥青等)后对轮古地区 88 口井共 226 个储层段(其中油气层 156 个层段、水层 70 个层段)常规视地层水电阻率的均值和方差进行统计,并绘制成交会图,如图 6-3-5 所示。由图可见,储层段常规视地层水电阻率的均值与方差可以较好地识别轮古地区的流体性质。油气层常规视地层水电阻率的均值一般大于 4 Ω·m,方差一般大于 3 Ω·m;水层的视地层水电阻率均值一般小于 4 Ω·m,方差小于 3 Ω·m。

　　1) 典型油气层实例

　　图 6-3-6 为 JF1CG 井鹰山组 5 246～5 258 m 井段常规测井资料综合解释图(油气层)。从图中可以看到,5 246～5 258 m 井段井径曲线平直,无扩径,自然伽马与去铀伽马值较低,含泥量较少;双侧向测井曲线值减小,呈明显的"正差异";三孔隙度测井曲线中密度曲线稍有减小,声波时差曲线和中子孔隙度曲线测井值基本没有变化,计算的总孔隙度约为 2.2%。常规视地层水电阻率值比较大,曲线波动性大,常规视地层水电阻率的均值和方差分别为 7 Ω·m 和 4 Ω·m。根据计算结果综合解释为油气层。该井于 1993 年 06 月 09 日对奥陶系 5 245.98～5 274.98 m 井段进行酸化,用 7.0 mm 油嘴放喷干净后,进分离器求产,日产气为 295 322 m³;日产凝析油为 67.17 m³;试油结论为油气层。解释结论与试油结论相符。

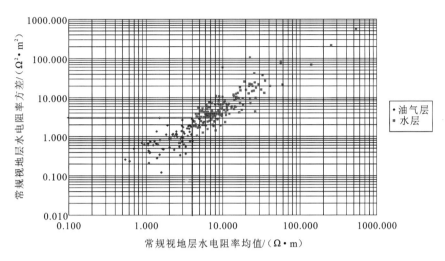

图 6-3-5　轮古地区奥陶系储层常规视地层水电阻率均值与方差交会图

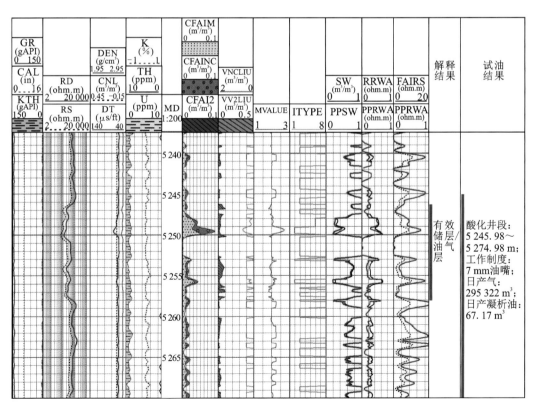

图 6-3-6　JF1CG 井鹰山组 5 246～5 258 m 井段常规测井资料综合解释图(油气层)

2) 典型水层实例

图 6-3-7 为 LN1B-4 井鹰山组 5 420～5 431 m 和 5 434～5 440 m 井段常规测井资料综合解释图(水层)。由图可见,5 420～5 431 m 和 5 434～5 440 m 井段井径曲线平直,无扩径,自然伽马值和去铀伽马值较低,泥质含量少;双侧向测井曲线测井值降低,5 420～5 431 m 深、浅电阻率曲线呈微小的"负差异",5 434～5 440 m 深、浅电阻率曲线基本重合;密度有小幅度波动,声波时差和中子孔隙度曲线基本没变化,计算的总孔隙度约为 1.1%。常规视地层水电阻率值较小,曲线波动性不大,计算的常规视地层水电阻率均值和方差分别约为 1.9 Ω·m 和 0.7 Ω·m。根据计算结果综合解释为水层。该井于 2009 年 2 月 15 日至 3 月 17 日进行射孔,射孔井段为 5 428～5 449 m,制氮车＋连续油管敞放气举排液求产,日产水 162.46 m³,累计产压井液和地层水 501.95 m³。解释结论与试油结论相符。

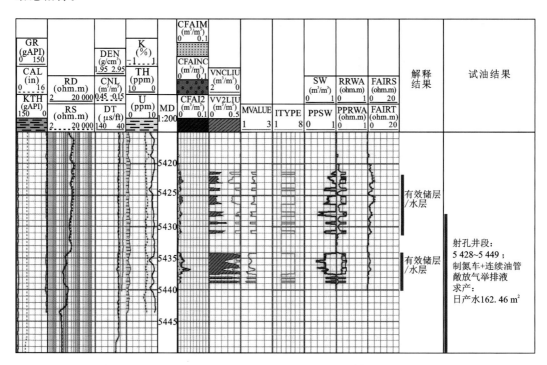

图 6-3-7　LN1B-4 井鹰山组 5 420～5 440 m 井段常规测井资料综合解释图(水层)

2. 塔中地区良里塔格组地层应用实例

为了研究常规测井资料视地层水电阻率识别流体性质的方法在塔中地区的适用情况,对塔中地区良里塔格组地层有试油资料的 19 口井 32 个出油出水井段(其中油气层 22 层,水层 10 层)常规视地层水电阻率的均值和方差进行统计,并绘制成交会图。图 6-3-8 为塔中地区奥陶系碳酸盐岩储层常规视地层水电阻率的均值和方差交会图。横坐标为常规视地层水电阻率的均值,纵坐标为常规视地层水电阻率的方差。由图可见,水层的常规视地层水电阻率均值基本上小于3Ω•m,方差基本上小于1Ω•m;油气层的常规视地层水电阻率均值基本上大于3Ω•m,方差基本上大于1Ω•m。常规视地层水电阻率的均值和方差对油气层和水层有较好的区分性。油气层视地层水电阻率的均值和方差一般比水层的大。

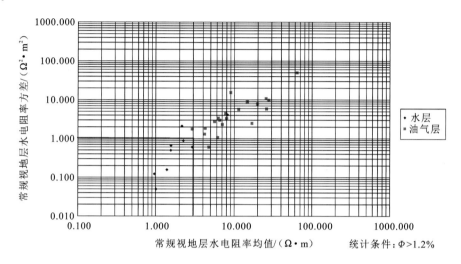

图6-3-8　塔中地区良里塔格组碳酸盐岩储层常规视地层水电阻率均值和方差交会图

表6-3-1　塔中地区视地层水电阻率识别流体性质标准

视地层	常规视地层水电阻率/(Ω•m)	备注
油气层	均值>3 方差>1	灰岩密度骨架值(ρ_m)取2.72 g/cm³,白云岩密度骨架值(ρ_{ma})取2.84 g/cm³
水层	均值<3 方差<1	

1)典型油气层实例

图6-3-9为TZ8CD井奥陶系良里塔格组5 422~5 460 m井段常规测井资料综合解释图。由图可见,5 422~5 460 m井段自然伽马值和去铀伽马值小,含泥较少,井径曲线平直,无扩径;双侧向曲线值降低,有明显的"正差异";三条孔隙度测井曲线中密度测井值波动较大,声波测井值、中子测井值基本不变;计算的平均总孔隙度约为1.53%。储层段常规视地层水电阻率曲线呈锯齿状,即值的波动性较大。储层段计算的常规视地层水电阻率均值和方差分别为5.635 Ω•m和1.456 Ω•m。根据计算结果综合解释为油气层。该井5 369~5 490 m深度段2005年12月4日至12月23日测试,用4.00 mm油嘴求产,

油压 43.95 MPa,折日产油 31.2 m³,折日产气 100 599 m³。测试结论为凝析气层。解释结论与试油结论相符。

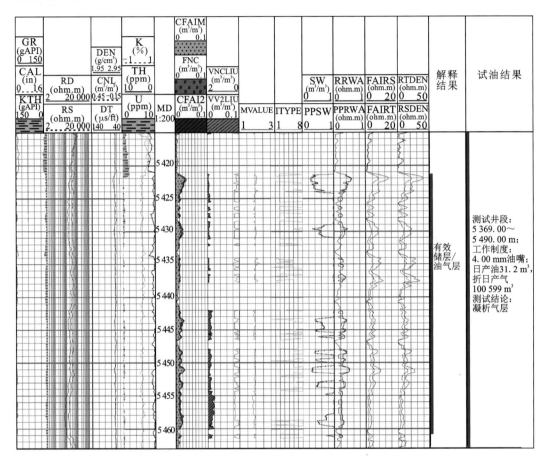

图 6-3-9　TZ8CD 井 5 422～5 461 m 井段常规测井资料综合解释图(油气层)

2) 典型水层实例

图 6-3-10 为 TZ5E 井奥陶系良里塔格组 5 830～5 860 m 井段常规测井资料综合解释图。由图可见,5 830～5 860 m 井段自然伽马值和去铀伽马值小,含泥较少,井径曲线比较平直,无扩径;双侧向曲线值降低,双侧向有明显的"正差异";三条孔隙度测井曲线都有响应,密度测井值降低,声波测井值基本不变,中子测井值增大;计算的平均总孔隙度约为 1.5%。储层段内计算的常规视地层水电阻率曲线值都较小,且曲线较平直,波动性较小。测井综合解释为水层。该井测试井段为 5 828.52～5 895.00 m,裸眼,日产油 0.74 m³,日产水 20.3 m³,测试结论为含油水层。解释结论与试油结论相符。

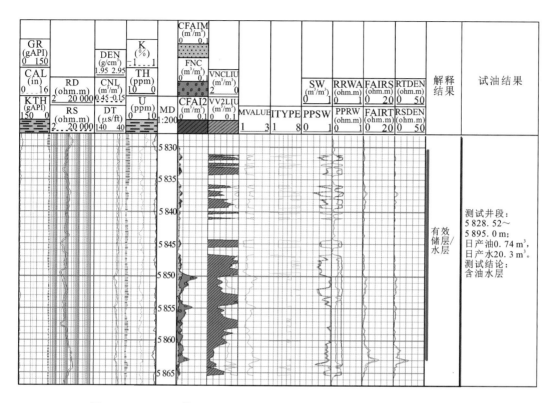

图 6-3-10　TZ5E 井 5 830～5 860 m 井段常规测井资料综合解释图（水层）

6.4　成像测井资料视地层水电阻率谱方法及应用

众所周知,泥浆或泥浆滤液对地层侵入的深浅,受到岩石储集空间结构,以及井筒与地层之间压力差大小的影响。由于泥浆的侵入将地层原生的流体驱离井壁,这样在井周形成了冲洗带与原状地层。对于未完全侵入泥浆滤液的地层,在井壁附近和冲洗带内,可能仍残留有油气。

成像测井仪采用钮扣电极系测量,在井周向和深度上的采样间隔为 0.1 in,分辨率为 0.2 in。经浅电阻率资料刻度后的成像测井资料以高分辨率电导率图像的形式反映井壁附近地层的层理、裂缝、溶蚀孔洞等地质现象。在常规测井资料的纵向分辨率内(40～50 cm),成像测井资料包含了大量冲洗带和井壁附近的油气信息。

6.4.1　成像测井资料视地层水电阻率谱计算原理

通常最能有效揭示流体性质的测井资料是电阻率测井资料。电成像测井资料是一种电性测井测量,原理上成像资料经浅侧电阻率测井资料刻度后也应可以用来识别流体性质。类似于孔隙度分布的计算,对于给定的图像框,可以计算出视地层水电阻率的分布。根据下面给出的计算方法,在给定长度的深度窗口内,所有的像素点都可以计算出一个视地层水电阻率,对视地层水电阻率进行直方图频率统计,就生成频率分布曲线。根据其分布,我们就可以了解该窗口对应的地层中视地层水电阻率大小的分布情况。视地层水电阻率频率分布曲线反映地层中流体的导电性。对于水层,由于地层水的浸润,其电阻率测井值相对于油层较低,所以在成像资料上其颜色较油层的要暗一些。在视地层水电阻率分布图上其主峰向小的方向偏离;对于油层,由于地层原油的浸润,尽管钻井时被驱离了一部分,但仍残留一部分油气信息,其视地层水电阻率值较大,所以其主峰值将向大的方向偏离,如图 6-4-1 所示。

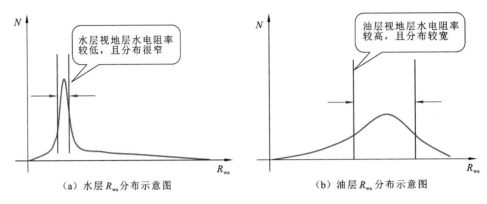

（a）水层 R_{wa} 分布示意图　　　　　　　（b）油层 R_{wa} 分布示意图

图 6-4-1　视地层水电阻率分布示意图

对于实际资料,根据电成像测井（FMI、XRMI、EMI）资料计算的视地层水分布情况就可推测储层是含油气层还是含水层,从而为储层流体性质评价提供新的依据。

经浅电阻率刻度过的电成像图像实质上是冲洗带井壁的电导率图像。利用阿尔奇公式

$$S_{xo}^n = \frac{aR_{mf}}{\phi^m R_{xo}} \tag{6-4-1}$$

可得

$$\phi^m = \frac{aR_{mf}}{S_{xo}^m R_{xo}} \tag{6-4-2}$$

由式(6-4-2)可以得到一个计算电成像测井每个电极钮扣电导率转换成孔隙度的公式

$$\phi_t = \left(\frac{aR_{mf}}{S_{xo}^n}C_i\right)^{1/m} = \left(\frac{aR_{mf}}{S_{xo}^n R_{xo}}R_{xo}C_i\right)^{1/m} = (\phi^m R_{xo}C_i)^{1/m} = \phi_{ext}(R_{xo}C_i)^{1/m} \tag{6-4-3}$$

式中:ϕ_t 为计算的电成像测井像素的孔隙度,单位为 m^3/m^3;a 为阿尔奇公式中的地层因数系数;R_{mf} 为泥浆滤液电阻率,单位为 $\Omega \cdot m$;S_{xo} 为冲洗带含水饱和度,单位为 m^3/m^3;n 为阿尔奇公式中的饱和度指数;C_i 电成像电极电导率,单位为 S/m(S—西门子);m 为阿尔奇公式中的胶结指数,采用三孔隙度模型计算;R_{xo} 冲洗带电阻率,单位为 $\Omega \cdot m$;ϕ_{ext} 为常规测井计算的总孔隙度。

上述根据成像资料计算孔隙度的方法利用了一个常规总孔隙度和相关深度的浅侧向测井电阻率值。定义电成像测井资料像素的视地层水电阻率为

$$R_{wai} = \phi_i/C_i = \phi_{ext}(R_{xo}C_i)^{1/m}/C_i \tag{6-4-4}$$

根据式(6-4-4)可以计算成像资料每个像素点的视地层水电阻率值,对于一个图像

框,则可以根据每个像素点的计算结果统计其分布,得到视地层水电阻率分布谱。

式(6-4-4)可变为 $R_{wai} = \dfrac{\phi_{ext} R_{xo}^{1/m}}{C_i^{\frac{1}{m}-1}}$。可见,决定主峰位置的主要是 $R_{wai} = \phi_{ext} R_{xo}^{\frac{1}{m}}$ 部分;

$C_i^{\frac{1}{m}-1}$ 部分则由成像资料的实测值决定主峰视地层水电阻率分布的宽窄。定性上,对于油气层井段,由于在侵入带或多或少的仍残余有油气信息,因此,其成像测井值大小分布不匀,成像测井值周向上离散性大,因而其分布宽。对于水层,由于地层水的浸润,岩石成像测井电导率值周向上较均匀一致,因而其分布较窄。这是含油气层与水层根据成像测井资料计算的视地层水电阻率分布宽窄不同的原因。采用的视地层水电阻率的单位是毫西门子的倒数。为了绘图方便,对数据乘了3.3。

6.4.2　成像测井资料视地层水电阻率谱定量参数提取方法

为了定量评价油气层段与水层段视地层水电阻率分布谱上的差别,引入均值表达视地层水电阻率分布谱中主峰偏离基线的程度;用方差(二阶矩)表达视地层水电阻率分布谱的宽窄(分散性)。一个深度点视地层水电阻率均值定义如下:

$$\overline{R}_{wa} = \sum_{i=1}^{n} R_{wai} P_{R_{wai}} \Big/ \sum_{i=1}^{n} P_{R_{wai}} \tag{6-4-5}$$

式中: R_{wai} 是据式(6-4-4)计算的视地层水电阻率值; $P_{R_{wai}}$ 是相应视地层水电阻率的频数(像素点数)。视地层水电阻率方差

$$\sigma_{R_{wa}} = \sqrt{\dfrac{\sum\limits_{i=1}^{n} P_{R_{wai}} (R_{wai} - \overline{R}_{wai})}{\sum\limits_{i=1}^{n} P_{R_{wai}}}} \tag{6-4-6}$$

由上述定义可以看出,视地层水电阻率分布的均值表达偏离基线的程度;方差表达了视地层水电阻率分布谱分布的离散程度(主峰的宽窄)。

6.4.3　成像测井资料视地层水电阻率谱方法的应用

为了研究成像视地层水电阻率方法在塔里木盆地奥陶系碳酸盐岩地层中的适用情况,应用成像视地层水电阻率谱方法处理塔北地区和塔中地区的实际电成像测井资料,计算视地层水电阻率的均值和方差,绘制成像视地层水电阻率均值和方差交会图,与测试、酸压结果进行对比建立上述地区的储层流体识别标准。应用结果表明,利用成像资料计算的视地层水电阻率分布和视地层水电阻率谱参数,可以较好地识别塔里木盆地奥陶系碳酸盐岩储层流体性质。

1. 轮古地区应用实例

应用成像视地层水电阻率方法,对轮古中部地区成像测井资料逐点计算成像视地层水电阻率谱的均值和方差,然后在上述逐点计算的基础上,对储层段进行深度上的统计平均。为建立轮古地区成像视地层水电阻率识别油气层和水层的标准,对该地区成像测井资料质量好、不含泥且有测试或酸压试油结果的 38 口井中的 106 个层段(其中油气井

段 77 层,出水井段 29 层)成像视地层水电阻率的均值与方差进行统计,所作交会图如图 6-4-2 所示。由图可见,水层的视地层水电阻率均值小于 13 Ω·m,其方差值小于 6 Ω·m;油气层的视地层水电阻率均值大于 13 Ω·m,方差大于 6 Ω·m。油气层与水层的区分性较好,但仍存在一些异常点,其中有 4 个油层的点混在水层的点中;3 个水层点混在油气层中。

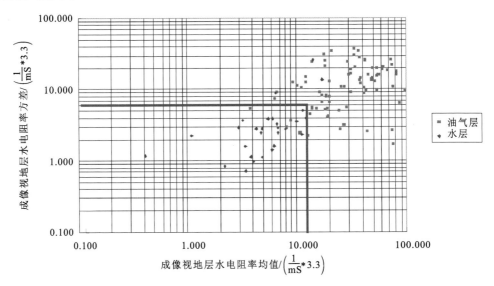

图 6-4-2　轮古地区成像测井资料计算的视地层水电阻率均值与方差交会图

1) 典型油气层实例

图 6-4-3 为 LGA 井鹰山组 5 518~5 540 m 井段成像资料视地层水电阻率谱特征图(油气层)。图中,第一道为成像图像;第二道为深度索引;第三道为井径、自然伽马和去铀伽马曲线;第四道为成像资料电导率分布谱;第五道为成像资料孔隙度分布谱;第六道为孔隙度分布谱参数,即峰右均方根差、峰右宽度;第七道为成像资料视地层水电阻率分布谱;第八道为视地层水电阻率分布的均值和方差;第九道为双侧向测井曲线;第十道为三孔隙度曲线,即密度测井曲线、中子测井曲线、声波测井曲线;第十一道为能谱曲线,即铀、钍、钾;第十二道为总孔隙度曲线。由图可见,5 518~5 540 m 井段,成像测井图有亮有暗,整体颜色不均匀;井径平直,无扩径,自然伽马值和去铀伽马值较小;双侧向测井值降低,有微小的"负差异";密度曲线变化不大,仅在 5 530.5 m 处,密度曲线值略有减小,孔隙度值约 1.6%;视地层水电阻率谱峰值分布较大,向地层水电阻率值大的方向偏移,而且分布区间较宽,视地层水电阻率均值曲线值较大,均值约 17 Ω·m,方差曲线变化不大,值约 8 Ω·m。测井综合解释 5 518~5 540 m 井段为有效油气层。1998 年 4 月 1 日至 15 日对该井奥陶系 5 520~5 555 m 井段进行酸化,用 8 mm 油嘴求产,折日产油 37.7 m³,折日产气 4 848 m³,累产油 39.52 m³,试油结论为高产油气层。解释结论与试油结论相符。

2) 典型水层实例

图 6-4-4 为 LN1B-4 井鹰山组 5 420~5 431 m 和 5 434~5 440 m 井段成像资料视地层水

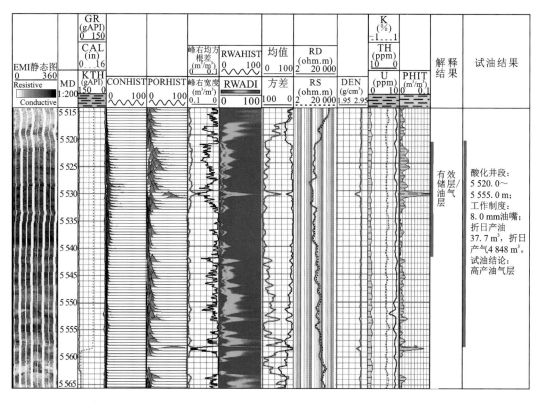

图 6-4-3　LGA 井鹰山组 5 518～5 540 m 井段成像资料视地层水电阻率谱特征图

电阻率谱特征图(水层)。由图可见,成像图整体偏暗,周向上颜色均匀;井径曲线平直,自然伽马值和去铀伽马值很小;双侧向测井曲线有所减小,5 420～5 431 m 井段有轻微的"负差异",5 434～5 440 m 井段两条曲线基本重合;三孔隙度曲线变化小,总孔隙度相对上下围岩较大,值约 2%;视地层水电阻率谱分布峰值较小,且分布宽度较窄,视地层水电阻率的均值和方差均很小,在基线位置,为水层响应。测井综合解释 5 420～5 431 m 和 5 434～5 440 m 井段为有效水层。2009 年 2 月 15 至 3 月 17 日对该井进行测试,射孔井段 5 428～5 449 m,制氮车＋连续油管敞放气举排液求产,日产水 162.46 m³,累计产压井液和地层水 501.95 m³,试油结论为水层。解释结论与试油结论相符。

2. 塔中地区良里塔格组地层应用实例

应用成像视地层水电阻率方法对塔中地区良里塔格组地层成像成测井资料进行逐点处理,对酸压试油结论为油气层与水层的 17 口井 29 个层段(其中油气井段共 19 层,出水井段共 10 层)视地层水电阻率的均值与方差进行统计,所作交会图如图 6-4-5 所示。由图可见,水层的视地层水电阻率均值小于 4 Ω·m,其方差小于 2 Ω·m;而油气层的视地层水电阻率均值大于 4 Ω·m,方差大于 2 Ω·m,油气层与水层的区分性很好。

1) 典型油气层实例

图 6-4-6 是 ZGC 井 5 870～5 895 m 井段成像资料分布谱特征图。图中,第一道为

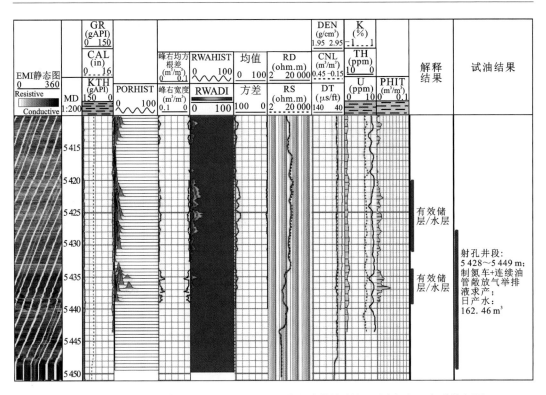

图 6-4-4　LN1B-4 井鹰山组 5 420～5 440 m 井段成像资料视地层水电阻率谱特征图

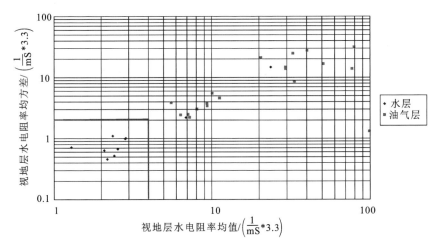

图 6-4-5　塔中地区成像测井资料计算的视地层水电阻率均值与方差交会图

成像图像;第二道为深度索引;第三道为井径、自然伽马和去铀伽马曲线;第四道为成像资料电导率分布谱;第五道为成像资料孔隙度分布谱;第六道为成像资料视地层水电阻率分布谱;第七道为视地层水电阻率分布的均值和方差;第八道为双侧向测井曲线;第九道为三孔隙度曲线,即密度测井曲线、中子测井曲线、声波测井曲线;第十道为

能谱曲线,即铀、钍、钾;第十一道为总孔隙度曲线。由图可见,该段主要储层段为
5 885~5 895 m 段,成像测井图像较上下层段偏暗,整体颜色不均匀;自然伽马数值略
增大,去铀伽马曲线数值很低,井径曲线平直;双侧向测井降低呈"弓"状,有明显的"正
差异";密度测井值降低,中子测井值、声波测井值略增大;总孔隙度变大,最大孔隙度
为 10%;视地层水电阻率相对于围岩降低,分布区间较宽,在电成像测井图像较亮部位
有突刺状尖峰,从均值和方差曲线也可以看到,视地层水电阻率均值曲线与方差曲线明
显增大,其中均值约为11 Ω·m,方差约为 4.5 Ω·m。测井综合解释为有效油气层。该井于
2007 年 7 月 14 日至 8 月 1 日对 5 866~5 893 m 井段进行测试,5.00 mm 油嘴求产,日产油
5.04 m³,日产气 51 873 m³,日产液 25.8 m³,试油结论为凝析气层。测井解释结论与试油
结论相符。

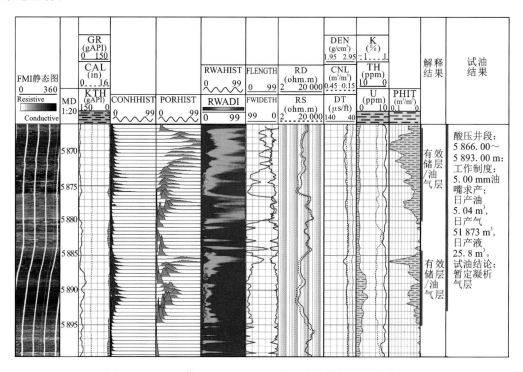

图 6-4-6　ZGC 井 5 870~5 895 m 井段成像资料分布谱特征图

2)典型水层实例

图 6-4-7 是 TZ6CD 井 4 930~4 960 m 井段成像资料分布谱特征图。图中,该段主要
储层段为 4 933~4 955 m 段,成像测井图像颜色极暗,表明该层段电阻率较低;自然伽马
值和去铀伽马值很低,双井径曲线呈直线状;双侧向测井降低,呈明显的"正差异";三孔隙
度曲线变化较大,密度测井值降低,中子测井值、声波测井值略增大;总孔隙度较大,在
6%左右;视地层水电阻率频率分布较为平直,分布区间很窄,无突刺状尖峰。从视地层水
电阻率频率分布均值和方差曲线上可以看到,该段视地层水电阻率均值减少,约为 3 Ω·m,方
差很低,在基线位置,为水层响应。测井解释为有效水层。该井于 2005 年 12 月 19 日至 22

日对 4 922.06～5 000 m 井段进行测试,519 min 累计产水 3.63 m³,折日产水 10.1 m³,测试结论为水层。解释结论与试油结论相符。

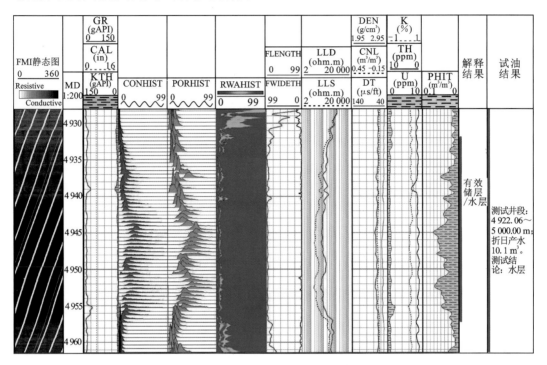

图 6-4-7　TZ6CD 井 4 930～4 960 m 井段成像资料分布谱特征图

6.5　小　　结

　　塔里木盆地奥陶系碳酸盐岩缝洞储层基质孔隙度很低,储集空间主要是后期溶蚀改造形成的次生缝洞。溶蚀改造后的碳酸盐岩缝洞储层总孔隙度也不高,主要为 2％～3％。加之泥浆侵入对储层的污染,直接用测量的电阻率资料计算含油饱和度的方法识别储层流体性质效果不好。

　　本章讨论的几种流体性质识别方法也有其适用范围。基块饱和度方法要以三孔隙度模型孔隙成分计算为基础,三孔隙度模型孔隙成分计算对测井资料的质量要求较高,特别是对声波测井和密度测井资料的质量有要求。投影作图仅对被泥浆侵入的水层识别有效果。常规视地层水电阻率方法及基块饱和度方法适用于孔隙度不高的裂缝-孔洞型储层的含油气性识别。成像视地层水电阻率谱适用于孔隙度小于 3％ 的油水层识别,对孔隙度高的储层段不适用。此外,对于泥浆侵入严重的储层段,上述几种方法均不适用。

第7章 双侧向侵入半径反演方法

前面各章从碳酸盐岩缝洞储层测井资料定性应用到缝洞储层有效性定量评价、流体性质定量识别进行了讨论,也讨论了相应方法应用的局限性。

双侧向测井探测深度深,对泥浆侵入响应灵敏。本章从推导的双侧向测井基本的响应方程出发,应用井筒的泥浆电阻率、井径等资料,根据双侧向测井的实际测井值,对泥浆侵入的情况进行反演。引入一个称为侵入带电阻率径向分布系数的物理量表达地层的渗透特性(有效性);应用反演出来的储层真电阻率值,结合孔隙度测井资料,直接度量储层流体特性。大量的油田实际资料处理表明,这种方法对缝洞型储层的有效性评价及流体性质识别均有较好效果。同时,该方法也可以克服前面几种方法的不足,如孔隙度测井序列不全时储层有效性评价及泥浆侵入较深情况下的流体性质识别等问题。

7.1 碳酸盐岩地层模型与双侧向仪器响应模型

7.1.1 碳酸盐岩地层泥浆侵入电阻率模型与参数反演

地层被钻开后,在井筒附近泥浆侵入渗透层,使井筒附近岩石介质的电阻率径向分布不均匀。导致井中所测量的视电阻率不同于原状地层的真电阻率。通常井筒中泥浆柱压力大于地层孔隙压力,在此压力差作用下泥浆滤液向渗透性地层中渗入,并置换原渗透层孔隙中的流体,这就是所谓泥浆侵入现象。随着泥浆滤液向地层中渗入,泥浆中的固体成分附着在井壁上形成泥饼。由于泥饼的渗透性较差,形成泥饼后,泥浆渗入速度降低,最后达到一种平衡。从井壁到原生地层,泥浆滤液形成一种较稳定的分布。由于泥浆的电阻率与原始地层中流体的电阻率不同,泥浆滤液径向分布的不均匀,导致井筒附近岩石介质电阻率径向分布不均匀。

可见,由于泥浆的侵入井筒附近岩石介质电阻率将发生变化。在靠近井壁处岩层孔隙中的流体几乎全部被泥浆滤液所代替,这部分叫冲洗带,其电阻率为 R_{xo};在冲洗带的外部是一个孔隙中部分充满了泥浆滤液的过渡带,冲洗带和过渡带的总称叫侵入带,其电阻率为 R_i;再向外是未被侵入的原状地层,其电阻率为 R_t,如图 7-1-2 所示。

对碳酸盐岩地层,为简化问题,在后面的讨论中我们将不再区分冲洗带和侵入带,统一称为侵入带。如图 7-1-1 所示,a 为仪器外半径;$2\rho_0$ 为井径;ρ_1 为侵入半径;R_m 为井筒泥浆电阻率;R_{xo} 为侵入带电阻率;R_t 为原状地层电阻率。

当地层孔隙中原来含有的流体电阻率较低时,电阻率较高的泥浆滤液侵入后,侵入带岩石电阻率升高($R_t < R_i$),这种泥浆侵入称为增阻侵入,多出现在水层。其侵入带结构及

径向电阻率变化如图 7-1-3(b)所示。当地层孔隙中原来含有的流体电阻率比渗入地层的泥浆滤液电阻率高时,泥浆滤液侵入后,侵入带岩石电阻率降低($R_t > R_i$),这称为减阻侵入。一般出现在地层水矿化度较高的油层中。其侵入带结构及径向电阻率变化如图 7-1-3(a)所示。泥浆侵入对于测量地层的真电阻率是一种干扰。

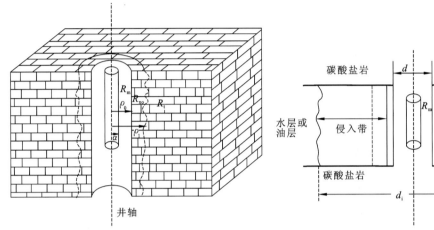

图 7-1-1　碳酸盐岩井筒附近渗透性地层
电阻率分布示意图

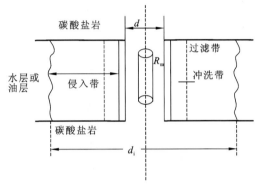

图 7-1-2　泥浆侵入后井周地层电阻率分带

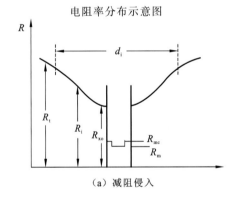

（a）减阻侵入

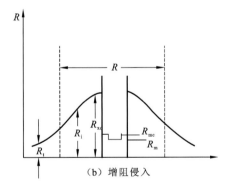

（b）增阻侵入

图 7-1-3　碳酸盐岩地层泥浆后井筒附近地层电阻率随径向深度变化示意图

　　对于减阻侵入的情形,径向上井壁附近岩石的电阻率较低,越向径向深处,地层的电阻率越高。可以将其理想化为阶跃模型,如图 7-1-4(a)所示。图中 a 为仪器半径,ρ_0 为井筒半径,ρ_1 为侵入带半径。

　　如果我们将侵入带半径考虑深一些,则其等效 R_{xo} 则要大一些,同时,侵入带半径也相应增大,将之记为 ρ_2,如图 7-1-4(b)所示。可见,这种阶跃侵入带模型,如果把 R_{xo} 取得大一些,则等效的侵入半径大一些;反之,则小一些。这种阶跃模型是对前面渐变电阻率分布的一种简化和抽象。

　　实际上,对于特定的双侧向测井仪器模型,对于特定井及深度点,侵入带电阻率的分布是确定的,取决于该深度点地层渗透性的好坏。地层渗透性好,其侵入带电阻率分布

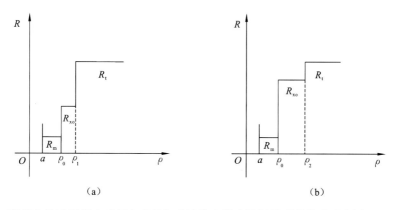

图 7-1-4　理想化的减阻侵入时侵入半径与冲洗带电阻率阶跃模型的关系示意图($a < \rho_0 < \rho_1 < \rho_2$)

宽;地层渗透性差,其侵入带电阻率分布窄。如果用适当的仪器测量模型计算出相应地层的这个侵入带电阻率径向分布参数,则这个参数就表达了地层渗透性的差异。对于用水基泥浆钻开的地层,塔里木盆地奥陶系碳酸盐岩含油气储层的电阻率分布可以简化为这种减阻侵入电阻率分布。而塔里木盆地奥陶系碳酸盐岩水层的电阻率分布可以简化如图 7-1-5 所示的增阻侵入电阻率分布模型。

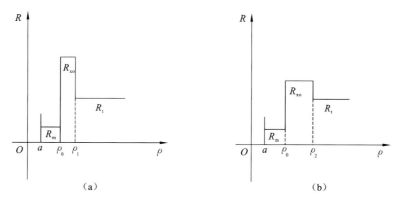

图 7-1-5　理想化的增阻侵入时侵入半径与冲洗带电阻率阶跃模型的关系示意图($a < \rho_0 < \rho_1 < \rho_2$)

7.1.2　双侧向测井仪器响应方程

上述地层渗透模型可以表达到双侧向测井的仪器响应方程中。对柱状电极系,根据双侧向测井原理,经过复杂的推导,有

$$R_{\mathrm{da}} = \frac{K_d}{I_0} \sum_{i=1}^{5} P_{\mathrm{d}i} \cdot U_{\mathrm{d}i} = \frac{K_{\mathrm{d}}}{I_0} U_{\mathrm{d}}(a, \rho_0, \rho_1, R_{\mathrm{m}}, R_{\mathrm{xo}}, R_{\mathrm{t}}) \qquad (7\text{-}1\text{-}1)$$

$$R_{\mathrm{sa}} = \frac{K_s}{I_0} \sum_{i=1}^{5} P_{\mathrm{s}i} \cdot U_{\mathrm{s}i} = \frac{K_{\mathrm{s}}}{I_0} U_{\mathrm{s}}(a, \rho_0, \rho_1, R_{\mathrm{m}}, R_{\mathrm{xo}}, R_{\mathrm{t}}) \qquad (7\text{-}1\text{-}2)$$

式中:U_{d}、U_{s} 为深、浅侧向测井时监督电极 M_1 处的电势;$P_{\mathrm{d}i}$ 与 $P_{\mathrm{s}i}$ 为对应电极屏蔽电流或主电流;$U_{\mathrm{d}i}$ 和 $U_{\mathrm{s}i}$ 为深浅侧向井时各电极上的电势;a 为仪器半径;ρ_0 为井眼半径;ρ_1 为平

均侵入带深度；R_m 为泥浆电阻率；R_{xo} 为平均侵入带电阻率；R_t 为地层原始电阻率；K_d 和 K_s 为深、浅侧向的电极系数；I_0 为主电极 M_0 发出的主电流。

对这组响应方程，用 8 寸[①]井眼地层标准化后，给定仪器、井筒、地层参数可直接计算出地层的视电阻率响应。

7.1.3　侵入带电阻率径向分布系数

根据双侧向仪器的响应方程，给定一组参数 $(a, \rho_0, \rho_1, R_m, R_{xo}, R_t)$ 就可以计算出一对双侧向响应值 R_{da}、R_{sa}。通常仪器半径、井筒半径、泥浆电阻率对于给定的井是确定的。对不同的 R_{xo}、ρ_1、R_t 值就可以得到不同的测井响应值。

特别地，如果给定 R_{xo} 为 R_m 的一个倍数，调节侵入半径 ρ_1 及 R_t 就可以计算出不同的测井响应值。这个计算的测井响应值与实际测井值比较，可以找出与实际测井值最接近的那组给定参数值。进一步，给定 R_{xo} 为 R_m 的另外一个倍数，同样调节 ρ_1 及 R_t，根据双侧向响应方程可以计算不同的测井响应值。找出另外一组与实际测井值最接近的那组参数，这个过程就是所谓"反演"。

用上述方法计算的两个不同的 ρ_1 值，实际上反映了测井深度点附近侵入带的电阻率径向分布信息。为了消除井径不一致引起的各种误差，用不同 R_{xo} 计算的不同 ρ_1 值的差值表达地层的渗透特性。

由于这个差值是在不同 R_{xo} 条件下计算出来的，为了比较不同井段，不同井之间的渗透性的差异，引入比值

$$\lambda = \frac{\Delta\rho_1}{\Delta R_{xo}} \tag{7-1-3}$$

式中：λ 称为侵入带电阻率径向分布系数，用来表达地层的渗透特性。其含义是侵入带电阻率增大 $1\,\Omega \cdot m$ 所需的径向距离。

由上面讨论的过程可知，对于油气层这种减阻侵入模型，侵入带电阻率径向分布系数 λ 大，则表明地层渗透性好；侵入带电阻率径向分布系数 λ 小，则地层渗透性差。可见这个物理量表达了井筒附近地层渗透性的差异。这种差异就是通常说的"有效性"。

7.2　柱状电极在三层介质中的电流势

7.2.1　无旋稳恒电流场的场方程

设在导电介质中有稳恒电流分布且电流密度矢量 $\vec{j}$ 不随时间变化，f 为空间点的电流强度，则

$$\mathrm{div}\,\vec{j} = f \tag{7-2-1}$$

---

① 1 寸＝3.33 cm。

由于电流是无旋的,则存在电势 u,使得

$$\vec{j} = -\mathrm{grad}\, u \tag{7-2-2}$$

于是无旋稳恒电流的电势 u 满足泊松方程

$$\nabla^2 u = -f \tag{7-2-3}$$

电流场在边界满足边界条件:

(1)电介质的边界处电位连续,设 Γ 为边界,则

$$u_{\mathrm{I}}\big|_{\Gamma} = u_{\mathrm{II}}\big|_{\Gamma}$$

(2)导电介质的边界处,电流密度的法矢量连续

$$\frac{1}{R_1}\frac{\partial u_{\mathrm{I}}}{\partial n}\bigg|_{\Gamma} = \frac{1}{R_2}\frac{\partial u_{\mathrm{II}}}{\partial n}\bigg|_{\Gamma}$$

7.2.2　柱状电极产生的势

仪器的电极为圆柱状的,为了把电极的形状特征考虑进来,电极上发出的电流从柱的侧面流出及端面流出。设为均匀圆柱,半径为 a,长度为 H。由于柱外没有电流源,因而电势满足拉普拉斯方程。选用柱坐标系,极点位于圆柱 Z 轴的中点,Z 轴沿圆柱的轴,如图 7-2-1 所示。则柱外电势 u 满足的定解问题为

$$\begin{cases} \nabla^2 u = 0 \\ \dfrac{1}{R}\dfrac{\partial u}{\partial \rho}\bigg|_{\rho=a} = \xi_0 \\ \dfrac{1}{R}\dfrac{\partial u}{\partial z}\bigg|_{z=\frac{H}{2}} = \xi_1, \quad \dfrac{1}{R}\dfrac{\partial u}{\partial z}\bigg|_{z=-\frac{H}{2}} = \xi_1, \quad u(\infty) = 0 \end{cases} \tag{7-2-4}$$

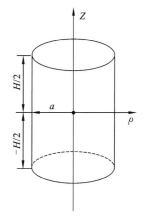

图 7-2-1　双侧向柱状
电极示意图

式中:ξ_0 为圆柱侧面的面电流密度;ξ_1 为圆柱端面的面电流密度;R 为界面处的电阻率。

7.2.3　空间–频率域解

对于级数解,当 $L \to \infty$ 时,不同 L 之间的频率间隔 $\Delta \omega_l = \dfrac{\frac{1}{2}\pi}{\left(L-\dfrac{H}{2}\right)}$ 会变得越来越小,原来关于 L 的求和计算精度不够,要对 ω 进行积分。此外,也可以根据积分形式化为离散形式计算。此时方程的形式解为

$$U(Z,\rho) = \int_{-\infty}^{\infty} A(\omega) Z(\omega) K_0(\omega\rho) \mathrm{e}^{i\omega z}\, \mathrm{d}\omega \tag{7-2-5}$$

式中:ω 为 Z 轴空间频率;$Z(\omega)$ 为方程分离变量后 Z 轴方向解的傅里叶变换;K_0 为零阶

虚宗量 Bessel 函数。利用边界条件可得到积分解的具体表达式。Z 轴上的边界条件为

$$\frac{\partial Z}{\partial z}\bigg|_{z=\frac{H}{2}} = \xi_1 \tag{7-2-6}$$

由傅里叶变换的性质，设 $Z(z)$ 的傅里叶变换为 $Z(\omega)$，则其导数的傅里叶变换为

$$Z'(\omega) = i\omega Z(\omega)$$

将边界条件的右边也展示为傅里叶积分

$$\xi_1 = \frac{\xi_1}{2\pi}\int_{-\infty}^{\infty}\left(\int_{-\infty}^{\infty}e^{-i\omega z}\,dz\right)e^{i\omega z}\,d\omega$$

由傅里叶变换的性质，原函数积分的傅里叶变换为 $\frac{1}{i\omega}F(\omega)$，此处

$$F(\omega) = \frac{1}{2\pi}\int_{-\infty}^{\infty}e^{-i\omega z}\,dz = \delta(\omega)$$

此式也可以表达为实形式的积分

$$i\omega Z(\omega) = \frac{1}{i\omega}F(\omega) = \frac{1}{i\omega\pi\omega}\left(\sin\omega L - \sin\omega\frac{H}{2}\right)$$

$$Z(\omega) = \frac{\xi_1}{(i\omega)^2\pi\omega}\left(\sin\omega L - \sin\omega\frac{H}{2}\right) \tag{7-2-7}$$

利用柱侧的边界条件确定 $A(\omega)$。径向上的边界条件为

$$\frac{\partial u}{\partial \rho}\bigg|_{\rho=a} = \xi_0 \tag{7-2-8}$$

由式(7-2-5)，式(7-2-8)的左边为

$$A(\omega)\cdot Z(\omega)\cdot(i\omega)\cdot K_0'(\omega a)$$

式(7-2-8)右边也表示为傅里叶变换的形式 $g(\omega)$

由 $A(\omega)\cdot Z(\omega)\cdot(i\omega)\cdot K_0'(\omega a) = g(\omega)$，所以

$$A(\omega) = \frac{g(\omega)}{Z(\omega)\cdot(i\omega)\cdot K_0'(\omega a)} \tag{7-2-9}$$

方程在空间-频率域的精确解为

$$U(\omega,\rho) = A(\omega)\cdot Z(\omega)\cdot K_0(\omega\rho) \tag{7-2-10}$$

由格林公式可以证明，满足拉普拉斯方程的解(调和函数)可用边界上的积分来表达。由解的唯一性定理，可知这个解也是唯一解。相应离散形式为

$$U(\omega_j,\rho) = A(\omega_j)\cdot Z(\omega_j)\cdot K_0(\omega_j\rho) \tag{7-2-11}$$

经复杂的化简，可得到 $A(\omega_j)$ 的计算形式

$$A(\omega_j) = \frac{\xi_0}{\xi_1}\omega_j\Big[2\cos(\omega_j L)\cdot\sin\left(\omega_j\frac{H}{2}\right) - \sin(\omega_j H)$$

$$+ i[1-2\cos(\omega_j L)]\cdot\cos\left(\omega_j\frac{H}{2}\right) + \cos(\omega_j H)\Big]\Big/\big[(i\omega_j)\cdot K_0'(\omega_j a)\big]$$

利用式(7-2-11)可计算不同 ρ 值的场量。

7.2.4　三层介质情形

在储层段,测井仪器处于三层介质中。井筒泥浆、侵入带、原生地层,分别用(Ⅰ)、(Ⅱ)、(Ⅲ)表示。与两层介质情况不同的是在第二层介质外面还有一层介质时,此时第二层介质的 E 为待定常数,不为 0。

$$U_\mathrm{I}(Z,\rho) = I_0 R_\mathrm{m}\int A(\omega)Z(\omega)K_0(\omega\rho)\mathrm{e}^{i\omega z}\,\mathrm{d}z + D$$

$$U_\mathrm{II}(Z,\rho) = I_0 R_\mathrm{x0}\int B(\omega)Z(\omega)K_0(\omega\rho)\mathrm{e}^{i\omega z}\,\mathrm{d}z + E$$

$$U_\mathrm{III}(Z,\rho) = I_0 R_\mathrm{t}\int C(\omega)Z(\omega)K_0(\omega\rho)\mathrm{e}^{i\omega z}\,\mathrm{d}z + F$$

约定,无穷远处电位为 0,所以 $F=0$。第一界面,电位连续

$$\left(I_0 R_\mathrm{m}\int A(\omega)Z(\omega)K_0(\omega\rho)\mathrm{e}^{i\omega z}\,\mathrm{d}z + D\right)\Big|_{\rho=\rho_0}$$

$$= \left(I_0 R_\mathrm{xo}\int B(\omega)Z(\omega)K_0(\omega\rho)\mathrm{e}^{i\omega z}\,\mathrm{d}z + E\right)\Big|_{\rho=\rho_0} \tag{7-2-12}$$

$$\Rightarrow I_0 R_\mathrm{m}A(\omega)K(\omega\rho_0) + D = I_0 R_\mathrm{xo}B(\omega)K(\omega\rho_0) + E$$

电流密度法矢量连续

$$\frac{I_0 R_\mathrm{m}}{R_\mathrm{m}}\frac{\partial}{\partial\rho}\int A(\omega)Z(\omega)K_0(\omega\rho)\mathrm{e}^{i\omega z}\,\mathrm{d}z\Big|_{\rho=\rho_0}$$

$$= \frac{I_0 R_\mathrm{xo}}{R_\mathrm{xo}}\frac{\partial}{\partial\rho}\int B(\omega)Z(\omega)K_0(\omega\rho)\mathrm{e}^{i\omega z}\,\mathrm{d}z\Big|_{\rho=\rho_0}$$

有 $I_0 A(\omega)(i\omega K_0(\omega\rho_0)) = I_0 B(\omega)(i\omega K_0(\omega\rho_0))$

$$\Rightarrow A(\omega) = B(\omega) \tag{7-2-13}$$

第二界面电位连续

$$\left(I_0 R_\mathrm{xo}\int B(\omega)Z(\omega)K_0(\omega\rho)\mathrm{e}^{i\omega z}\,\mathrm{d}z + E\right)\Big|_{\rho=\rho_1} \tag{7-2-14}$$

$$= \left(I_0 R_\mathrm{t}\int C(\omega)Z(\omega)K_0(\omega\rho)\mathrm{e}^{i\omega z}\,\mathrm{d}z\right)\Big|_{\rho=\rho_1}$$

第二界面电流密度法矢量连续

$$\frac{I_0 R_\mathrm{xo}}{R_\mathrm{xo}}\frac{\partial}{\partial\rho}\int B(\omega)Z(\omega)K_0(\omega\rho)\mathrm{e}^{i\omega z}\,\mathrm{d}z\Big|_{\rho=\rho_1}$$

$$= \frac{I_0 R_\mathrm{t}}{R_\mathrm{t}}\frac{\partial}{\partial\rho}\int C(\omega)Z(\omega)K_0(\omega\rho)\mathrm{e}^{i\omega z}\,\mathrm{d}z\Big|_{\rho=\rho_1}$$

由此可得

$$B(\omega) = C(\omega) \tag{7-2-15}$$

由式(7-2-13)代入式(7-2-12)

$$I_0 R_\mathrm{m}A(\omega)K_0(\omega\rho_0) + D = I_0 R_\mathrm{xo}A(\omega)K_0(\omega\rho_0) + E \tag{7-2-16}$$

由式(7-2-14)

$$I_0 R_{xo} B(\omega) K_0(\omega\rho_1) + E = I_0 R_t C(\omega) K_0(\omega\rho_1)$$

所以

$$
\begin{aligned}
E &= I_0 R_t C(\omega) K_0(\omega\rho_1) - I_0 R_{xo} B(\omega) K_0(\omega\rho_1) \\
&= I_0 R_t A(\omega) K_0(\omega\rho_1) - I_0 R_{xo} A(\omega) K_0(\omega\rho_1) \\
&= I_0 R_{xo} A(\omega) K_0(\omega\rho_1)\left(\frac{R_t}{R_{xo}} - 1\right)
\end{aligned}
\tag{7-2-17}
$$

式(7-2-17)代入式(7-2-16)有

$$I_0 R_m A(\omega) K_0(\omega\rho_0) + D = I_0 R_{xo} A(\omega) K_0(\omega\rho_0) + I_0 R_{xo} A(\omega) K_0(\omega\rho_1)\left(\frac{R_t}{R_{xo}} - 1\right)$$

所以

$$D = I_0 R_m A(\omega) K_0(\omega\rho_0)\left(\frac{R_{xo}}{R_m} - 1\right) + I_0 R_{xo} A(\omega) K_0(\omega\rho_1)\left(\frac{R_t}{R_{xo}} - 1\right) \tag{7-2-18}$$

$$U_I(Z,\rho) = I_0 R_m \int A(\omega) Z(\omega) K_0(\omega\rho) e^{i\omega z}\,dz + D \tag{7-2-19}$$

按式(7-2-19)实现正反演。

7.3　双侧向测井正演模拟

根据柱状电极在介质中的解(式(7-3-18)和式(7-2-19)),对斯伦贝谢公司的 DLT 双侧向测井仪器(图 7-3-1)及 Atilas 的 DLL-S(1239)双侧向测井仪器按实际尺寸,调节柱状电极端面电流的大小,计算理论屏流比及电极系数,见表 7-3-1。然后,在 8 英寸井眼及地层电阻率为泥浆电阻率 100 倍条件下对仪器模型的响应进行标准化,实现正反演计算。

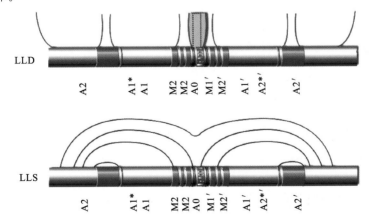

图 7-3-1　DLT 双侧向仪器电极系和仪器测量时电流分布图

表 7-3-1　DLT 与 DLL-S 双侧向仪器模型计算的屏流比与电极系系数

仪器	DLT(CSU)		DLL-S(1239)(5700)		备注
	深侧向	浅侧向	深侧向	浅侧向	DLT 地层厚度 12.3 m,DLL-S 地层厚度 11.4 m,特定的端点面电流
屏流比 1	1.142 5	28.927 0	0.946 2	63.550 0	
屏流比 2	41.396 0		35.827 5		
电极系数	0.890 6	1.458 7	0.769 7	1.567 4	

7.3.1　侵入带或储层电阻率不变,深、浅侧向测井值随侵入半径的变化

1. 给定侵入带电阻率、泥浆电阻率,不同储层电阻率下,深、浅侧向测井值随侵入半径的变化

图 7-3-2 为给定侵入带电阻率(R_{xo}＝200 Ω・m)、泥浆电阻率(R_m＝0.5 Ω・m),不同储层电阻率下(R_t＝50 Ω・m,100 Ω・m,150 Ω・m,200 Ω・m,250 Ω・m,300 Ω・m,350 Ω・m),深侧向测井值随侵入半径的变化图。图中,横坐标 ρ_1 为侵入半径(单位为 m),纵坐标 R_{da} 为深侧向测井值(单位为 Ω・m),R_m、R_{xo}、R_t 分别为泥浆电阻率、侵入带电阻率、储层电阻率(单位均为 Ω・m)。

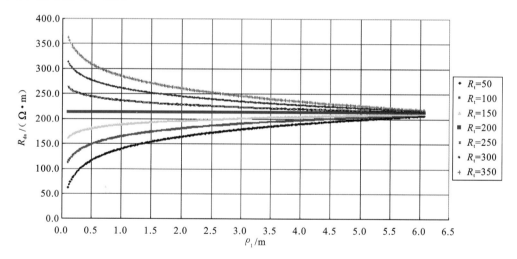

图 7-3-2　6 in 井眼,R_{xo}＝200 Ω・m,R_m＝0.5 Ω・m,不同 R_t 下,R_{da} 随 ρ_1 的变化图

图中红线表示侵入带电阻率等于储层电阻率时,深侧向测井值随侵入半径的变化,它说明当侵入带电阻率等于储层电阻率时,深测向测井值随侵入半径的增大保持不变。以图中红线为界,上半部分表示侵入带电阻率小于储层电阻率时,深侧向测井值随侵入半径的变化,它们说明当侵入带电阻率小于储层电阻率时,深测向测井值随侵入半径的增大而逐渐减小,并逐渐趋近侵入带电阻率;下半部分表示侵入带电阻率大于储层电阻率时,深侧向测井值随侵入半径的变化,它们说明当侵入带电阻率大于储层电阻率时,深测向测井值随侵入半径的增大而逐渐增大,并逐渐趋近侵入带电阻率。

　　双侧向测井的径向探测深度有限,探测深度之内的介质贡献了测井响应值的较大部分;探测深度之外的介质对测井响应值有一定贡献,但比较小;到探测深度一定距离之外甚至可以忽略不计。即当侵入带半径逐渐增大时,侵入带电阻率对测井响应值的贡献会越来越大,径向深处储层电阻率对测井响应值的贡献会越来越小。因此出现上述当侵入带电阻率小于储层电阻率时,深测向测井值随侵入半径的增大而逐渐减小,并逐渐趋近侵入带电阻率;当侵入带电阻率大于储层电阻率时,深测向测井值随侵入半径的增大而逐渐增大,并逐渐趋近侵入带电阻率的现象。

　　当侵入半径大于 5.5 m,不同储层电阻率下的深侧向测井值随侵入半径的变化曲线开始出现交叉重合现象。在交叉点处,不同的储层电阻率对应的深侧向测井值相同,反演此点的侵入半径和储层电阻率时,储层电阻率就存在多解,无法判断反演出的储层电阻率的正确性。

　　图 7-3-3 为给定侵入带电阻率($R_{xo}=200\ \Omega\cdot m$)、泥浆电阻率($R_m=0.5\ \Omega\cdot m$),不同储层电阻率下($R_t=50\ \Omega\cdot m$,$100\ \Omega\cdot m$,$150\ \Omega\cdot m$,$200\ \Omega\cdot m$,$250\ \Omega\cdot m$,$300\ \Omega\cdot m$,$350\ \Omega\cdot m$),浅侧向测井值随侵入半径的变化图。图中,横坐标 ρ_1 为侵入半径(单位为 m),纵坐标 R_{sa} 为浅侧向测井值(单位为 $\Omega\cdot m$),R_m、R_{xo}、R_t 分别为泥浆电阻率、侵入带电阻率、储层电阻率(单位均为 $\Omega\cdot m$)。由图可见,当侵入带电阻率大于、等于或小于储层电阻率时,浅侧向测井值随侵入半径的变化规律与深侧向一致,不再赘述。

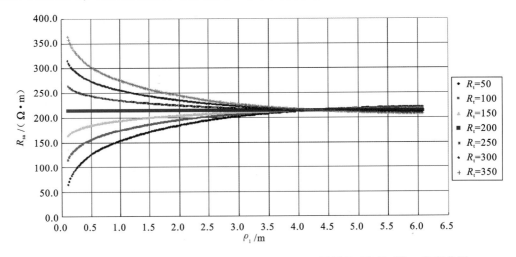

图 7-3-3　6 in 井眼,$R_{xo}=200\ \Omega\cdot m$,$R_m=0.5\ \Omega\cdot m$,不同 R_t 下,R_{da} 随 ρ_1 的变化图

　　对浅侧向,当侵入带半径大于 3.5 m 时,不同储层电阻率下的浅侧向测井值随侵入半径的变化曲线也开始出现交叉重合现象,这会给我们后面的反演带来与深侧向相同的问题,即在某一点处的浅侧向测井值对应多个不同的储层电阻率,反演时就不能得到可信的解。所以对浅侧向,侵入半径的取值上限要小于交叉点处侵入半径值 3.5 m。

　　为了研究侵入带对深、浅侧向测井值影响大小的不同,我们对储层电阻率为 350 $\Omega\cdot m$、侵入带电阻率为 200 $\Omega\cdot m$ 时,几个特定点的测井值作了统计分析,分析结果见表 7-3-2。

表 7-3-2　$R_t = 350.0\ \Omega \cdot m$、$R_{xo} = 200\ \Omega \cdot m$ 时深浅侧向测井值的相对衰减量统计表

侵入半径 ρ_1/m	深侧向值 $R_{da}/(\Omega \cdot m)$	深侧向相对衰减量	浅侧向值 $R_{sa}/(\Omega \cdot m)$	浅侧向相对衰减量
0.20	339.485	0.000	338.083	0.000
0.50	308.616	0.091	302.927	0.104
1.00	285.036	0.160	275.120	0.186
1.50	271.004	0.202	257.446	0.239
2.00	260.839	0.232	244.390	0.277
2.50	252.778	0.255	234.005	0.308
3.00	246.038	0.275	226.182	0.331
3.50	240.200	0.292	220.353	0.348

表 7-3-2 为储层电阻率为 350 $\Omega \cdot$ m 时深、浅侧向测井值的相对衰减量统计表,其中相对衰减量为侵入半径为 0.2 m 时的测井值与其他侵入半径下的测井值之差比上侵入半径为 0.2 m 时的测井值。

由表 7-3-2 可见,同一侵入半径下,浅侧向相对衰减量大于深侧向相对衰减量,即随着侵入半径的增大,浅侧向衰减得更快。浅侧向探测深度小,随着侵入半径的增大,储层电阻率(相对高阻)对浅侧向测井值的贡献很快减小;深侧向探测深度大,随着侵入半径的增大,储层电阻率(相对高阻)对深侧向测井值的贡献缓慢减小。因此出现随着侵入半径的增大,浅侧向测井值衰减得更快的现象。通过表 7-3-2 中的数据便可反推出深侧向测井探测深度较大、浅侧向测井探测深度较小。

2. 不同井径下深侧向测井值随侵入半径的变化

测井值是以 8 in 井眼环境为标准进行刻度后的相对值。当井径不同、其他条件(R_t、R_{xo}、R_m 等)相同时,测井值也有差别。为了研究井径不是标准井径 8 in 时测井值的变化,在前述 6 in 井眼基础上又模拟了井径为标准井径 8 in 和 12 in 时深侧向测井值随侵入半径的变化图。

图 7-3-4 和图 7-3-5 分别为 8 in、12 in 井眼环境下深侧向测井值随侵入半径的变化图,模拟条件除井径外其他均与图 7-3-2 中条件一致。由图可见,井径不同时,测井值随侵入半径的变化规律与前述一致。

图 7-3-2 中,井径为 6 in、储层电阻率等于侵入带电阻率时,深侧向测井值大于储层电阻率;图 7-3-4 中,井径为 8 in、储层电阻率等于侵入带电阻率时,深侧向测井值基本等于储层电阻率;图 7-3-5 中,井径为 12 in、储层电阻率等于侵入带电阻率时,深侧向测井值小于储层电阻率。这表明,当井径小于标准井径时,测井值相对 8 in 井径条件的标准测井值大;当井径大于标准井径时,测井值相对 8 in 井径条件下的标准测井值小。当井径相对较小时,即相当于从井轴到井壁的泥浆层厚度较小,则泥浆电阻率(相对低阻)对测井值的贡献较小;当井径相对较大时,即相当于从井轴到井壁的泥浆层厚度较大,则泥浆电阻率对测井值的贡献较大,所以出现上述现象。在后面的模拟中,井径均设为 6 in,因为塔里木

盆地塔北地区、塔中地区奥陶系地层井眼井径绝大部分为 6 in。

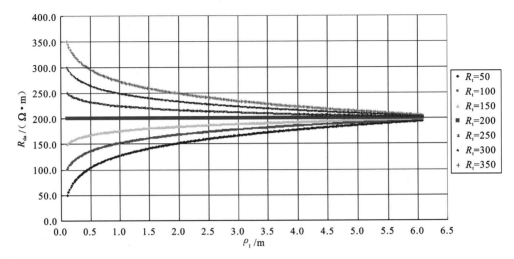

图 7-3-4 8 in 井眼，$R_{xo}=200\ \Omega\cdot m$，$R_m=0.5\ \Omega\cdot m$，不同 R_t 下，R_{da} 随 ρ_1 的变化图

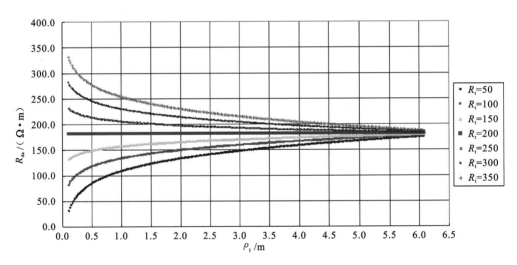

图 7-3-5 12 in 井眼，$R_{xo}=200\ \Omega\cdot m$，$R_m=0.5\ \Omega\cdot m$，不同 R_t 下，R_{da} 随 ρ_1 的变化图

3. 给定储层电阻率、泥浆电阻率，不同侵入带电阻率下，深、浅侧向测井值随侵入半径的变化

图 7-3-6 和图 7-3-7 分别为给定储层电阻率（$R_t=500\ \Omega\cdot m$）、泥浆电阻率（$R_m=0.5\ \Omega\cdot m$），不同侵入带电阻率下（$R_{xo}=100\ \Omega\cdot m$、$200\ \Omega\cdot m$、$300\ \Omega\cdot m$、$400\ \Omega\cdot m$、$500\ \Omega\cdot m$、$600\ \Omega\cdot m$）时，深、浅侧向测井值随侵入半径的变化图。图中，横坐标 ρ_1 为侵入半径（单位为 m），纵坐标 R_{da}、R_{sa} 分别为深、浅侧向测井值（单位为 $\Omega\cdot m$），R_m、R_{xo}、R_t 分别为泥浆、侵入带、储层电阻率（单位均为 $\Omega\cdot m$）。

图中红线表示侵入带电阻率等于储层电阻率时，深（浅）侧向测井值随侵入半径的变

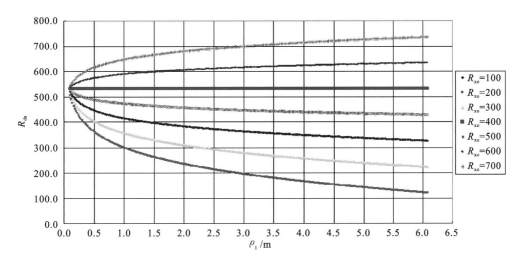

图 7-3-6　6 in 井眼, $R_t = 200\ \Omega \cdot m$, $R_m = 0.5\ \Omega \cdot m$, 不同 R_{xo} 下, R_{da} 随 ρ_1 的变化图

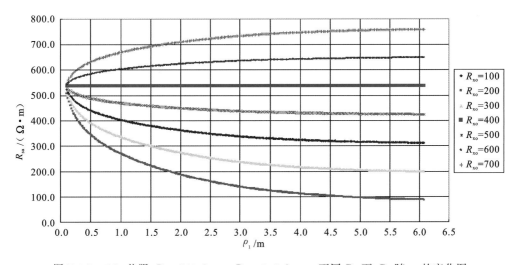

图 7-3-7　6 in 井眼, $R_t = 500\ \Omega \cdot m$, $R_m = 0.5\ \Omega \cdot m$, 不同 R_{xo} 下, R_{sa} 随 ρ_1 的变化图

化,它说明当侵入带电阻率等于储层电阻率时,深(浅)测向测井值随侵入半径的增大保持不变。以图中红线为界,上半部分表示侵入带电阻率大于储层电阻率时,深(浅)侧向测井值随侵入半径的变化,它们说明当侵入带电阻率大于储层电阻率时,深(浅)测向测井值随侵入半径的增大而逐渐增大,并逐渐趋近侵入带电阻率;下半部分表示侵入带电阻率小于储层电阻率时,深(浅)侧向测井值随侵入半径的变化,它们说明当侵入带电阻率小于储层电阻率时,深(浅)测向测井值随侵入半径的增大而逐渐减小,并逐渐趋近侵入带电阻率。对比图 7-3-6 和图 7-3-7 分析可见,在同一侵入半径下,当侵入带电阻率小于储层电阻率时,浅侧向测井值小于深侧向测井值;当侵入带电阻率大于储层电阻率时,浅侧向测井值大于深侧向测井值。前述现象同样表明,侵入带电阻率对浅侧向测井值的影响更大,浅侧向测井的探测深度小于深侧向测井。

沿横轴方向,在同一测井值下,当储层电阻率大于侵入带电阻率时,侵入带电阻率较大的数据点对应的侵入半径较大;当储层电阻率小于侵入带电阻率时,侵入带电阻率较大的数据点对应的侵入半径较小。

7.3.2　侵入带电阻率不变,深、浅侧向测井值随储层电阻率的变化

图 7-3-8 和图 7-3-9 为给定侵入带电阻率($R_{xo}=200\ \Omega\cdot m$)、泥浆电阻率($R_m=0.5\ \Omega\cdot m$),不同侵入半径下,深、浅侧向测井值随储层电阻率的变化图。图中,横坐标 R_t 为储层电阻率,纵坐标 R_{da}、R_{sa} 分别为深、浅侧向测井值(单位为 $\Omega\cdot m$),R_m、R_{xo} 分别为泥浆、侵入带电阻率(单位均为 $\Omega\cdot m$),ρ_1 为侵入半径(单位为 m)。

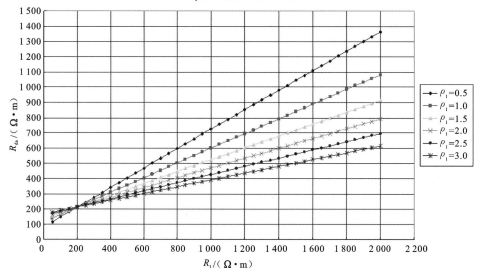

图 7-3-8　6 in 井眼,$R_{xo}=200\ \Omega\cdot m$,$R_m=0.5\ \Omega\cdot m$,不同 ρ_1 下,R_{da} 随 R_t 的变化图

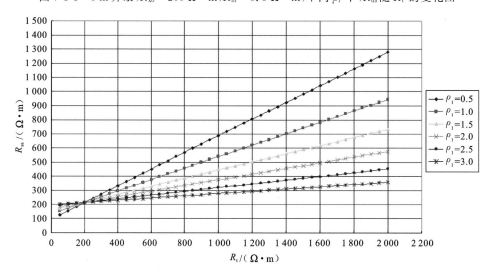

图 7-3-9　6 in 井眼,$R_{xo}=200\ \Omega\cdot m$,$R_m=0.5\ \Omega\cdot m$,不同 ρ_1 下,R_{sa} 随 R_t 的变化图

由图可见,在某一特定的侵入半径下,深、浅侧向测井值随着储层电阻率的增大而增大,并大致呈线性关系。侵入半径越小,深、浅侧向测井值随储层电阻率增大而增大的速度越快,并且同等条件下,深侧向增大的速度大于浅侧向。以储层电阻率 $R_t = 200\ \Omega \cdot m$ 的点为界,左边侵入带电阻率大于储层电阻率,沿纵轴深、浅侧向测井值随着侵入半径的增大而增大;右边侵入带电阻率小于储层电阻率,沿纵轴深、浅侧向测井值随着侵入半径的减小而增大。

7.3.3　储层电阻率不变,深、浅侧向测井值随侵入带电阻率的变化

图 7-3-10 和图 7-3-11 为给定储层电阻率($R_t = 500\ \Omega \cdot m$)、泥浆电阻率($R_m = 0.5\ \Omega \cdot m$),不同侵入半径下,深、浅侧向测井值随储层电阻率的变化图。图中,横坐标 R_{xo} 为侵入带电阻率,纵坐标 R_{da},R_{sa} 分别为深、浅侧向测井值(单位为 $\Omega \cdot m$),R_m、R_{xo} 分别为泥浆、侵入带电阻率(单位均为 $\Omega \cdot m$),ρ_1 为侵入半径(单位为 m)。

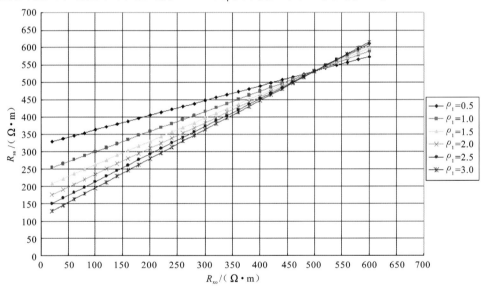

图 7-3-10　6 in 井眼,$R_t = 500\ \Omega \cdot m$,$R_m = 0.5\ \Omega \cdot m$,不同 ρ_1 下,R_{da} 随 R_{xo} 的变化图

由图可见,在某一特定的侵入半径下,深、浅侧向测井值随侵入带电阻率的增大而增大,并大致呈线性关系。侵入半径越大,深、浅侧向测井值随侵入带电阻率增大而增大的速度越快,并且同等条件下,浅侧向增大的速度大于深侧向。

以侵入带电阻率 $R_{xo} = 500\ \Omega \cdot m$ 的点为界,左边侵入带电阻率小于储层电阻率,沿纵轴深、浅侧向测井值随着侵入半径的减小而增大;右边侵入带电阻率大于储层电阻率,沿纵轴深、浅侧向测井值随着侵入半径的增大而增大。

沿横轴方向,在同一测井值下,当储层电阻率大于侵入带电阻率时,侵入带电阻率大的数据点对应的侵入半径较大;当储层电阻率小于侵入带电阻率时,侵入带电阻率大的数

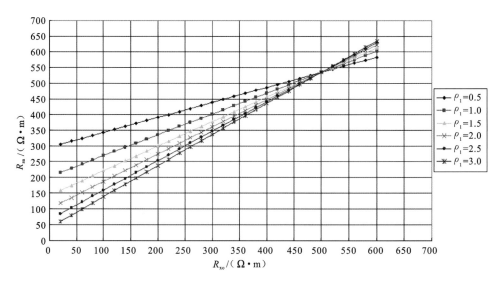

图 7-3-11　6 in 井眼，$R_t = 500\ \Omega \cdot m$，$R_m = 0.5\ \Omega \cdot m$，不同 ρ_1 下，R_{sa} 随 R_{xo} 的变化图

据点对应的侵入半径较小。此规律对后面反演判断流体性质有重要意义。前提一，对于油层，储层电阻率大于侵入带电阻率，为减阻侵入；对于水层，储层电阻率小于侵入带电阻率，为增阻侵入。前提二，实际反演储层电阻率和侵入半径时，侵入带电阻率是人为给定的，用不同的侵入带电阻率反演出的侵入半径有较大差别，但反演出的储层电阻率比较接近。考察储层电阻率和侵入半径的绝对值量意义不大，但考察侵入带电阻率变化时，反演出的侵入半径的变化的意义较大。根据此图所表明的规律，给定不同的侵入带电阻率进行多次反演，若给定的侵入带电阻率越大，反演出的侵入半径越大，则判断为油层；若给定的侵入带电阻率越大，反演出的侵入半径越小，则判断为水层。

7.3.4　侵入半径、侵入带电阻率、储层电阻率对深、浅侧向测井值的影响

　　图 7-3-12 为侵入半径、侵入带电阻率或储层电阻率变化时，深、浅侧向测井值的变化图。图中，纵坐标 index 为索引值，ρ_1 为侵入半径、R_{xo} 为侵入带电阻率、R_t 为储层电阻率、R_{da} 为深侧向测井值、R_{sa} 为浅侧向测井值。段 $0 \sim 50$ 为侵入带电阻率和储层电阻率一定，深、浅侧向测井值随侵入半径的变化；段 $50 \sim 100$ 为侵入半径和侵入带电阻率一定，深、浅侧向测井值随储层电阻率的变化；段 $100 \sim 150$ 为侵入半径和储层电阻率一定，深、浅侧向测井值随侵入带电阻率的变化。

　　由图可见，段 $0 \sim 50$ 表明当侵入带电阻率和储层电阻率不变（储层电阻率大于侵入带电阻率）时，深、浅侧向测井值随侵入半径的增大而逐渐减小，并且深侧向测井值大于浅侧向测井值；段 $50 \sim 100$ 表明当侵入半径和侵入带电阻率不变时，深、浅侧向测井值随储层电阻率的增大而明显增大，其中段 $50 \sim 60$ 储层电阻率小于侵入带电阻率，深侧向测井值小于浅侧向测井值，段 $70 \sim 100$ 储层电阻率大于侵入带电阻率，深侧向测井值大于浅侧向

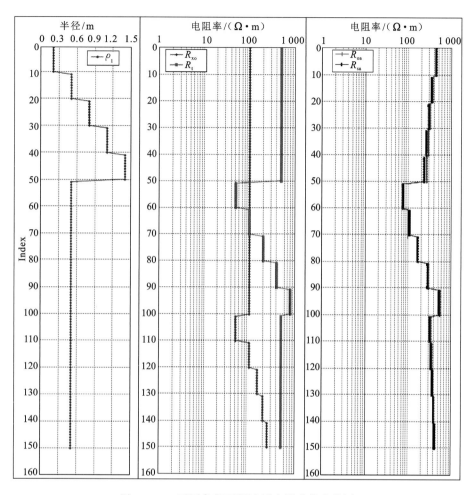

图 7-3-12　不同条件下深浅侧向测井值变化图

测井值;段 100～150 表明当侵入半径和储层电阻率不变(储层电阻率大于侵入带电阻率)时,深、浅侧向测井值随侵入带电阻率的增大而逐渐增大,并且深侧向测井值大于浅侧向测井值。

上述不同角度、参数条件下的正演模拟表明:①深侧向探测深度比浅侧向探测深度大;②浅侧向测井值受侵入带(半径和电阻率)的影响大,深侧向测井值受储层电阻率的影响大(这侧面反映深、浅侧向测井探测深度的不同);③储层电阻率大于侵入带电阻率时,深、浅侧向测井值呈正差异,储层电阻率小于侵入带电阻率时,深、浅侧向测井值呈负差异;④若储层电阻率、深浅侧向测井值一定,侵入带电阻率大时则侵入半径小,侵入带电阻率小则侵入半径大。

模型模拟的深、浅侧向测井值的变化规律与实际的测井情况符合,说明建立的仪器模型可以模拟深、浅侧向测井时的实际情况。

7.4　双侧向侵入半径反演方法的应用

双侧向侵入半径反演方法最后提供侵入带电阻率径向分布系数(λ)和扣除泥浆侵入影响的地层真电阻率(R_t)。其中侵入带电阻率径向分布系数用来表达地层的渗透特性；扣除泥浆侵入影响的地层真电阻率与孔隙度相乘得到视地层水电阻率表示的是地层单位导电性所需要的孔隙度，其大小指示孔隙流体的导电性，可以用来识别流体性质。因此，应用双侧向侵入半径反演方法能同时评价储层有效性和识别储层流体性质。

目前，已将双侧向侵入半径反演方法用于塔里木盆地奥陶系碳酸盐岩直井和水平井储层有效性评价和流体性质识别。应用双侧向侵入半径反演方法评价储层有效性、识别储层流体性质的流程如图 7-4-1 所示。图 7-4-1(a)为直井双侧向侵入半径反演储层有效性评价和流体性质识别流程，首先，利用常规测井资料计算孔隙度及泥质含量；然后，对于以层段为单位的反演方法，要划分储层段，统计平均井径，平均深、浅测向电阻率值等，送入并行反演程序计算 R_{xo}、ρ_1、R_t 等；最后，计算侵入带电阻率分布结构系数及反演真电阻率计算的视地层水电阻率，用这两个参数进行交会，建立评价储层有效性与识别流体性质的标准。与直井相比，水平井双侧向侵入半径反演储层有效性评价和流体性质识别流程

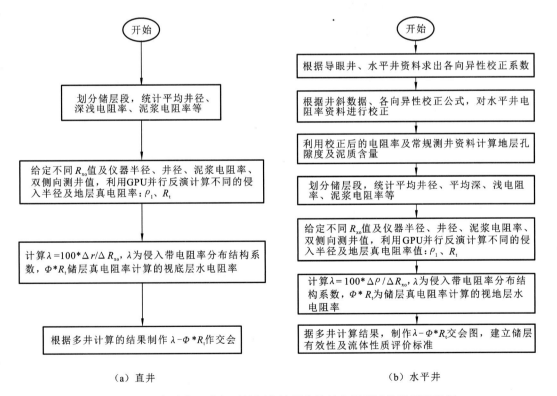

（a）直井　　　　　　　　　　　　　　（b）水平井

图 7-4-1　双侧向侵入半径反演评价储层有效性和识别流体性质流程图

稍有不同,要在孔隙度及泥质含量之前对双侧向电阻率进行电阻率各向异性校正(蔡琳等,2014)。

不同地区的实际资料应用表明,这种根据储层泥浆侵入模型与仪器模型反演的侵入带电阻率分布结构系数与反演真电阻率计算的视地层水电阻率交会评价储层有效性及识别流体的方法既可以应用于水平井测井资料,也可以应用于直井测井资料,方法应用效果良好。

7.4.1   双侧向侵入半径反演方法在塔中地区的应用

1. 塔中地区直井双侧向侵入半径反演应用实例

应用双侧向侵入半径反演方法,对塔中地区 26 口直井 111 个储层段进行逐层反演。排除部分数据点(反演层段未试油或不在试油井段内、含泥储层、异常高阻等)后,利用 22 口井 68 个反演层段(其中 34 个差储层点、14 个水层点、20 个油气层点)中的反演(λ)($100 \times \Delta\rho/\Delta R_{xo}$)和反演的地层真电阻率($R_t$)与孔隙度($\Phi$)的乘积(视地层水电阻率)绘制交会图,如图 7-4-2 所示。图中,横坐标为侵入带电阻率径向分布系数(λ)($100 \times \Delta\rho/\Delta R_{xo}$),纵坐标为反演的地层真电阻率($R_t$)与孔隙度($\Phi$)的乘积(视地层水电阻率)。根据该交会图建立塔中地区奥陶系碳酸盐岩直井储层有效性及流体识别标准见表 7-4-1,对有效的油气层侵入带电阻率径向分布系数(λ)大于 0.5,视地层水电阻率($R_t \times \Phi$)大于 6.5 $\Omega \cdot$ m;对于水层(有效层)侵入带电阻率径向分布系数(λ)大于 0.5。视地层水电阻率($R_t \times \Phi$)小于 6.5 $\Omega \cdot$ m;而差储层的侵入带电阻率径向分布系数(λ)小于 0.5。

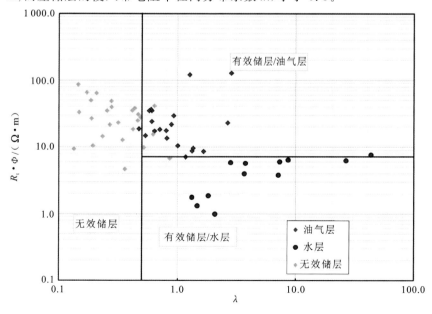

图 7-4-2   反演的直井储层段侵入带电阻率径向分布系数与视地层水电阻率交会图

表 7-4-1　塔中地区奥陶系碳酸盐岩直井储层有效性及流体性质评价标准

储层评价指标	$\lambda(100\times\Delta\rho/\Delta R_{xo})$(S/100)	$Rt\times\Phi/(\Omega\cdot m)$	备注
有效储层/油层	>0.5	>6.5	剔除反演层段未试油或不在试
有效储层/水层	>0.5	<6.5	油井段、含泥储层、异常高阻
差储层	<0.5		等因素的影响

1) 油气层典型实例

图 7-4-3 为 ZGC 井 5 865.5～5 898 m 井段的测井资料反演结果与试油结果对照图。5 865.5～5 898 m 井段反演层段自然伽马值和去铀自然伽马值很低，不含泥；双侧向测井曲线在有孔隙度的层段降低。该井段 5 867～5 876 m 层段反演计算的侵入带电阻率分布结构系数为 0.58，反演的地层真电阻率与孔隙度计算的视地层水电阻率为 34.65 Ω·m，其侵入带电阻率分布较宽，上升相对较慢，起跳侵入半径为 1.99 m(图 7-4-4)；该井段 5 885～5 892 m 层段反演计算的侵入带电阻率分布结构系数为 0.81，反演的地层真电阻率与孔隙度计算的视地层水电阻率为 17.35 Ω·m；上述两段均有渗透性，且为油气层特征。2007 年 7 月 25 日至 26 日对 5 866～5 893 m 井段进行酸压试油，5 mm 油嘴，折日产油 5.04 m³，折日产气 51 873 m³。试油结论为凝析气层。双侧向侵入半径反演结果与试油结果相符。

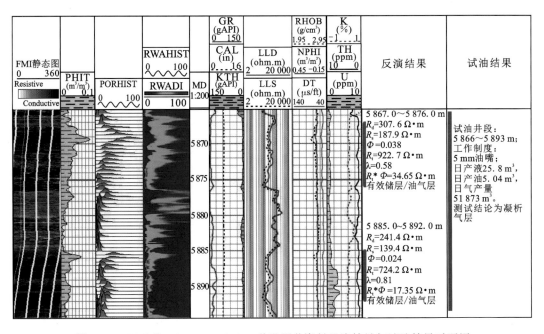

图 7-4-3　ZGC 井 5 865.5～5 898 m 井段测井资料反演结果与试油结果对照图

2) 水层典型实例

图 7-4-5 为 ZG4C 井 5 575～5 614 m 井段的测井资料反演结果与试油结果对照图。5 575～5 614 m 井段自然伽马值和去铀自然伽马值较低；双侧向测井曲线在储层段明显降

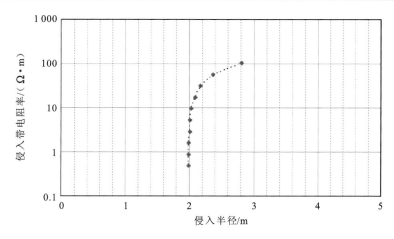

图 7-4-4　ZGC 井 5 867~5 876 m 井段反演侵入带电阻率分布图

低,呈较大"正差异"。该井段 5 582~5 585 m 层段反演计算的侵入带电阻率分布结构系数 λ 为 2.07,反演的地层真电阻率与孔隙度计算的视地层水电阻率为 0.99 Ω·m;该井段 5 590~5 600 m 层段反演计算的侵入带电阻率分布结构系数为 1.82,反演的地层真电阻率与孔隙度计算的视地层水电阻率为 1.85 Ω·m;上述两段均有渗透性,且为水层特征。该井对 5 580~5 605 m 井段敞放试油,折日产水 29.2 m³。测试结论水层(含气)。双侧向侵入半径反演结果与试油结果相符。

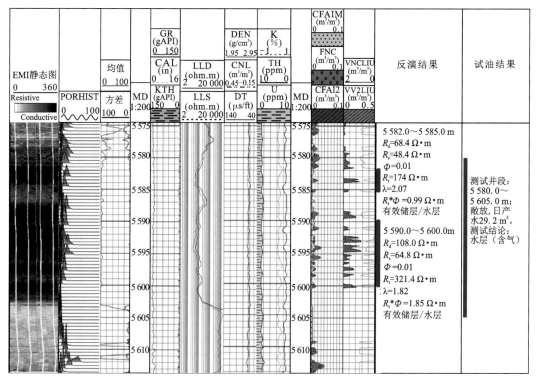

图 7-4-5　ZG4C 井 5 575~5 614 m 井段测井资料反演结果与试油结果对照图

3）差储层典型实例

图 7-4-6 为 TZ2EB 井 4 638～4 704 m 井段的测井资料反演结果与试油结果对照图，该井段自然伽马值和去铀自然伽马值低，不含泥质；计算的孔隙度为 2%～3%；双侧向测井曲线在有孔隙度层段降低，呈较大"正差异"。该井段 4 644～4 650 m 层段反演计算的侵入带电阻率分布结构系数为 0.49，其侵入带电阻率分布上升相对较快，起跳侵入半径为 2.06 m（图 7-4-7）；该井段 4 655.5～4 660 m 层段反演计算的侵入带电阻率分布结构系数为 0.47；该井段 4 685～4 700 m 层段反演计算的侵入带电阻率分布结构系数为 0.64，反演的地层真电阻率与孔隙度计算的视地层水电阻率为 40.92 Ω·m，其侵入带电阻率分布较窄，上升相对较快，起跳侵入半径为 2.95 m（图 7-4-8）；上述三段渗透均较差。2006年 1 月 11 日对 4 618.47～4 725.74 m 井段气举求产，出水 2.94 m³，出油 1.2 m³，测试结论为暂不定性。双侧向侵入半径反演结果与试油结果相符。

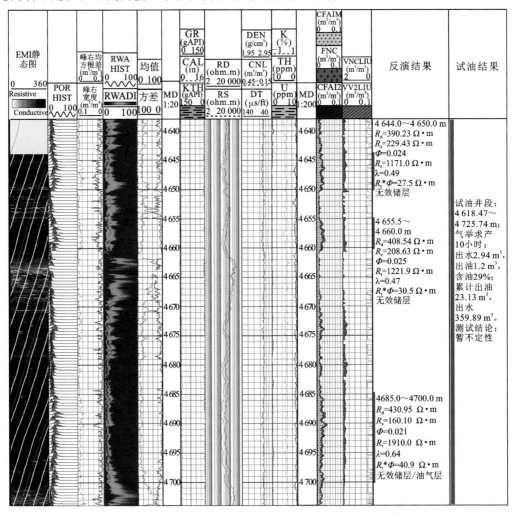

图 7-4-6　TZ2EB 井 4 638～4 704 m 井段测井资料反演结果与试油结果对照图

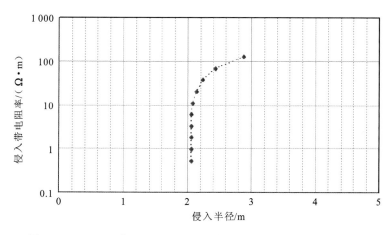

图 7-4-7　TZ2EB 井 4 644～4 650 m 井段反演侵入带电阻率分布图

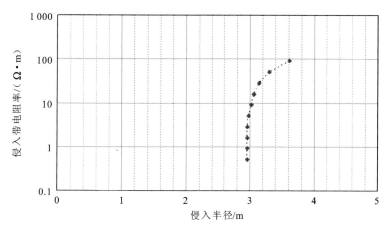

图 7-4-8　TZ2EB 井 4 685～4 700 m 井段反演侵入带电阻率分布图

2. 塔中地区水平井双侧向侵入半径反演应用实例

塔中地区水平井逐层反演了 50 口井 341 个层,为建立储层评价标准,排除部分数据点(反演层段未试油或不在试油井段内、双侧向负差异、含泥储层、异常高阻等)后利用 28 口井 87 个反演层段(其 16 个差储层点、14 个水层点、57 个油气层点)中的反演 λ($100\times\Delta\rho/\Delta R_{xo}$)和反演的地层真电阻率($R_t$)与孔隙度($\Phi$)的乘积(视地层水电阻率)绘制交会图,如图 7-4-9 所示。根据该交会图建立塔中地区奥陶系碳酸盐岩水平井储层有效性及流体识别标准见表 7-4-2,对有效的油气层侵入带电阻率径向分布系数(λ)大于 0.44,视地层水电阻率($R_t\times\Phi$)大于 2.1 $\Omega\cdot$m;对于水层(有效层)侵入带电阻率径向分布系数(λ)小于 0.44,视地层水电阻率($R_t\times\Phi$)小于 2.1 $\Omega\cdot$m;而差储层的侵入带电阻率径向分布系数(λ)小于 0.44。有 2 个含油水层和 1 个油水同层点落在有效储层/水层区域,2 个水层点混在有效储层/油气层区域,9 个低产层点落在有效储层区域。

表 7-4-2　塔中地区奥陶系碳酸盐岩水平井储层有效性及流体性质评价标准

储层评价指标	$\lambda(100\times\Delta\rho/\Delta R_{xo})(S/100)$	$R_t\times\Phi/(\Omega\cdot m)$	备注
有效储层/油气层	大于 0.44	大于 2.1	剔除反演层段未试油或不在试油井段内、含泥储层、异常高阻等因素的影响
有效储层/水层	大于 0.44	小于 2.1	
差储层	小于 0.44		

为评价利用反演的侵入带电阻率分布系数与视地层水电阻率交会建立的水平井储层有效性和流体识别标准的可靠性,选取未参与标准建立的 TZ8D-2H、ZG4DB-H3、TZ8C-H5、ZG1GE-H14 口井,划分储层段,进行电阻率各向异性校正,计算孔隙度、泥质含量,然后在储层段内选取反演层段,统计反演层段内的电阻率平均值、平均井径及泥浆电阻率等参数进行反演计算,反演结果见表 7-4-3。将反演计算参数绘制交会图 7-4-9 上,根据数据点落入的区域来判断相应井段的有效性和流体性质,与试油结果进行对比。结果表明,在孔隙度测井序列不全时或泥浆侵入较深情况下,应用双侧向侵入半径反演方法能很好地评价储层有效性和识别储层流体性质。

表 7-4-3　验证井侵入带参数反演结果表

井号	起始深度/m	终止深度/m	厚度/m	Φ	$R_t\times\Phi$	校正后深侧向 R_d/($\Omega\cdot m$)	校正后浅侧向 R_s/($\Omega\cdot m$)	泥浆电阻率 R_m/($\Omega\cdot m$)	R_t/($\Omega\cdot m$)	$\Delta\rho$/m	ΔR_{xo}/($\Omega\cdot m$)	λ(S/100)	试油结论
TZ8D-2H	5 651.5	5 662.0	10.5	0.018	5.63	81.73	37.38	0.05	304.95	0.20	7.14	2.80	5 541.0~6 390.0 m,凝析气层
	5 677.0	5 692.0	15.0	0.029	5.40	43.72	16.32	0.05	184.73	0.24	3.85	6.24	
	5 773.0	5 782.0	9.0	0.016	3.52	72.59	37.31	0.05	216.46	0.24	7.13	3.36	
	5 893.0	5 898.0	5.0	0.023	3.25	47.68	25.85	0.05	143.03	0.24	5.43	4.42	
	5 907.0	5 912.0	5.0	0.026	7.33	58.34	15.99	0.05	282.95	0.24	3.79	5.28	
ZG4DB-H3	5 704.0	5 714.0	10.0	0.398	6.50	5.45	2.85	0.07	16.34	0.44	1.08	40.89	5 038.0~6 647.2 m,油层
	6 532.0	6 539.0	7.0	0.212	2.58	3.30	1.56	0.07	12.17	0.54	0.64	84.91	
TZ8C-H5	5 658.0	5 664.0	6.0	0.021	3.79	99.37	85.65	0.09	184.08	0.14	15.76	0.89	5 226.0~6 523.0 m,油层
	5 666.0	5 672.0	6.0	0.024	4.48	108.19	96.34	0.09	183.86	0.14	17.19	0.81	
ZG1GE-H1	6 548.0	6 553.0	5.0	0.049	1.00	12.29	10.98	0.07	20.61	0.24	3.16	7.59	6 092.97~7 460.0 m,水层
	6 557.0	6 564.0	7.0	0.059	0.96	9.78	8.75	0.07	16.22	0.22	2.65	8.29	

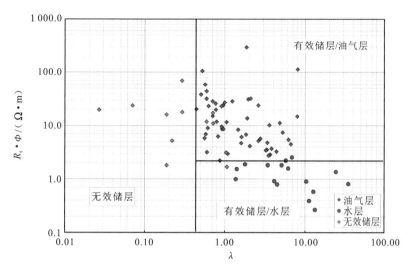

图 7-4-9　反演的塔中地区水平井储层段侵入带电阻率径向分布系数与视地层水电阻率交会图

1）TZ8D-2H 井

TZ8D-2H 井的储层段反演参数未参与储层标准的建立。对该井的电阻率资料进行各向异性校正后，统计储层段的电阻率平均值、平均井径、泥浆电阻率等，将统计结果导入反演程序。选取的 5 个反演层段 5 651.5～5 662 m，5 677～5 692 m，5 773～5 782 m，5 892～5 898 m，5 907～5 912 m 均在试油井段内。这 5 个反演层段数据反演的侵入带电阻率分布结构系数分布在 2.80～6.24，反演的地层电阻率（R_t）计算的视地层水电阻率范围为 3.25～7.36 Ω·m。对比水平井资料建立的评价标准，这 5 个反演层段反演结果均落在有效层/油气层区域，因此可解释该井的这些反演层段为油气层。该井 5 541～6 390 m 井段试油，酸压后试采，2009 年 9 月 19 日 8:00 至 9 月 20 日 8:00 用 8 mm 油嘴求产，产油 32.5 m³，产气 289 508 m³（仅摘录其中一次试油）测试结论为凝析气层。侵入反演解释结果与实际试油结果一致。

2）ZG4DB-H3 井

该井在 5 675～5 755 m 钻遇大套溶洞，其中 5 702～5 714 m 井段的溶洞段储集性最好。为了考察该溶洞段的流体性质，选取 5 704～5 714 m 层段的电阻率平均值进行反演。反演结果见表 7-4-3 及图 7-4-10。该层段反演计算的侵入带电阻率分布结构系数为 40.99，溶洞段的有效性是没有问题的。反演计算的地层真电阻率为 6.50 Ω·m。用此电阻率计算的视地层水电阻率为 5.45 Ω·m。将此参数与评价标准对比，落在有效层/油气层区域内。该井于 2013 年 12 月 9 日对 5 038～6 647.2 m 井段酸化试油，日产油 148 m³，日产气 21 192～23 856 m³，累产水 1 200.21 m³，测试结论为油层。侵入反演解释结果与实际试油结果一致。

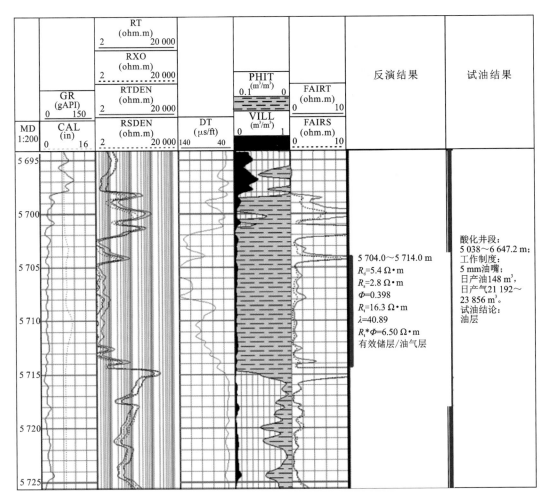

图 7-4-10　ZG4DB-H3 井 5 695～5 725 m 井段测井资料反演结果与试油结果对照图

3）ZG1GE-H1 井

根据测井资料,该井 6 540～6 590 m 井段储集性最好。从中选取 6 548～6 553 m、6 557～6 564 m,6 567～6 573 m 层段的校正后电阻率平均值、平均井径泥浆电阻率等参数进行反演,反演计算结果见表 7-4-3 和图 7-4-11。这三个井段计算的侵入带电阻率分布结构系数为 3.78～8.29,均落在有效储层范围内;反演的地层真电阻率(R_t)计算的视地层水电阻率为 0.88～1.00 Ω·m,均落在水层区,可解释为水层。该井对 6 092～7 460 m 井段酸化试油,2013 年 9 月 18 日至 2013 年 9 月 19 日 12 mm 油嘴,产水 303.84 m³,气微量,测试结论为水层。侵入反演解释结果与实际试油结果一致。

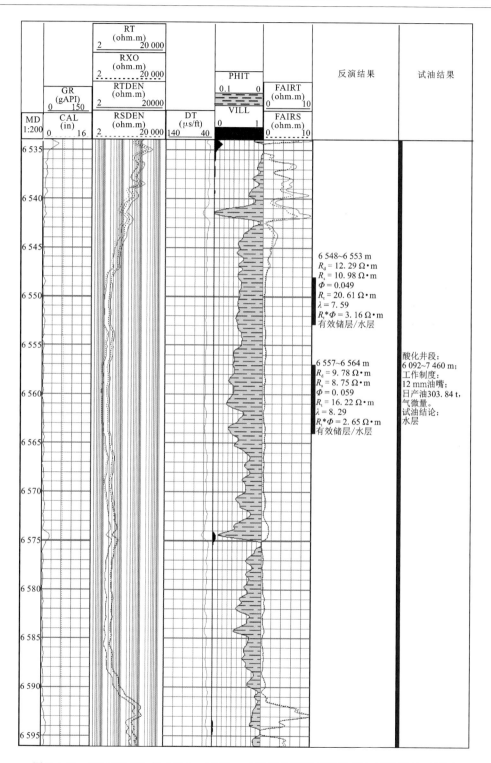

图 7-4-11　ZG1GE-H1 井 6 335～6 595 m 井段测井资料反演结果与试油资料对照图

上述例子表明,若储层段的岩性较纯,不含硅质团块、泥质纹层或缝合线、藻纹层等地质现象,应用各向异性校正后的电阻率进行侵入半径反演提供的侵入带电阻率径向分布系数及反演的地层电阻率计算的视地层水电阻率评价未试油井储层的有效性及流体性质还是可靠的。

7.4.2　双侧向侵入半径反演方法在塔北地区的应用

应用双侧向侵入半径反演方法,对塔北地区哈拉哈塘地区 18 口水平井 94 个层进行了逐层反演,排除部分数据点(反演层段未试油或不在试油井段内、双侧向"负差异"、含泥储层、异常高阻等)后利用 12 口井 38 个反演层段(4 个差储层点、5 个水层点、29 个油气层点)中的反演 λ($100 \times \Delta\rho / \Delta R_{xo}$)和反演的地层真电阻率($R_t$)与孔隙度($\Phi$)的乘积(视地层水电阻率)绘制交会图,如图 7-4-12 所示。根据该交会图建立塔中地区奥陶系碳酸盐岩直井储层有效性及流体识别标准见表 7-4-4,对有效的油气层侵入带电阻率径向分布系数(λ)大于 0.46,视地层水电阻率 $R_t \times \Phi$ 大于 2.8 $\Omega \cdot m$;对于水层(有效层)侵入带电阻率径向分布系数(λ)小于 0.46。视地层水电阻率($R_t \times \Phi$)小于 2.8 $\Omega \cdot m$;而差储层的侵入带电阻率径向分布系数(λ)小于 0.46。

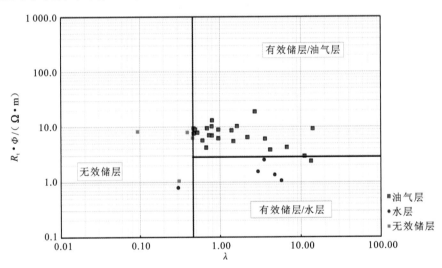

图 7-4-12　反演的哈拉哈塘地区奥陶系水平井储层段侵入带电阻率径向分布系数与
视地层水电阻率交会图

在反演的储层段侵入带电阻率径向分布系数(λ)与视地层水电阻率($R_t \times \Phi$)交会图中,试油为含油水层的 HA6C 井有 1 个数据点落在水层区域,8 个数据点落在油层区域。试油为油水同层的 XK8HC 井有 1 个数据点落在水层区域,3 个数据点落在油层区域。XK7C2 井数据点落在差储层区域,与试油结论不符,核查钻井日志知该井在钻井过程中底部有泥浆漏失,提前完钻,再结合测井资料分析得知该井出水部位为井底测井仪器未测量井段,上部测井井段储层储集性差。

表 7-4-4　哈拉哈塘地区奥陶系碳酸盐岩水平井储层有效性及流体性质评价标准

储层评评价指标	$\lambda(\text{S}/100)$	$R_\text{t}\times\Phi/(\Omega\cdot\text{m})$	备注
有效储层/油气层	大于 0.46	大于 2.8	剔除反演层段未试油或不在试油井段
有效储层/水层	大于 0.46	小于 2.8	内、含泥储层、异常高阻等因素的
差储层	小于 0.46		影响

1）油气层典型实例

图 7-4-13 为 HA6AB-3C2 井 7 025～7 065 m 井段的测井资料反演结果与试油结果对照图。由图可见,该井段井径曲线平直,自然伽马值在 26API 左右,含少量泥质;双

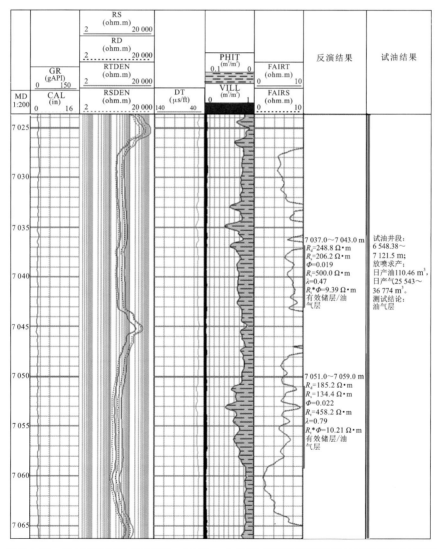

图 7-4-13　HA6AB-3C2 井 7 025～7 065 m 井段测井资料反演结果与试油结果对照图

侧向曲线测井值降低,声波测井曲线波动不大。用声波计算的孔隙度约为3.5%。该井段7 037～7 043 m层段反演计算的侵入带电阻率分布结构系数(λ)为0.47,反演的地层真电阻率与孔隙度计算的视地层水电阻率为9.38 Ω•m;该井段7 051～7 095 m层段反演计算的侵入带电阻率分布结构系数(λ)为0.79,反演的地层真电阻率与孔隙度计算的视地层水电阻率为10.21 Ω•m,且其侵入带电阻率分布较宽,上升相对较慢,起跳侵入半径为1.38 m(图7-4-14);上述两段均有渗透性,且为油气层特征。该井于2011年5月12日15:30至2011年5月16日13:00对井段6 548.38～7 121.5 m放喷求产,日产油110.46 m³,测试结论为油气层。双侧向侵入半径反演结果与试油结果相符。

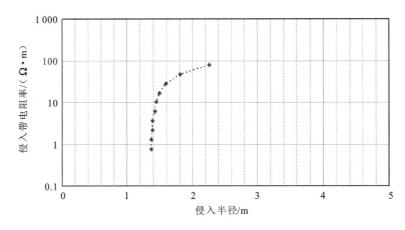

图7-4-14   HA6AB-3C2井7 051～7 059 m井段反演侵入带电阻率分布图

2)水层典型实例

图7-4-15为HA8-2PT1井6 850～6 902 m井段的测井资料反演结果与试油结果对照图。由图可见,该井段井径曲线平直,自然伽马值较低,泥质含量少;双侧向曲线测井值降低,密度、中子测井曲线波动不大。计算的总孔隙度约为3.5%,相对连通孔隙度值较大,较正后的深、浅电阻率值较低,常规视地层水电阻率均值与方差值较小。该井段6 858.8～6 874 m层段反演计算的侵入带电阻率径向分布系数(λ)为3.51,反演的地层真电阻率与孔隙度计算的视地层水电阻率为2.51 Ω•m;该井段6 882～6 890 m层段反演计算的侵入带电阻率径向分布系数(λ)为4.75,反演的地层真电阻率与孔隙度计算的视地层水电阻率为1.35 Ω•m,且其侵入带电阻率分布较宽,上升相对缓慢,起跳侵入半径为1.38 m(图7-4-16);上述两段均有渗透性,且为水层特征。该井于2011年10月29日至2011年10月30日对6 759.2～6 916.5 m井段敞放求产,日产水112 m³,试油结论为水层。双侧向侵入半径反演结果与试油结果相符。

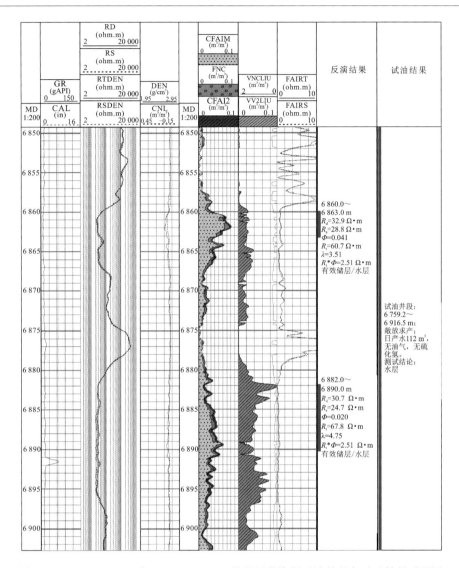

图 7-4-15　HA8-2PT1 井 6 850～6 902 m 井段测井资料反演结果与试油结果对照图

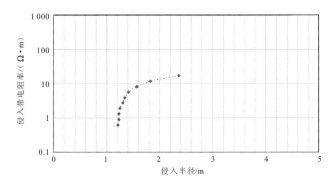

图 7-4-16　HA8-2PT1 井 6 882～6 890 m 井段反演侵入带电阻率分布图

7.5　双侧向正负差异反演相关问题讨论

塔里木盆地奥陶系碳酸盐岩地层主要发育缝洞储层。当储层中发育裂缝时,双侧向测井的正负差异响应受裂缝和流体性质两个因素的影响变得复杂,进而影响双侧向侵入半径反演结果。

对于塔里木盆地奥陶系碳酸盐岩地层,使双侧向测井资料产生正差异的原因主要有两个:①储层流体性质,对于油气层,由于油气不导电,泥浆滤液电阻率小于油气电阻率。当泥浆滤液侵入钻开的地层的孔洞、裂缝等储集空间在井周形成侵入带时,侵入带电阻率要小于井眼径向深处的原始地层电阻率。由于深侧向的径向探测深度比浅侧向探测深度要深,深侧向测量的电阻率会比浅侧向测量的电阻率要高,形成"正差异"。②当地层中发育有等效的高倾角导电通道(倾角大于 60°,如高倾角裂缝)时,也会使双侧向测井资料产生"正差异"。

同样使双侧向测井资料产生"负差异"的原因也有两个:①储层流体性质,由于塔里木盆地奥陶系碳酸盐岩地层的地层水矿化度较高(10 万~20 万 ppm),地层水电阻率很低,通常塔里木盆地奥陶系碳酸盐岩地层的泥浆滤液的电阻率要比地层水电阻率高若干倍,当高电阻率的泥浆滤液侵入钻开的地层的孔洞、裂缝等储集空间在井周形成侵入带时,侵入带电阻率大于井眼径向深处的原始地层电阻率,深侧向的径向探测深度比浅侧向探测深度要深,深侧向测量的电阻率比浅侧向测量的电阻率低,形成"负差异";②当地层中发育有等效的低倾角导电通道(理论上倾角小于 60°,如低倾角裂缝、沿层发育的溶蚀孔洞、平行于地层的缝合线和藻纹层,以及顺层发育的硅质团块或硅质条带)时,也会使双侧向测井资料产生"负差异"。

下面分别讨论"正差异"、"负差异"及深浅侧向几乎无差异情况下的双侧向侵入半径反演。

7.5.1　双侧向"正差异"时($R_d > R_s$)的侵入半径反演

对于塔里木奥陶系碳酸盐岩地层可能产生双侧向测井资料"正差异"响应的情况有:①发育等效的高倾角导电通道的油气储层;②发育等效的低倾角导电通道的油气储层,且油气层的"正差异"响应大于等效的低倾角导电通道的"负差异"响应;③发育等效的高倾角导电通道的含水储层,且水层的"负差异"响应要远小于等效的高倾角导电通道的"正差异"响应。

在实际的双侧向侵入反演过程中,等效的高倾角导电通道的"正差异"响应会被等效成油气层的"正差异"响应。因此,不论是哪种情况产生的"正差异"响应(发育等效的高倾角导电通道的油气储层、发育等效的低倾角导电通道的油气储层或是发育等效的高倾角导电通道的含水储层在反演时都会被等效成油气层"正差异"响应来处理。油气层"正差异"(减阻侵入)情况下的地层参数反演在 7.1.1 小节中已经作了详细讨论,这里就不再继续讨论了。

7.5.2　双侧向"负差异"时($R_d < R_s$)的侵入半径反演

对于塔里木奥陶系碳酸盐岩地层可能产生双侧向测井资料负差异响应的情况也有三种:①发育等效的低倾角导电通道的含水储层;②发育等效的高倾角导电通道的含水储层,且水层的"负差异"响应大于等效的高倾角导电通道的"正差异"响应;③发育等效的低倾角导电通道的油气储层,且油气层的"正差异"响应要小于等效的高倾角导电通道的"负差异"响应。

在实际的双侧向侵入半径反演过程中,上述三种情况下产生的"负差异"响应都被等效成水层"负差异"(增阻侵入)响应。对于水层"负差异"(增阻侵入)的情形,径向上井壁附近岩石的电阻率较高,越向径向深处,地层的电阻率越低。可以将其理想化为阶跃模型,如图 7-1-3(a)所示。如果我们将侵入带半径考虑深一些,则其等效 R_{xo} 则要小一些,同时,ρ_1 也相应增大,如图 7-1-5 所示。可见,对于这种理想化的阶跃侵入带模型,如果我们把 R_{xo} 取得大一些,则等效的侵入半径大一些;反之,则小一些。按照这个水层"负差异"(增阻侵入)电阻率分布模型,我们用适当的仪器测量模型计算出相应地层的侵入带电阻率径向分布参数(λ),用这个参数(λ)就可表达地层渗透性的差异。

7.5.3　深浅侧向几近重合时($R_d \approx R_s$)的侵入半径反演

如前所述,油气层和等效的高倾角导电通道会使双侧向测井资料产生"正差异"的响应;水层和等效的低倾角导电通道会使双侧向测井资料产生"负差异"的响应。当油气层中发育有等效的低倾角导电通道,且油气层的"正差异"响应与等效的低倾角导电通道的"负差异"响应相当相互抵消时,会使得深浅侧向几近重合(微弱的"正差异"或"负差异")。同样当水层中发育等效的高倾角导电通道,且水层的"负差异"响应与等效的高倾角导电通道的"正差异"响应相当相互抵消时,也会出现类似的响应。在上述两种情况下虽然储层有泥浆侵入,但受流体性质和等效导电通道角度的影响深、浅侧向测井值几近重合,在双侧向侵入半径反演模型中会被等效成径向上电阻率变化不大的情况(图 7-5-1),即储层渗透性差泥浆侵入少的情况。在这种情况下,双侧向侵入半径反演结果不能反映储层的渗透性。如图 7-5-2 所示,哈得 24 井 6 412~6 427 m 井段深浅侧向电阻率几近重合,从测井资料上来看该段物性要略好于 6 390~6 396 m 井段,但此段反演的侵入带电阻率径向分布系数(λ)明显比上部 6 390~6 396 m 井段小且存在断续的情况,这主要是受深浅侧向几近重合的影响。该井于 2013 年 8 月 10 日至 2013 年 8 月 28 日对奥陶系 6 314~6 451 m 井段进行酸压试油,4 mm 油嘴,折日产油 110.0 m³,折日

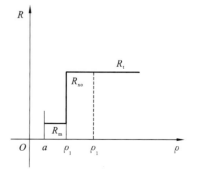

图 7-5-1　理想化的无侵入时侵入半径与冲洗带电阻率阶跃模型的关系示意图(深、浅侧向几近闭合)

产气 15 965 m³,测试结论为油层。

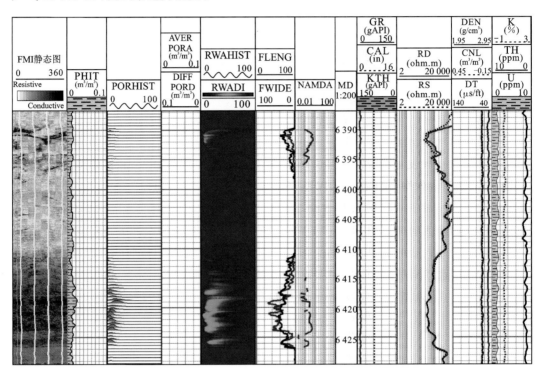

图 7-5-2 哈得 24 井双侧向侵入半径反演逐点处理结果图

综上所述,双侧向侵入半径反演模型能比较好的表达"正差异"和"负差异"的情况,反演结果能表达储层渗透性好坏;双侧向侵入半径反演模型不能表达储层流体性质和不同角度的储层中等效导电通道共同作用形成的深、浅侧向测井值几近重合的情况,此时反演结果不能表达储层渗透性。

第8章 井震结合缝洞储层预测方法与应用

塔里木盆地奥陶系碳酸盐岩地层中发育的裂缝、溶蚀孔洞、溶洞,在地层中是非均匀分布的,导致缝洞储层在横向上和纵向上具有很强的非均质性。由此可见,碳酸盐岩地层中纵向、横向上的非均质性与地层中缝洞储集体相关。在勘探开发实践中,有时会遇到这种情况:井中储层段发育,而酸压之后产量并不好;或者会遇到另外一种情况:井中几乎没有相应的好储层段发育,但酸压之后产量很高。前者表明井中储层好,但井旁储集体并不发育;后者表明尽管井中储层较差,但井旁储集体发育,经过酸压沟通了井旁储集体。这两种情况说明,仅根据测井资料不能完整解释一口单井酸化压裂后的油气产出情况。因此,如果能利用地震资料找到度量地层这种横向与纵向上的非均质性的表达,也就找到了溶蚀缝洞型储层的空间分布情况。

本章主要从四个方面进行讨论,探讨井中储层段与地震表达的井旁储集体之间的关系。第一节讨论动态波形匹配积累振幅差计算方法、地震资料积累振幅差如何表达地层的横向变化和纵向变化及小波分解方法。第二节讨论对实体模型数据的试验结果及响应规律。第三节讨论塔河油田六区、七区风化壳型的缝洞储层段在积累振幅差小波分量厚度对应关系及平面分布范围大小与单井积累产量的关系。第四节以塔北地区哈7井区的资料为例,引入缝洞视体积的概念,讨论研究哈7井区高产稳产井积累振幅差小波分量计算的缝洞视体积与积累产量的关系。最后对预测的几个井点的钻探结果进行讨论。

8.1 地震动态波形匹配积累振幅差计算方法与小波分解

动态规划是20世纪50年代贝尔曼(Bellman et al.,1962;Anderson et al.,1983)在研究具有无后效性的多阶段决策过程最优策略问题的基础上提出最优性原理,"作为整个过程的最优策略具有这样的性质:不管该最优策略上某种状态以前的状态如何,对该状态而言,余下的诸决策必构成最优子策略",即最优策略的任一后部子策略都是最优的。这个原理可以归结为一个递推关系表达式,以描述多阶段决策过程的状态转移。求解过程一般采用逆顺序,即从最终状态开始,逐步推算到初始状态,从而求得最优决策序列及对应的目标函数值。

相邻两条地震道地震波形的波形匹配问题可归结为动态规划中的最优路径选择问题。对相邻两个地震道进行动态波形匹配时,首先必须确定波形匹配的起始采样点、终止采样点和中间的采样点数;然后计算出起始采样点和终止采样点之间的最小振幅差路径,相应的振幅差作为这两条地震道波形的波形相似程度的度量。两条地震道波形越相似,匹配振幅差就越低;反之,两条地震道波形差异越大,匹配振幅差就越高。

如图 8-1-1 所示,对两条相邻地震道地震波形进行动态波形匹配求起始采样点 (A_0,B_0) 与终止采样点 (A_8,B_8) 的波形匹配振幅差,即求起始采样点 (A_0,B_0) 和终止采样点 (A_8,B_8) 之间的最小振幅差路径。根据动态规划原理,首先需要定位到这两条地震道波形进行波形匹配的终止采样点 (A_8,B_8),然后寻找下一个匹配采样点。有三条可能的路径到达下一个匹配采样点:① (A_8,B_8) → (A_7,B_7);② (A_8,B_8) → (A_7,B_8);③ (A_8,B_8) → (A_8,B_7)。最后求出这三条路径中的最小振幅差路径。按照这种方法,逐步计算出从终止采样点 (A_8,B_8) 到起始采样点 (A_0,B_0) 的最短路径。振幅差作为起始采样点与终止采样点之间的波形匹配振幅差。图 8-1-1 中加粗折线表示一种可能的最小振幅差路径。

利用动态规划算法对两条相邻地震道地震波形进行动态波形匹配,计算积累振幅差小波分量研究井旁储层与井中储层的关系,分六步进行:①对地震资料解释成果数据进行插值,使每一条地震道在目的层有起始时间点;②对相邻地震道地震波形进行动态波形匹配,并计算积累振幅差;③对积累振幅差进行二进小波变换分解;④抽出井点处地震道积累振幅差分解分量与测井储层段进行对比;⑤制作与测井资料匹配的积累振幅差分解分量数据体;⑥在积累振幅差分解分量数据体上进行缝洞储层解释。处理流程如图 8-1-2 所示。

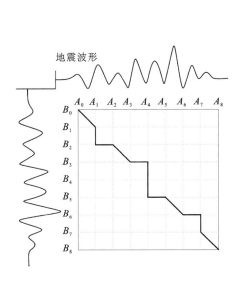

图 8-1-1　动态波形匹配示意图

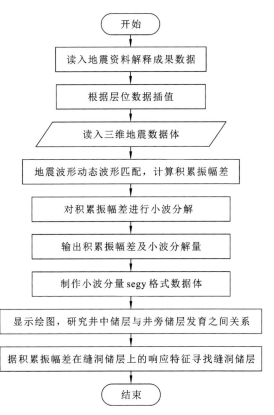

图 8-1-2　动态波形匹配积累振幅差小波分量研究井旁储层与井中储层关系流程图

8.1.1　三维数据体地震波形的动态波形匹配

利用动态规划算法对相邻地震道的地震波形进行动态波形匹配,可以分析某一地震道周围地质体的横向变化,计算结果用于判断地层中是否存在断层、裂缝发育带和大溶洞等(刘瑞林 等,2004)。

利用动态规划原理对两条相邻地震道地震波形进行动态波形匹配,重要的是寻找波形匹配的最小振幅差路径,相应的波形匹配振幅差作为波形相似程度的度量。两个相邻地震道波形越相似,其匹配振幅差越小;反之,两个相邻地震道波形相差越大,表示反射相邻地震道的地质体横向差异越大,匹配振幅差就越大。由此可见,可利用波形匹配振幅差来表示地下地质体的横向变化。下面讨论利用动态规划算法对三维地震数据相邻地震道地震波形进行动态波形匹配的具体方法。

在如图 8-1-3 所示的三维空间地震波形示意图中,与目标地震道 O 相邻的地震道有四条:A、B、C 和 D。因此,在利用动态规划对目标地震道 O 地震波形进行动态波形匹配时,分别对与其相邻的四条地震道地震波形进行动态波形匹配,这样就可求得四个波形匹配振幅差。把这四个波形匹配振幅差的平均值作为目标地震道 O 的动态波形匹配振幅差。

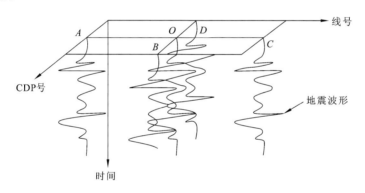

图 8-1-3　三维空间地震波形示意图

波形匹配振幅差度量地层的横向变化的大小。若地层在横向上没有大的变化,则相邻地震道地震波形之间的差异不大,从而波形匹配振幅差值就低。反之,若地层在横向上有较大的变化,如有断层、裂缝发育带或大溶洞等,则相邻地震道地震波形之间的差异变大,从而波形匹配振幅差就高。因此,动态波形匹配振幅差可以作为地层横向变化的一种度量。两者的关系为,地层横向变化小,则波形匹配振幅差低;地层横向变化大,则波形匹配振幅差高。

8.1.2　动态波形匹配积累振幅差计算

应用上述动态波形匹配的方法,可以计算出在给定的采样点数内波形之间的匹配振幅差。由于缝洞储集体在纵向上(深度上)也是变化的,为了表达这种纵向上的变化,利用计算积累振幅差的方法来表达地震道波形振幅在深度上的差异(肖承文 等,2017)。图8-1-4为动态波形匹配积累振幅差表达缝洞横向变化示意图。

设目的层段窗长为 N 个采样点,初始计算时从 $n=2$ 开始进行波形匹配振幅差计算,接着计算 $n=3$ 的波形匹配,一直到 $n=N$,这样就可以得到一条 $n=1,n=2,\cdots,n=N$ 的积累波形匹配振幅差曲线,如图 8-1-4(b)所示。积累波形匹配振幅差曲线是随着采样点的增加而增加的单调增函数。在不同的深度段增加的快慢不同:若在纵向上(某个深度段)地层的横向变化激烈,则积累振幅差变化快,积累振幅差曲线的斜率变大;若在某个深度段地层的横向变化平缓,则积累振幅差曲线斜率变小。由此可知,积累振幅差曲线同时表达了两个方面的信息:一方面表达了在给定的采样点数内地震道波形的横向变化大小;另一方面随着采样点数的增加也表达了积累振幅差随深度变化的快慢,即表达了地层纵向上的非均质性。在塔里木盆地奥陶系碳酸盐岩地层缝洞储层发育深度范围,地层横向上与纵向上的非均质性与缝洞储集体的发育相联系。

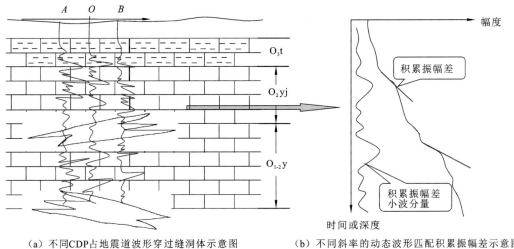

(a) 不同CDP占地震道波形穿过缝洞体示意图 　　(b) 不同斜率的动态波形匹配积累振幅差示意图

图 8-1-4　动态波形匹配积累振幅差表达缝洞横向变化示意图

8.1.3　积累振幅差二进小波变换分解

如前所述,地震道波形动态匹配积累振幅差是随采样点增加而增加的函数,其增加的快慢与地层中缝洞体在纵向、横向上的发育相关。为了研究积累振幅差中的变化信息与井中储层段的联系,对积累振幅差曲线进行二进小波分解,在不同小波分解分量上研究井中储层段与不同阶小波分解谱的关系。二进小波分解的原理与本书前面几章讨论的分解原理是相同的。

对于实际问题,信号的可测分辨率是有限的,不可能计算所有尺度 2^j $(-\infty<j<$

$+\infty$)上的小波变换。分辨率通常取有限值,即把 j 值限定在 $0\sim J$。2^0 表示最高分辨率,2^J 表示最低分辨率。于是可得到信号小波变换的多分辨率表示,如图 8-1-5 所示。这种多分辨率表示对于检测信号的不同级次的变化来说有好的性质:当 j 值较小时,用 θ_{2^j} 对函数 $f(x)$ 光滑化的结果对 $f(x)$ 大的突变部分的形态影响不大;而当 j 值较大时,则此光滑将会将 $f(x)$ 的细小部分(如信号中的高频成分)消去而剩下尺度较大的突变信号(信号中大的变化部分)。因此,具体应用中可根据研究问题的需要选择某些 j 值而检测出某个级次的变化。由图 8-1-5 可见,在 $j=1,2$ 时,积累振幅差小波分量的波峰反映积累振幅差变化大的地方,即缝洞体发育的深度段。在后面井震对比中会详细讨论此问题。

在实现这一算法时采用具有一阶消失矩的小波函数 $\psi(x)$,它是三次 B 样条函数的一阶导数。

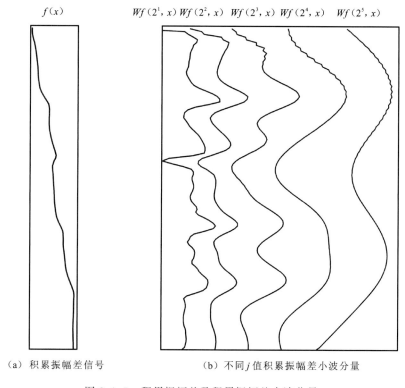

$f(x)$　　$Wf(2^1,x)$　$Wf(2^2,x)$　$Wf(2^3,x)$　$Wf(2^4,x)$　　$Wf(2^5,x)$

（a）积累振幅差信号　　　　　　（b）不同 j 值积累振幅差小波分量

图 8-1-5　积累振幅差及积累振幅差小波分量

8.2　不同地质体的动态波形匹配积累振幅差小波分量响应

为了验证动态波形匹配积累振幅差的小波分解分量是否能较好地表达缝洞纵向、横向的变化,研究了实物物理模型采集处理的地震数据体。物理模型地震数据体中模型的位置、大小、形状及其孔隙流体性质等均为已知,通过这些已知模型来总结积累振幅差方法的响应规律。本节主要从模型位置、形状及厚度三个方面研究积累振幅差方法的响应规律。

8.2.1 模型缝洞体地震数据

选用的物理模型地震模型数据格式为 segy 格式,其线号范围 1～640、道号范围 1～785、道间距 25 m、采样间隔 2 ms、每道采样数 3002 点,经叠加偏移处理。该地震模型平面上的模型模拟地层中的储集体如图 8-2-1 所示[①]。图中不同的符号表示不同形状、不同储集性质的不同储集体,其中有不同孔隙度大小的立方体、长方体、球形体、圆柱体等。110 号线穿过 12 个不同的模拟储集体(图 8-2-2)。对 110 号线与相邻地震道计算的积累振幅差进行二进小波分解,写成 segy 格式并绘图。将积累振幅差方法处理效果与模型数据进行了对比分析。主测线 110 线(Line=110)穿过的模型储集体在纵向上的分布情况如图 8-2-2 所示。该区块实验模型中包括的模拟储集体有球形溶洞、立方体溶洞、圆柱体、定向裂隙带等,如表 8-2-1 所示。

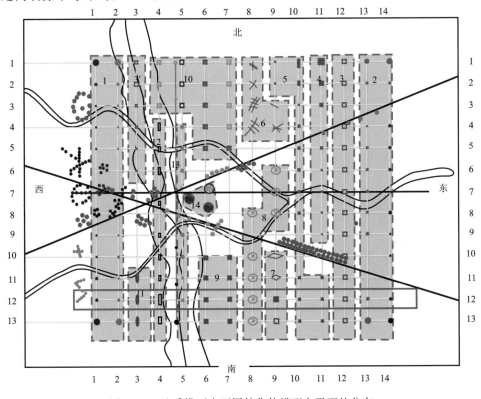

图 8-2-1　地质模型中不同储集体模型在平面的分布

---

① 魏建新,万效图.2011.哈拉哈塘地区奥陶系碳酸盐岩储层物理模型正演研究.内部报告,中国石油天然气股份有限公司塔里木油田分公司勘探开发研究院.

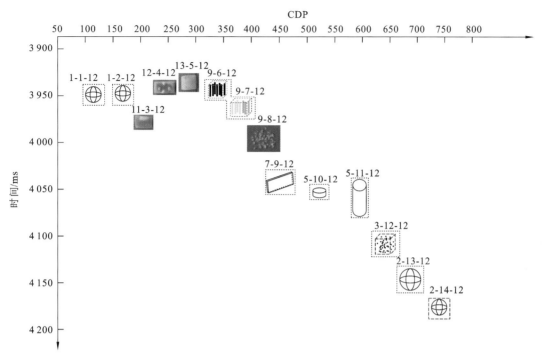

图 8-2-2　模型数据 Line＝110 处地质体模型切片图

表 8-2-1　Line＝110 处地质体模型相关描述统计表

区号	模型编号	模型中心对应线	模型中心对应 CDP	模型形状	模型描述	备注
1 区	1-12	约 110	约 130		直径 90 m 的球形溶洞（潜山岩溶区）	$V_p＝2\ 512$ m/s（相当于 100%孔隙度）
	2-12	约 110	约 170		直径 90 m 的球形溶洞（潜山岩溶区）	$V_p＝3\ 140$ m/s（相当于 82%孔隙度，基质 $V_p＝6\ 000$ m/s，孔隙流体 $V_p＝2\ 512$ m/s）
11 区	3-12	约 110	约 205		长、宽、高分别为 116 m、70 m、64 m 的凤梨型溶洞	$V_p＝2\ 512$ m/s
12 区	4-12	约 110	约 245		垂向多洞组合，小球直径 60 m（4 个小洞）	$V_p＝2\ 512$ m/s
13 区	5-12	约 110	约 288		方形溶洞（与直径为 80 m 的球形溶洞体积相等）	$V_p＝2\ 512$ m/s
9 区	6-12	约 107	约 330		边长为 200 m 的立方体	基质 $V_p＝6\ 000$ m/s，孔隙度为 15%，孔隙中全含油
	7-12	约 110	约 370		边长为 200 m 的立方体	基质 $V_p＝6\ 000$ m/s，孔隙度为 15%，孔隙中一半含气，一半含水

续表

区号	模型编号	模型中心对应线	模型中心对应 CDP	模型形状	模型描述	备注
8 区	8-12	约 108	约 405		大洞群,400 m 直径的球体范围($Vp=6\,000$ m/s)内放置 4 个直径 20 m 的小球($Vp=2\,040$ m/s)	
7 区	9-12	约 109	约 460		定向小裂隙带,200 m×200 m×196 m,立方体,裂隙方向为垂直	黏合剂 $Vp=4\,200$ m/s,裂隙 $Vp=4\,288$ m/s
5 区	10-12	约 110	约 500		直径 80 m、高 25 m 的圆柱体溶洞	$Vp=2\,512$ m/s
	11-12	约 110	约 540		直径 80 m、高 200 m 的圆柱体溶洞	$Vp=2\,512$ m/s
3 区	12-12	约 108	约 585		边长 200 m 的立方体	储集体 $Vp=5\,526$ m/s,孔隙直径 4~8 m,孔隙度 5%,孔隙流体 $Vp=2\,040$ m/s
2 区	13-12	约 109	约 625		直径 150 m 的球形溶洞(层间岩溶区)	$Vp=4\,000$ m/s(相当于 57% 孔隙度,基质 $Vp=6\,000$ m/s,孔隙流体 $Vp=2\,512$ m/s)
	14-12	约 110	约 670		直径 80 m 的球形溶洞(层间岩溶区)	$Vp=2\,512$ m/s

8.2.2　地质体位置和形状大小的动态波形匹配积累振幅差小波分量响应

　　运用动态波形匹配积累振幅差方法对实体模型地震数据体中线号 90~120 的数据进行试算。试算结果显示 Line=110 处的积累振幅差小波分量强度最大,即模型的放置中点位置。Line=110 处动态波形匹配积累振幅差方法处理结果如图 8-2-3 所示。由图 8-2-3 可知,不同位置的模型在积累振幅差方法上均有响应,且响应特征不同,振幅强弱也不同。模型体积越大,则积累振幅差小波分量响应特征越明显,如 CDP 约 330 处为边长为 200 m 的立方体;模型体积较小,则地震资料积累振幅差小波分量响应特征较弱,如 CDP 约 170 处为直径 90 m 的潜山岩溶区球形溶洞。

　　表 8-2-2 为动态波形匹配积累振幅差方法处理实体模型地震数据响应特征表,图 8-2-4、图 8-2-5 分别为球形溶洞及定量裂隙带的积累振幅差方法处理剖面。由图 8-2-4、图 8-2-5 及表 8-2-2 可见,动态波形匹配积累振幅差方法对模型中不同地质体均有响应,模型地质体的形状大小不同,积累振幅差小波分解谱的响应范围有所不同。

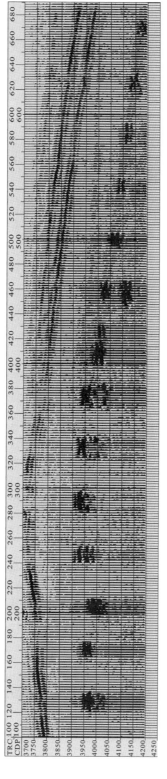

图8-2-3　Line=110处动态波形匹配积累振幅差方法处理剖面图

表 8-2-2　动态波形匹配积累振幅差方法处理模拟地震数据响应特征表

区号	模型编号	模型中心 CDP	模型形状	积累振幅差方法响应特征描述	备注
1 区	1-12	约 130	直径 90 m 的球形溶洞（潜山岩溶区）	随着线号、CDP 号的增加，响应强度由弱到强再到弱；模型底部，直观上显示振幅有多次波现象	$V_p = 2\,512$ m/s（相当于 100% 孔隙度）
	2-12	约 170	直径 90 m 的球形溶洞（潜山岩溶区）	随着线号、CDP 号的增加，响应强度由弱到强再到弱；模型底部，拖尾现象不明显	$V_p = 3\,140$ m/s（相当于 82% 孔隙度，基质 $V_p = 6\,000$ m/s，孔隙流体 $V_p = 2\,512$ m/s）
11 区	3-12	约 205	长、宽、高分别为 116 m、70 m、64 m 的凤梨型溶洞	随着线号的增加，响应强度由弱到强再到弱；不同的 CDP 号响应较均匀，幅度相差不大；模型底部，拖尾现象不明显	$V_p = 2\,512$ m/s
12 区	4-12	约 245	垂向多洞组合，小球直径 60 m（4 个小洞）	随着线号的增加，响应强度由弱到强再到弱；不同的 CDP 号响应较均匀，幅度相差不大；模型底部，拖尾现象不明显；纵向上，有明显 4 处振幅较大的积累振幅差小波分量值	$V_p = 2\,512$ m/s
13 区	5-12	约 288	方形溶洞（与直径为 80 m 的球形溶洞体积相等）	随着线号、CDP 号的增加，响应强度由弱到强再到弱；模型底部，直观上显示振幅有多次波现象	$V_p = 2\,512$ m/s
9 区	6-12	约 330	边长为 200 m 的立方体	随着线号、CDP 号的增加，响应强度由弱到强再到弱；不同的 CDP 号响应较均匀，幅度相差不大；模型底部，直观上显示振幅有多次波现象	基质 $V_p = 6\,000$ m/s，孔隙度为 15%，孔隙中全含油
	7-12	约 370	边长为 200 m 的立方体		基质 $V_p = 6\,000$ m/s，孔隙度为 15%，孔隙中一半含气，一半含水
8 区	8-12	约 405	大洞群，400 m 直径的球体范围（$V_p = 6\,000$ m/s）内放置 4 个直径 20 m 的小球（$V_p = 2\,040$ m/s）	随着线号、CDP 号的增加，响应强度由弱到强再到弱；模型底部，拖尾现象不明显；水平方向上，积累振幅差小波分量特征有间断	
7 区	9-12	约 460	定向裂隙带，200 m×200 m×196 m，立方体，裂隙方向为垂直	随着线号、CDP 号的增加，响应强度由弱到强再到弱；模型底部，拖尾现象不明显；垂直方向上，积累振幅差小波分量特征有间断	黏合剂 $V_p = 4\,200$ m/s，裂隙 $V_p = 4\,288$ m/s

续表

区号	模型编号	模型中心 CDP	模型形状	积累振幅差方法响应特征描述	备注
5 区	10-12	约 500	直径 80 m、高 25 m 的圆柱体溶洞	随着线号、CDP 号的增加,响应强度由弱到强再到弱;模型底部,积累振幅差方法多次波现象不明显	$V_p=2\ 512$ m/s
	11-12	约 540	直径 80 m、高 200 m 的圆柱体溶洞	随着线号的增加,响应强度由弱到强再到弱;不同的 CDP 号响应较均匀,幅度相差不大;模型底部,无拖尾现象	$V_p=2\ 512$ m/s
3 区	12-12	约 585	边长 200 m 的立方体	随着线号的增加,响应强度由弱到强再到弱;不同的 CDP 号响应较均匀,幅度相差不大;模型底部,无拖尾现象	储集体 $V_p=5\ 526$ m/s,孔隙直径 4~8 m,孔隙度 5%,孔隙流体 $V_p=2\ 040$ m/s
2 区	13-12	约 625	直径 150 m 的球形溶洞(层间岩溶区)	随着线号、CDP 号的增加,响应强度由弱到强再到弱;模型底部,拖尾现象不明显	$V_p=4\ 000$ m/s(相当于 57%孔隙度,基质 $V_p=6\ 000$ m/s,孔隙流体 $V_p=2\ 512$ m/s)
	14-12	约 670	直径 80 m 的球形溶洞(层间岩溶区)	由于受计算时间点的限制,4 200 ms 以下未进行计算,积累振幅差方法特征暂不进行描述	$V_p=2\ 512$ m/s

对于球形溶洞(图 8-2-4),在结果剖面上为近似圆形的响应。随着线号的增加,积累振幅差小波分量响应(振幅值)逐渐增大,再逐渐减小;随着 CDP 号的增加,积累振幅差小波分量响应由弱到强再转弱,处于模型中间的振幅响应较大,模型边缘处的振幅响应特征相对较小;在球形溶洞边缘位置,积累振幅差方法响应特征相对较弱,振幅差值有"多次波"状。这些结果表明,对球形溶洞,不同的切片反映了球体不同位置的厚度变化。

对于定向裂隙带(图 8-2-5),仅在边缘位置处有较为强烈的响应,在定向裂隙带中间位置响应不明显。随着线号的增加,积累振幅差小波分量响应逐渐增大,然后逐渐减小;随着 CDP 号的增加,积累振幅差小波分量振幅由弱变强再变弱;在不同时间点,积累振幅差小波分量响应呈间断性,表现为在定向裂隙带的中间位置,积累振幅差小波分量基本没有响应,振幅差值基本为 0。

不同模型的动态波形匹配积累振幅差小波分量的响应特征能够大致反应模型形状。但由于储集体的孔隙度不一致,可能导致积累振幅差小波分量响应特征与模型体形状不一致的情况。例如,中心 CDP 号约 170 处的模型同为直径 90 m 的潜山岩溶区球形溶洞,但该模型的不同 CDP 号的动态波形匹配积累振幅差小波分量相差不大,且模型底部没有类"多次波"现象(图 8-2-6)。

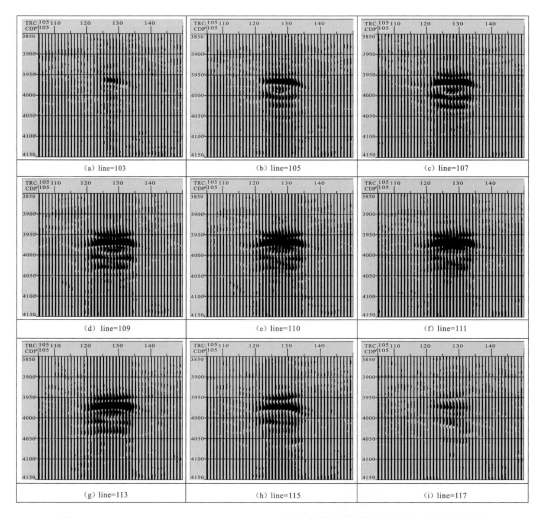

图 8-2-4　Line＝103～117,CDP＝121～137 处球形溶洞积累振幅差方法处理剖面图

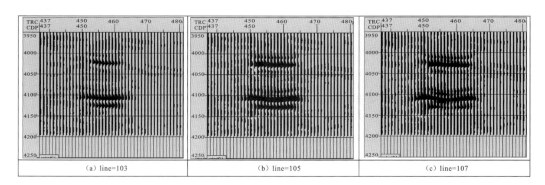

图 8-2-5　Line＝103～117,CDP＝449～464 处定向裂隙带积累振幅差方法处理剖面图

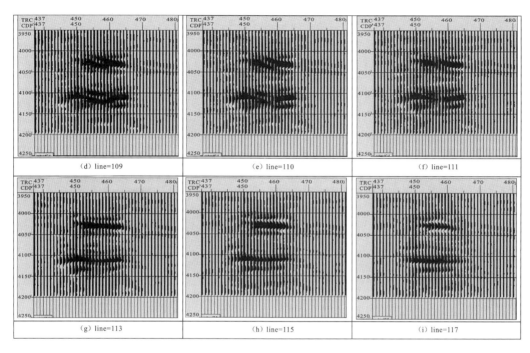

图 8-2-5　Line＝103～117,CDP＝449～464 处定向裂隙带积累振幅差方法处理剖面图(续)

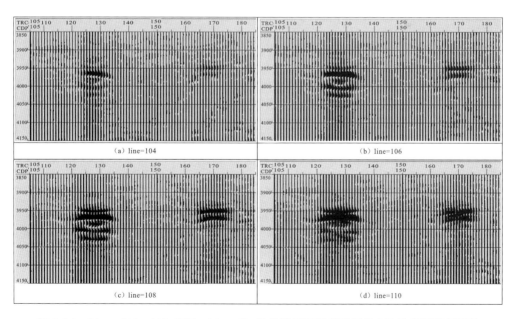

图 8-2-6　Line＝104～117,CDP＝164～175 处球形溶洞积累振幅差方法处理情况剖面图

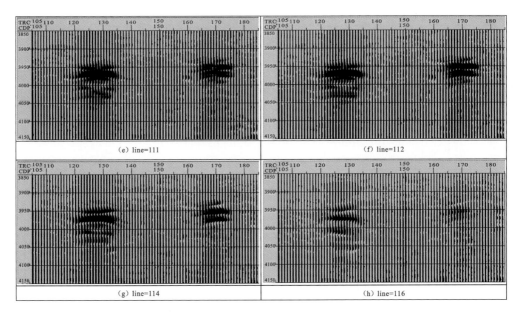

图 8-2-6　Line＝104～117,CDP＝164～175 处球形溶洞积累振幅差方法处理情况剖面图(续)

8.2.3　地质体厚度、范围的动态波形匹配积累振幅差小波分量响应

对不同大小实验模型(Line＝110 处)在积累振幅剖面纵向、横向上响应范围进行统计(表 8-2-3),用以研究不同地质体在地震资料积累振幅差小波分量剖面上的延伸范围,其中重点研究了纵向上厚度追踪效果。

受积累振幅差方法原理的限制及缝洞腔体中类似"多次波"的影响,对模型厚度进行追踪时,应剔除模型开始与结束处相对较弱的振幅差值,选择强幅度差之间的厚度差作为模型厚度。由于积累振幅差方法计算的最大时间点为 4 200 ms,所以仅研究了前 10 个模型的厚度追踪效果。

表 8-2-3　Line＝110 处积累振幅差方法追踪模型延伸范围统计表

区号	模型编号	模型形状	积累振幅差小波分量厚度追踪			备注
			纵向上	南北方向	西东方向	
			对应时间点/ms(折算视厚度/m)	Line 范围	CDP 范围	
1区	1-12	直径 90 m 的球形溶洞(潜山岩溶区)	3 950～3 975(75)	104～117	121～133	$V_p＝2\,512$ m/s(相当于 100%孔隙度);道间距 25 m
	2-12	直径 90 m 的球形溶洞(潜山岩溶区)	3 950～3 975(75)	105～115	164～174	$V_p＝3\,140$ m/s(相当于 82%孔隙度,基质 $V_p＝6\,000$ m/s,孔隙流体 $V_p＝2\,512$ m/s)

区号	模型编号	模型形状	积累振幅差小波分量厚度追踪			备注
			纵向上	南北方向	西东方向	
			对应时间点/ms（折算视厚度/m）	Line 范围	CDP 范围	
11区	3-12	长、宽、高分别为116 m、70 m、64 m 的凤梨型溶洞	3 965～3 990（75）	103～117	199～209	$V_p=2\,512$ m/s
12区	4-12	垂向多洞组合,小球直径60 m(4 个小洞)	3 930～3 960（90）	103～119	240～251	$V_p=2\,512$ m/s
13区	5-12	方形溶洞(与直径为80 m 的球形溶洞体积相等)	3 910～3 945（105）	103～118	281～295	$V_p=2\,512$ m/s
9区	6-12	边长为 200 m 的立方体	3 930～3 990（180）	102～118	324～339	基质 $V_p=6\,000$ m/s,孔隙度为 15%,孔隙中全含油
	7-12	边长为 200 m 的立方体	3 940～3 970（225）	103～120	365～381	基质 $V_p=6\,000$ m/s,孔隙度为 15%,孔隙中一半含气,一半含水
8区	8-12	大洞群,400 m 直径的球体范围内,放置 4 个直径 20 m 的小球	3 950～4 025（75）	96～117	两部分:399～415、420～429	大球体范围基质 $V_p=6\,000$ m/s;小球体 $V_p=2\,040$ m/s
7区	9-12	定向小裂隙带,200 m×200 m×196 m,立方体,裂隙方向为垂直	4 030～4 130（300）	103～118	449～464	黏合剂 $V_p=4\,200$ m/s;裂隙 $V_p=4\,288$ m/s
5区	10-12	直径 80 m、高 25 m 的溶洞	4 055～4 080（75）	105～114	494～503	$V_p=2\,512$ m/s
	11-12	直径 80 m、高 200 m 的溶洞	4 080～4 105（75）	104～113	536～546	$V_p=2\,512$ m/s;4 200 ms 以下未计算积累振幅差小波分量值,纵向上厚度可能不正确
3区	12-12	边长 200 m 的立方体	4 110～4 135（75）	103～117	577～591	储集体 $V_p=5\,526$ m/s,孔隙直径 4～8 m,孔隙度 5%,孔隙流体 $V_p=2\,040$ m/s;4 200 ms 以下未计算积累振幅差小波分量值,纵向上厚度可能不正确
2区	13-12	直径 150 m 的球形溶洞（层间岩溶区）	4 130～4 155（75）	106～114	618～630	$V_p=4\,000$ m/s(相当于 57%孔隙度,基质 $V_p=6\,000$ m/s,孔隙流体 $V_p=2\,512$ m/s);4 200 ms 以下未计算积累振幅差小波分量值,纵向上厚度可能不正确
	14-12	直径 80 m 的球形溶洞（层间岩溶区）	4 160～4 180（60）	106～115	663～673	$V_p=2\,512$ m/s;4 200 ms 以下未计算积累振幅差小波分量值,纵向上厚度可能不正确

用积累振幅差方法对模型厚度进行追踪时应注意两个事实：①在模拟缝洞体的顶部以上，由于远道集上有折射波快于反射波，叠加偏移后，在缝洞体顶部仍有相应的响应；②在缝洞体的底部以下，由于缝洞腔体有类似"多次波"的响应，因而在缝洞体的底部以下仍残留相应的响应，形成所谓的"串珠"。可见，"串珠"只有中间一部分是与实际缝洞大小相关联的。

由表8-2-3可知，积累振幅差方法可以大致追踪模型的延伸范围，较大模型的积累振幅差小波分量响应范围较广。纵向上模型形状较规则的视厚度的追踪效果较好，如不含流体的球形溶洞（模型1-12、2-12）及长方体溶洞（模型3-12），追踪视厚度与实际模型厚度相差不大（误差15 m左右）；对于含流体的立方体的厚度追踪效果较差（模型6-12、7-12），与实际模型厚度相差较远（误差20 m左右）。但也有例外，如直径为80 m、高为25 m的圆柱体（模型10-12），视厚度与实际厚度相差50 m。模型4-12、5-12、8-12、9-12为不规则的模型体，未对比视厚度与实际厚度。

8.3　塔河油田六区、七区风化壳型储层井震对比

塔河油田六区、七区石炭系巴楚组地层直接覆盖在长期风化暴露的鹰山组地层上，鹰山组地层为开阔台地—局限台地相沉积环境，台地相碳酸盐岩的岩性在横向上是较均匀的。后期的构造运动产生的断层、裂缝，岩溶作用产生的溶蚀缝洞使目前的地层在纵向、横向上具有非均质性，即风化壳以下的鹰山组地层纵向、横向上的非均质性与溶蚀缝洞相关联。本节讨论应用地震三维数据体动态波形匹配积累振幅差方法提取的积累振幅差小波分量进行井震对比，研究井中储层与井周储集体之间的关系。对塔河六区、七区三维高精度地震资料覆盖区典型井进行测井储层划分的储层段与井点处地震资料积累振幅差方法划分的储层段厚度进行对比表明，积累振幅差方法能够反映井点处储层段的发育情况，提取的井点处积累振幅差小波分量厚度与测井资料划分的储层段厚度相近。应用积累振幅差小波分解分量构成的数据体追踪储集体横向上的发育范围，与井中累计产量进行对比表明，应用积累振幅差方法追踪储集体发育范围大小与井中积累产量有好的对应关系。动态波形匹配积累振幅差小波分量表达的储集体的横向延伸范围广、厚度大，井中积累产量高；反之，积累产量较低。

8.3.1　地震资料积累振幅差小波分量厚度与测井储层厚度对比

对塔河油田六区、七区约258.7 km² 的三维高精度地震资料覆盖区进行动态波形匹配积累振幅差方法处理。三维高精度地震资料道间距25 m、采样间隔2 ms。抽出井点处地震资料积累振幅差小波分量与测井储层进行厚度对比，共对比58口井153个层段。从中选出响应特征较明显的43口井116个层段的积累振幅差小波分量储层厚度与测井资料划分的储层段厚度进行交会，交会效果如图8-3-1所示。

由交会图可以看出，地震资料积累振幅差方法提取的积累振幅差小波分量厚度与测井资料划分的储层段的厚度呈线性关系，相关系数较大。由此可知，积累振幅差小波分量储层厚度与测井储层厚度存在相关性，积累振幅差小波分量划出的储层厚度能够体现井

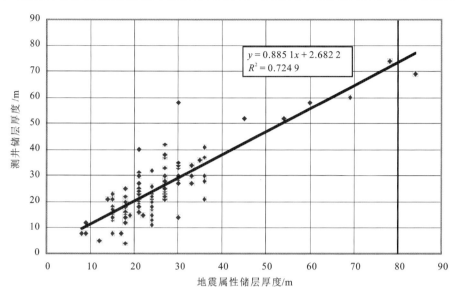

图 8-3-1　塔河六区、七区部分井积累振幅差小波分量厚度与测井储层厚度交会图

中储层段厚度。下面是几口井地震资料提取的积累振幅差小波分量厚度与测井储层厚度对比实例。

　　TK7BF 井测井资料储层段(部分合并后的)与井点处地震资料提取的积累振幅差小波分量厚度段对应关系如图 8-3-2 所示。图的左边为测井资料综合分析图,图的右边为该井井点处地震资料动态波形匹配费用的多分辨率分解分量图,图中红色实线为该井点处地震资料动态波形积累振幅差小波变换一阶变换结果,蓝色实线为二阶变换结果,鲜绿色实线为三阶变换结果,灰色实线为四阶变换结果。$j=1$ 与 $j=2$ 的积累振幅差小波分量反映井中储层段厚度的变化。由地震资料动态波形匹配积累振幅差小波变换原理可知,一阶小波变换曲线大于零的部分是地震资料横向变化大的地方储层发育(缝洞发育)。由图 8-3-2 可见,在风化壳(5 543 m),地震资料提取的积累振幅差小波分量显示为三大套储层,第一套储层为风化壳下 66～93 m 井段,厚度为 27 m;第二套储层为风化壳下 126～147 m 井段,厚度为 21 m;第三套储层为风化壳下 162～231 m 井段,厚度为 69 m。测井资料上也显示为三大套储层(部分储层段进行了合并),第一套储层为 5 554～5 587 m 井段,厚度为 33 m;第二套储层为 5 604～5 622 m 井段,厚度为 18 m;第三套储层为 5 650～5 710 m 井段,厚度为 60 m。该井测井资料划分的储层段与地震资料提取的积累振幅差小波分量厚度段在厚度和层位(深度)上都有较好的对应关系。

　　S6X 井测井资料储层段(部分合并后的)与井点处地震资料提取的积累振幅差小波分量厚度段对应关系如图 8-3-3 所示。由图可见,在风化壳(5 468 m),地震资料提取的积累振幅差小波分量显示为五大套储层,第一套储层为风化壳下 39～54 m 井段,厚度为 15 m;第二套储层为风化壳下 81～102 m 井段,厚度为 21 m;第三套储层为风化壳下 117～144 m 井段,厚度为 27 m;第四套储层为风化壳下 168～177 m 井段,厚度为 9 m;第五套储层为风化壳下 210～240 m 井段,厚度为 30 m。测井资料上也显示为五大套储层(部分储层段

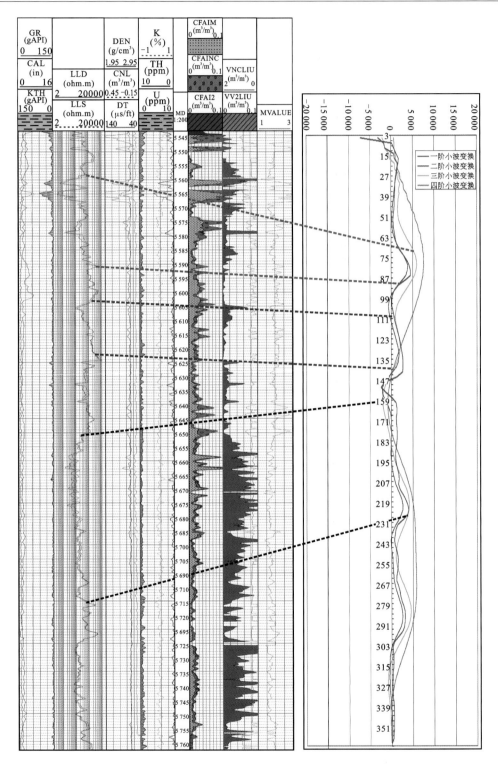

图 8-3-2 TK7BF 井测井资料储层段与井点处地震资料积累振幅差小波分量厚度段对应关系图

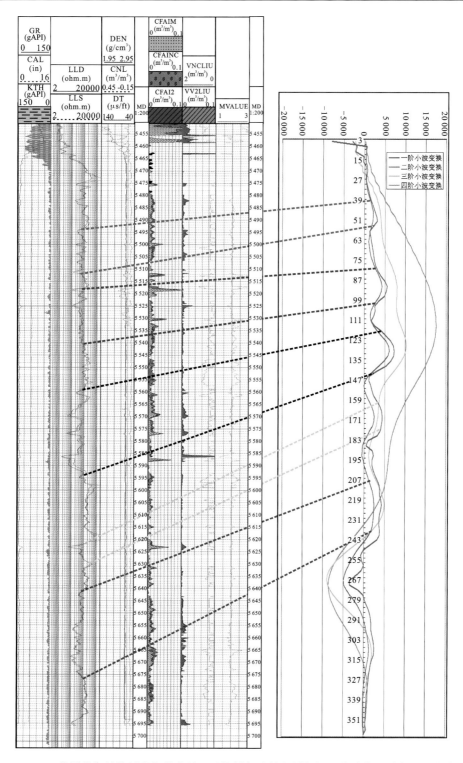

图 8-3-3　S6X 井测井资料储层段与井点处地震资料提取的积累振幅差小波分量厚度段对应关系图

进行了合并），第一套储层为 5 494～5 512 m 井段，厚度为 18 m；第二套储层为 5 518～5 540 m 井段，厚度为 22 m；第三套储层为 5 558～5 591 m 井段，厚度为 33 m；第四套储层为 5 620～5 628 m 井段，厚度为 8 m；第五套储层为 5 642～5 675 m 井段，厚度为 33 m。该井测井资料划分的储层段与地震资料提取的积累振幅差小波分量厚度段在厚度和层位（深度）上都有较好的对应关系。

TK7DA 井测井资料储层段（部分合并后的）与井点处地震资料提取的积累振幅差小波分量厚度段对应关系如图 8-3-4 所示。由图可见，在风化壳（5 519 m），地震资料提取的积累振幅差小波分量显示为两大套储层，第一套储层为风化壳下 42～66 m 井段，厚度为 24 m；第二套储层为风化壳下 85～135 m 井段，厚度为 50 m。测井资料上也显示为两大套储层（部分储层段进行了合并），第一套储层为 5 525～5 550 m 井段，厚度为 25 m；第二套储层为 5 564～5 612 m 井段，厚度为 48 m。该井测井资料划分的储层段与地震资料提取的积累振幅差小波分量厚度段在厚度和层位（深度）上都有较好的对应关系。

上述 3 口井的地震资料积累振幅差方法划分的储层段与测井资料划分的储层段对比结果表明，积累振幅差方法能够反映井点处储层段的发育情况，且提取的积累振幅差小波分量厚度与测井资料划分的储层段厚度接近。

一些试油为干井的井震对比也显示出一致性，如 TK7BX 井（图 8-3-5）。由图 8-3-5 可见，TK7BX 井测井资料显示井中储层不发育，该井地震资料积累振幅差一阶小波变换曲线振幅值较小，整口井的积累振幅差小波分量值波动不大，划分不出储层段，与测井资料解释结果一致。

8.3.2　井点周围积累振幅差小波分量追踪的储集体范围与累积产量对比

缝洞储集体的发育范围影响着井中储层油气产量，应用动态波形匹配积累振幅差小波分量可以追踪储集体横向上的发育范围。将井点周围地震积累振幅差小波分量追踪的井周储集体发育范围与井中试油结果进行对比，研究了井周储集体的发育范围与井中累计产量的关系。

TK7BF 井、TK6BX 井、S6X 井及 TK7EF 井 4 口井动态波形积累振幅差方法提取的井周地震积累振幅差小波分量响应特征，以及与积累产量的对比情况见表 8-3-1。从表中井周储集体的延伸情况与试油或累计产量对比可发现，井周储集体延伸范围大，累计产量高，反之，累计产量低。这 4 口井井周位置不同线号处的积累振幅差小波分量剖面具体如图 8-3-6～图 8-3-9 所示。

图 8-3-6 为 TK7BF 井前后各取四条不同测线号的动态波形匹配积累振幅差方法处理结果剖面。由图可见，井点周围不同测线号的积累振幅差小波分量较大，相邻道号间的横向连通性较好。西东方向储集体 Line 延伸范围为 528～537，西东方向上展布范围为 135 m 左右；南北方向储集体 CDP 延伸范围为 873～889，南北方向上展布范围约 165 m。由此可见，该井在南北、西东方向储集体均较发育。而该井的 5 627～5 687 m 井段，五年积累产油 19.04×10^4 t，累计产水 0.62×10^4 t；5 534.33～5 576 m 井段，一年积累产油 1.37×10^4 t，累计产水 1.14×10^4 t。

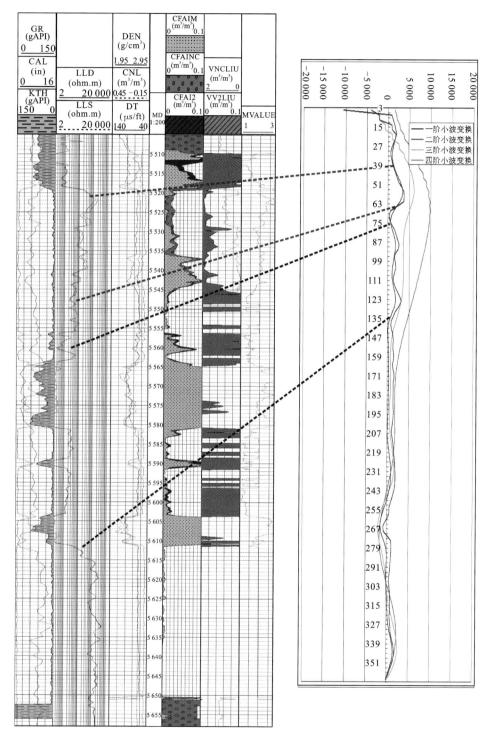

图 8-3-4　TK7DA 井测井资料储层段与井点处地震资料提取的积累振幅差小波分量厚度段对应关系图

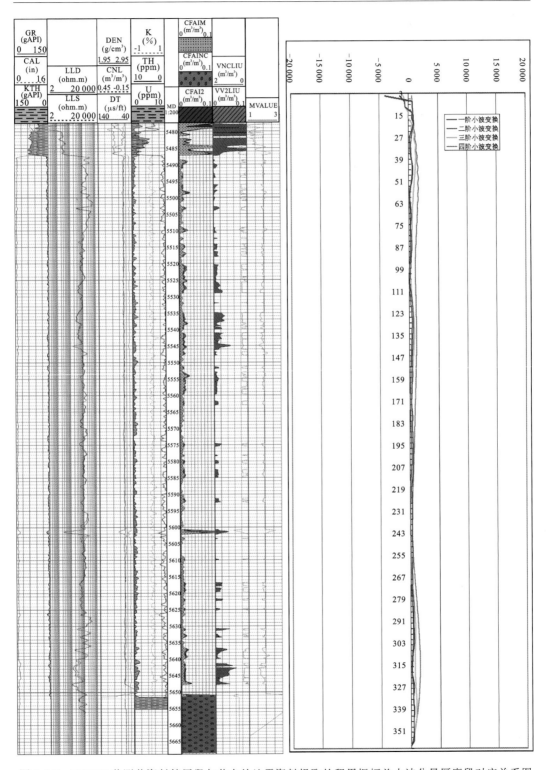

图 8-3-5　TK7BX 井测井资料储层段与井点处地震资料提取的积累振幅差小波分量厚度段对应关系图

表 8-3-1　TK7BF、TK7EF、S6X、TK6BX 井动态波形匹配积累振幅差小波分量响应特征对比表

井名	井中、井周储集体发育情况	井周储集体动态波形匹配积累振幅差小波分量响应特征			试油情况		备注
		Line 范围	CDP 范围	穿过储集体的厚度	试油段（厚度/m）	试油结果及累积产量	
TK7BF		528～537（9）	873～889（16）	约 35 ms	5 627～5 687(60)	日产液 171 t，日产油 171 t；五年，积累产油 19.04×10⁴ t，累计产水 0.62×10⁴ t	累积产量统计截止日期为 2011 年底
					5 534.33～5 576（41.67）	日产液 97.4 t，日产油 97.4 t；一年，积累产油 1.37×10⁴ t，累计产水 1.14×10⁴ t	累积产量统计截止日期为 2011 年底
TK7EF	井中为好储层，井周储集体较发育	535～549（14）	798～809（11）	约 25 ms	5 491.98～5 554.7（62）	日产液 18.8 t，日产油 4.8 t；2 个月，阶段累计产油 0.010 2×10⁴ t，累计产水 0.089 1×10⁴ t	累积产量统计截止日期为 2011 年底
S6X		700～709（9）	1 081～1 088（7）	约 20 ms	5 474～5 485（11）	5 474～5 485 m 井段，日产液 101.3 t，日产油 101.3 t。七年，阶段累计产油 8.19×10⁴ t，累计产水 0.77×10⁴ t	(1) 累积产量统计截止日期为 2011 年底 (2) S6X 井周储集体很发育
					5 662～5 674（12）	5 662～5 674 m 井段，日产液 453 t，日产油 452 t。四年，阶段累计产油 28.74×10⁴ t，累计产水 9.47×10⁴ t	
TK6BX	井中为好储层，井周储集体不发育	949	1 410		5 493.5～5 515（21.5，III 类）	井段裸眼酸压，干层，未建产	累积产量统计截止日期为 2011 年底
					5 578～5 598（20，III 类）		
					5 488.71～5 535.0（46.29）		

图 8-3-7 为 S6X 井前后各取四条不同测线号的动态波形匹配积累振幅差方法处理结果剖面。由图可见,井点周围不同测线号的积累振幅差小波分量较大,相邻道号间的横向连通性较好。西东方向储集体 Line 延伸范围为 700～709,西东方向上展布范围为 135 m 左右;南北方向储集体 CDP 延伸范围为 1 081～1 088,南北方向上展布范围约 90 m。由此可见,该井在南北、西东方向储集体均较发育。该井 5 662～5 674 m 井段于 1999 年 11 月 26 日至 2004 年 4 月 3 日,4 年 4 个月阶段累计产油 28.742 6×10^4 t,累计产水 9.467 3×10^4 t;5 474～5 485 m 井段,于 2004 年 9 月 9 日至 2009 年 12 月 31 日,5 年 4 个月阶段累计产油 7.672 6×10^4 t,累计产水 0.651 8×10^4 t。

图 8-3-8 为 TK7EF 井前后各取四条不同测线号的动态波形匹配积累振幅差方法处理结果剖面。由图可见,井点周围不同测线号的积累振幅差小波分量较大,相邻道号间的横向连通性较好。西东方向储集体 Line 延伸范围为 535～549,西东方向上展布范围为 210 m 左右;南北方向储集体 CDP 延伸范围为 798～809,南北方向上展布范围约 120 m。该井在南北、西东方向储集体均较发育。TK7EF 井 5 491.98～5 554.7 m 井段,2 个月阶段累计产油 0.010 2×10^4 t,累计产水 0.089 1×10^4 t。

图 8-3-9 为 TK6BX 井前后各取四条不同测线号的动态波形匹配积累振幅差方法处理结果剖面。由图可见,井点周围不同测线号的积累振幅差小波分量较小,相邻道号间的横向连通性较差。井周不同线号处的积累振幅差小波分量剖面图显示,该井在南北、西东方向储集体厚度均不能追踪,说明该井井周储集体均不发育。对 TK6BX 井 5 488.71～5 535.0 m 井段、5 493.5～5 515 m 井段及 5 578～5 598 m 井段裸眼酸压,干层,未建产。

另外,还研究了南北方向上 4 口井(TK7EF、TK7CZ、TK7BF、TK7EX 井)的连井剖面图,如图 8-3-10 所示。南北方向上的这 4 口井的连井剖面图中,4 口井所在位置积累振幅差小波分量值较大,横向上储集体连通性好,延伸范围较广,储集体较发育。

由塔河油田六区、七区实例井动态波形匹配积累振幅差小波分量追踪的储集体范围与积累产量的对比情况表明:动态波形匹配积累振幅差小波分量能够表达地层中储层发育部位及厚度,且横向上可追踪;动态波形匹配积累振幅差方法处理后追踪的缝洞储集体的横向延伸范围广、厚度大,井中积累产量高;反之,积累产量较低或干井。

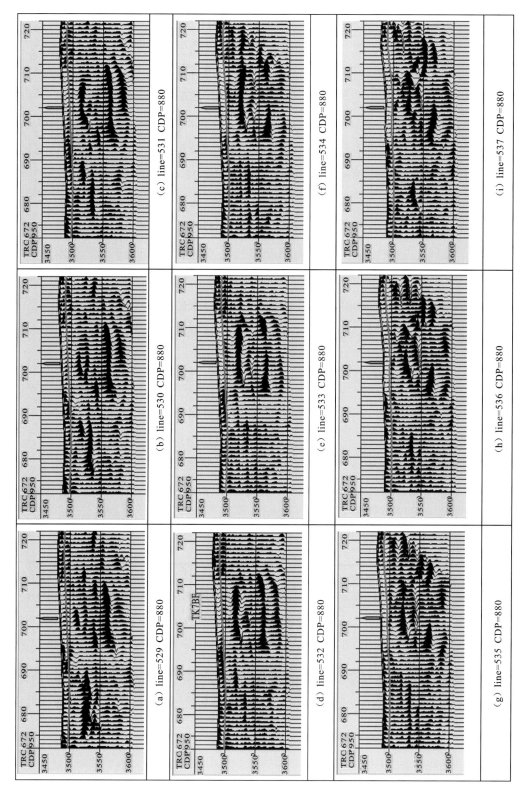

(a) line=529 CDP=880　(b) line=530 CDP=880　(c) line=531 CDP=880

(d) line=532 CDP=880　(e) line=533 CDP=880　(f) line=534 CDP=880

(g) line=535 CDP=880　(h) line=536 CDP=880　(i) line=537 CDP=880

图8-3-6　TK7BF井井周不同测线号（东西方向）动态波形匹配积累振幅差方法处理剖面图

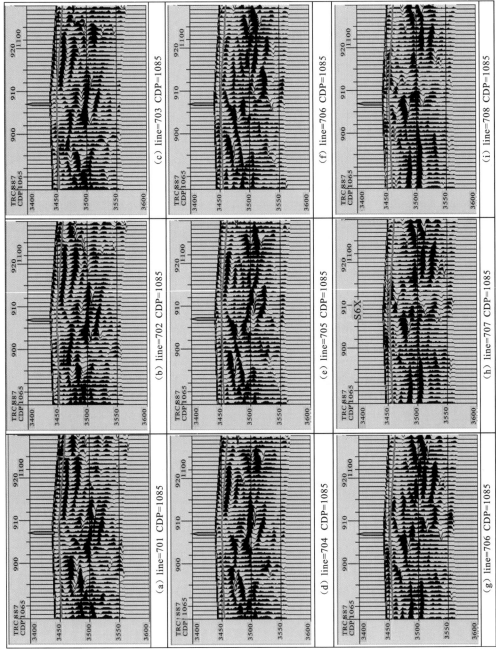

(a) line=701 CDP=1085 (b) line=702 CDP=1085 (c) line=703 CDP=1085

(d) line=704 CDP=1085 (e) line=705 CDP=1085 (f) line=706 CDP=1085

(g) line=706 CDP=1085 (h) line=707 CDP=1085 (i) line=708 CDP=1085

图8-3-7 S6X井井周不同测线号（东西方向）动态波形匹配累积累振差振幅差方法处理剖面图

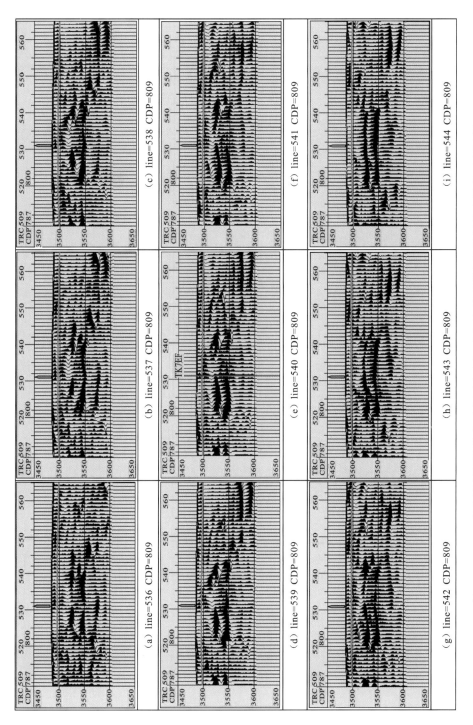

图8-3-8　TK7EF井井周不同测线号（东西方向）动态波形匹配积累振幅差方法处理剖面图

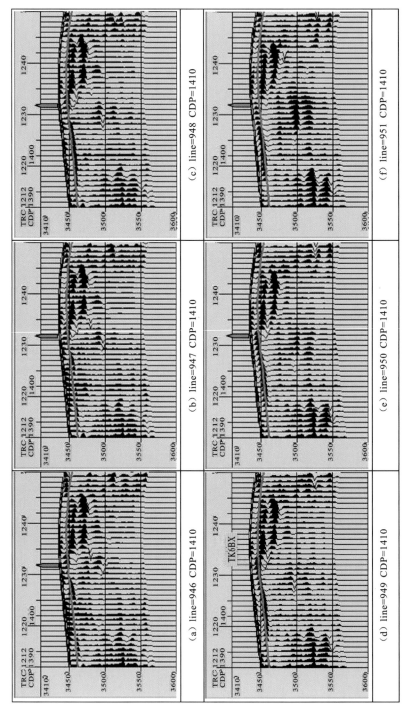

图8-3-9 TK6BX井井周不同测线号（东西方向）动态波形匹配积累振幅差方法处理剖面图

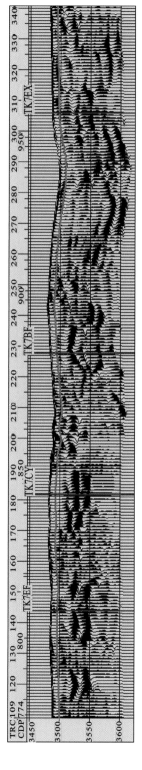

图8-3-10 南北方向动态波形匹配累积振幅差方法连井剖面图

8.4　哈7井区高精度地震资料应用

塔里木油田哈7井区缝洞型储层主要发育在一间房组顶以下90 m范围内。该地区一间房组还存在上覆地层吐木休克组、良里塔格组、部分井还有桑塔木组,新垦地区的缝洞储层属于内幕型储层,对于内幕型缝洞储层的横向预测要比风化壳型的难度大。

新垦-哈拉哈塘哈7井区块三维高精度地震数据:叠前深度偏移,8 m采样,道间距15 m,线间距15 m。运用动态波形匹配积累振幅差方法对哈7高精度地震覆盖区进行试算,试算面积约272.9 km²,在哈7高精度覆盖区(覆盖面积约88.4 km²)对23口井进行了仔细分析研究。首先,根据积累振幅差小波分量的响应特征分析该井区的储集体的发育情况,并对井点处的测井储层与对应深度积累振幅差小波分量值进行对比,确定井眼轨迹钻遇缝洞体的部位及钻遇缝洞体的厚度;其次,定量计算井点钻遇缝洞体的视体积,与井中的累计产量进行对比;然后,结合顶面构造图、断层解释和地震积累振幅差小波分量属性,研究地震积累振幅差小波分量属性表达的缝洞储集体与断层,构造部位的关系,总结出高产油气井的井位特点;最后,根据井震储层对比取得的认识,提出哈7高精度覆盖区可进一步工作的平面位置。

哈7井区三维高精度地震资料覆盖区的23口井(图8-4-1),分别为HAX、HAX-2、HAX-3、HAX-4、HAX-5、HAX-6、HAX-8、HAX-9、HAX-10H、HAX-11H、HA7AB、HA7AC、HA6AB-1、HA6AB-1C、HA6AB-2、HA6AB-4、HA6AB-5、HA6AB-11、HA6AB-14、HA9ABH、HA9AB-1、HA1G-1、HA1A-2。

8.4.1　井眼轨迹钻遇缝洞体的部位及缝洞体的视厚度

按照井眼轨迹钻遇缝洞体的部位及钻遇缝洞体的视厚度,对哈7井区23口井可分为以下四种类型:①直井(侧钻井)钻遇缝洞储集体(地震积累振幅差小波分量属性表达的)中心部位,厚度较厚(13口井);②直井钻遇缝洞中心部位,但储集体厚度较薄(4口井);③直井钻遇缝洞储层边缘位置井(3口井);④水平井(3口井)。

(1)钻遇缝洞储集体中心部位,缝洞体厚度较厚。

23口井中有13口井钻遇缝洞体中心部位,且钻遇缝洞体的视厚度较厚。对于这一类钻遇缝洞体中心位置,纵向上缝洞体发育范围较厚,平面积累振幅差小波分量属性面积较大的井,其累计产出时间较长,累计产液量较高,井中测井储层段基本能代表井点钻遇储集体的发育情况。

这一类井,井点处地震资料经动态波形匹配积累振幅差方法处理后,井点积累振幅差小波分量剖面和平面属性图上具有的共同特征为,平面上动态波形匹配积累振幅差小波分量连续分布面积较大,纵向上井点打在动态波形匹配积累振幅差小波分量变化大(缝洞储集体中心)的中心点附近,且缝洞体的厚度较大,井中储层段对缝洞储集体具有代表性。

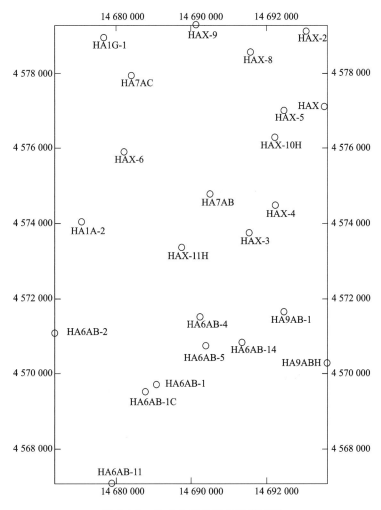

图 8-4-1　哈 7 井区井位坐标平面图

　　以 HA6AB-4 井为例,对钻遇缝洞中心位置且缝洞体厚度较厚这一类型井进行详细分析。HA6AB-4 井井点处纵向上及平面上积累振幅差方法处理结果如图 8-4-2 所示,图中黄色偏亮处的积累振幅差小波分量属性值最大,红色区域的积累振幅差小波分量属性值次之,绿色区域的积累振幅差小波分量属性值最小,蓝色区域积累振幅差小波分量属性值没有响应。由 8.1 节的内容可知,积累振幅差方法反映的是地层非均质性的强弱,积累振幅差小波分量值越大,非均质性越强,积累振幅差小波分量值越小,非均质性越弱。因此,积累振幅差小波分量剖面图中,黄色偏亮位置处表达的是该处地层的非均质性最强,红色表达的地层的非均质性相对较强,绿色位置的非均质性最弱。

　　动态波形匹配积累振幅差方法可反映地层的非均质性,即地层中发育的缝洞体。图 8-4-2中的左图为井点处纵向积累振幅差小波分量剖面图。由此图可见,纵向上,HA6AB-4 井井眼轨迹钻遇积累振幅差小波分量属性值较大位置,且位于积累振幅差小波分量值较大位置的中心,即缝洞体的中心位置。该井纵向上缝洞体的发育范围较厚,视厚度约为 300 m。图 8-4-2 中的右图为积累振幅差小波分量平面属性图,由右图可见,平面上,井眼轨迹方位基本在积累振幅差小波分量值较大位置的中心处,即钻遇缝洞体的中心位置,且平面积累振幅差小波分量属性图显示该井缝洞发育面积较广。综上所述,HA6AB-4 井位于缝洞体的中心位置,纵向上,储集体厚度较厚;平面上,钻遇缝洞体的延伸范围较广。

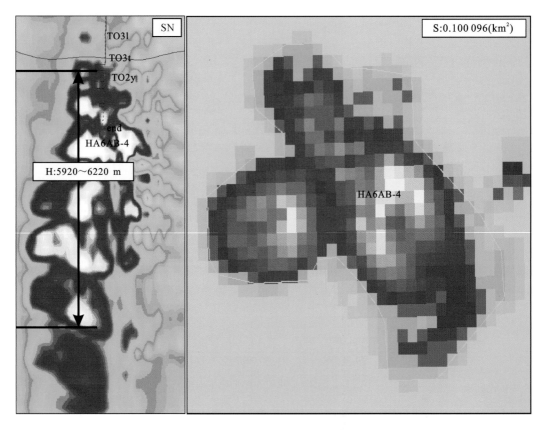

图 8-4-2　HA6AB-4 井点积累振幅差小波分量剖面与平面属性图

截至 2012 年 04 月 09 日,HA6AB-4 井累计产出 587 天,累计产油 3.914×10^4 t;累计产水 0.080×10^4 t;累计产气 $0.044\ 7 \times 10^8$ m³。由此可知,HA6AB-4 井累计产出时间较长,累计产液量较高,约为 4.44×10^4 t,平均日产液量约为 75.66 t。

另外,将测井储层段及计算的孔隙度大小与相应深度段的地震资料积累振幅差小波分量值的大小进行了对比。HA6AB-4 井井点处积累振幅差小波分量剖面与测井资料划分的储层段之间的对应关系如图 8-4-3 所示。左图为动态波形匹配积累振幅差小波分量井点处的剖面图,该井井点处的积累振幅差小波分量较高,非均质性较强,且地层的非均质性延伸范围较广,井点位于缝洞体较发育位置。右图为测井资料储层段划分及储层级别解释结果,HA6AB-4 井目的层段(吐木休克组以下)测井资料划分的储层段级别主要发育 II 类储层,测井资料储层段解释结果显示该井井中储层较发育。由图 8-4-3 可知,HA6AB-4 井井周储集体及井中储层段均较发育,井中测井储层基本能代表井点钻遇储集体的发育情况。

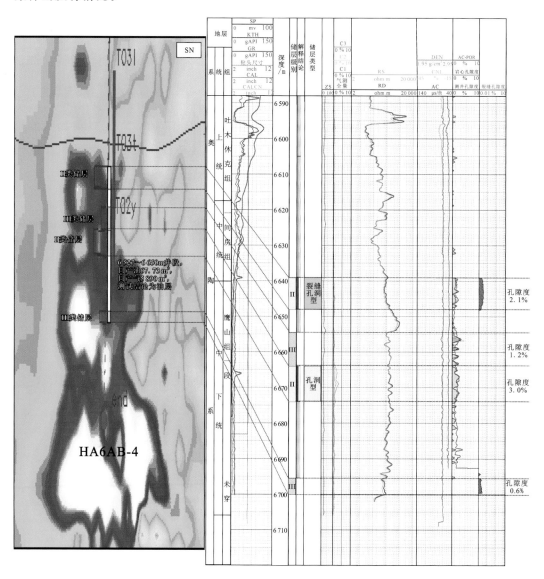

图 8-4-3　HA6AB-4 井点处积累振幅差小波分量剖面与测井储层对应关系图

(2) 直井钻遇缝洞中心部位,但储集体厚度较薄。

23 口井中有 4 口井钻遇缝洞体中心部位,但钻遇缝洞体的视厚度较薄。对于这一类钻遇缝洞体中心位置,纵向上缝洞体发育范围较薄,平面积累振幅差小波分量属性面积较小的井,井中测井储层基本能代表井点钻遇储集体的发育情况。

这一类井,井点积累振幅差小波分量剖面和平面积累振幅差小波分量属性图上具有的共同特征为:平面上,动态波形匹配积累振幅差小波分量连续分布面积相对较小,为孤立缝洞;纵向上,井点打在动态波形匹配积累振幅差小波分量变化大(缝洞储集体中心)的中心点附近,缝洞体的厚度较薄,井中储层段对缝洞储集体具有代表性。

HAX-8 井点处纵向上及平面上积累振幅差方法处理结果如图 8-4-4 所示。图 8-4-4 中的左图为井点处纵向积累振幅差小波分量差剖面图。纵向上,HAX-8 井井眼轨迹钻遇积累振幅差小波分量属性值相对较大位置,且位于积累振幅差小波分量属性值较大位置的中心,即缝洞体的中心位置,但该井纵向上缝洞体的发育厚度较薄,视厚度约为 64 m。图 8-4-4 中的右图为积累振幅差小波分量平面属性图。平面上,井点位置基本位于积累振幅差小波分量属性值较大位置的中心处,即钻遇缝洞体的中心位置,且积累振幅差小波分量平面属性图显示该井钻遇缝洞为孤立缝洞,积累振幅差小波分量平面属性面积相对较小。

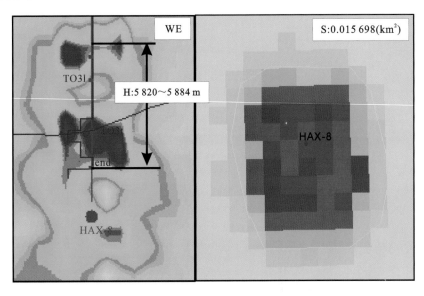

图 8-4-4　HAX-8 井点积累振幅差小波分量剖面与平面属性

截至 2012 年 04 月 09 日,HAX-8 井累计产出时间为 57 天,累计产油 0.086 1×10⁴ t;累计产水 0.003 1×10⁴ t。HAX-8 井相对累计产出时间较短,累计产液量较低,约为 0.09×10⁴ t,平均日产液量约 15.71 t。

HAX-8 井点处积累振幅差小波分量剖面与测井资料划分的储层段之间的对应关系如图 8-4-5 所示。左图为动态波形匹配积累振幅差小波分量井点处的剖面图,该井点处的积累振幅差小波分量值较高,非均质性较强,且地层的非均质性延伸范围较窄,井点位于缝洞体较发育位置。右图为测井资料储层段划分及储层级别解释结果,HAX-8 井目的层段(吐木休克组以下)测井资料划分的储层段级别主要发育 II 类、III 类储层,测井资料储层段解释结果显示该井井中储层发育程度一般。由图 8-4-5 可知，HAX-8 井井周储集体及井中储层段均不高。

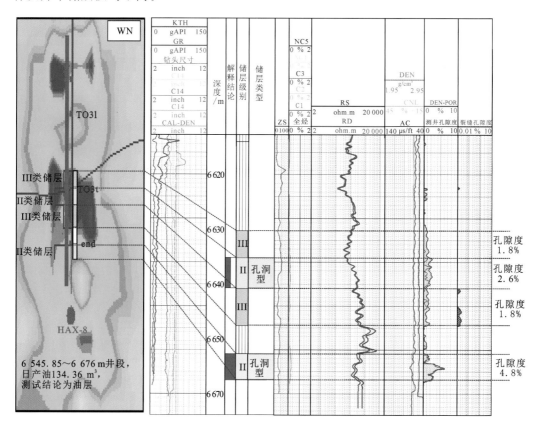

图 8-4-5　HAX-8 井点处积累振幅差小波分量剖面与测井储层对应关系图

（3）直井钻遇缝洞储层边缘位置。

23 口井中有 3 口井为直井钻遇缝洞储层边缘位置。这一类钻遇缝洞体边缘位置的井，由于受纵向上缝洞体厚度及横向上延伸范围的影响，其累计产出时间不一定短，累计产液量不一定低，但平均日产液量相对较低。此外，这一类井，井中测井资料划分储层段及储层级别解释结果与井旁缝洞体的发育情况不一致。

这一类井，井点积累振幅差小波分量剖面和积累振幅差小波分量平面属性图上具有的共同特征为：平面上动态波形匹配积累振幅差小波分量连续分布面积较大，纵向上井点打在动态波形匹配积累振幅差小波分量变化大（缝洞储集体中心）的边缘位置，井中储层段对缝洞储集体不具有代表性。

HAX-2 井点处纵向上及平面上积累振幅差小波分量方法处理结果如图 8-4-6 所示。图 8-4-6 中的左图为井点处纵向积累振幅差小波分量剖面图。纵向上，HAX-2 井井眼轨迹钻遇积累振幅差小波分量属性值相对较小位置，该井井旁积累振幅差小波分量属性值较大，井点位于缝洞体发育位置的边缘，其纵向发育厚度较厚，视厚度约为 212 m。

图 8-4-6 中的右图为积累振幅差小波分量平面属性图。平面上，井点位置基本位于属性值较大位置的边缘位置，即钻遇缝洞体的边缘位置，且平面属性图显示该井钻遇井旁缝洞体的平面属性连续分布面积较大。由此可知，HAX-2 井位于缝洞体的边缘位置，纵向上，井旁储集体发育厚度较厚，钻遇边缘缝洞体的延伸范围较广。

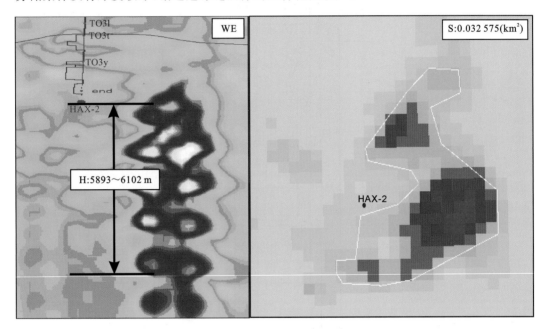

图 8-4-6　HAX-2 井点积累振幅差小波分量剖面与平面属性图

截至 2012 年 04 月 09 日，HAX-2 井累计产出 409 天，累计产油 1.343×10^4 t，累计产水 0.186×10^4 t，累计产气 0.006×10^8 m³。由累计产出情况可见，HAX-2 井相对累计产出时间较长，累计产液量较高，约为 1.59×10^4 t，日产液量相对较低，约为 38.86 t。

HAX-2 井点处积累振幅差小波分量剖面与测井资料划分的储层段之间的对应关系如图 8-4-7 所示。左图为动态波形匹配积累振幅差小波分量井点处的剖面图，该井井眼轨迹钻遇地层处的振幅差值较低，非均质性较弱，但井旁地层的非均质性较强，延伸范围较广，井点位于缝洞体较发育位置的边缘。右图为测井资料储层段划分及储层级别解释结果，HAX-2 井目的层段（吐木休克组以下）测井资料划分的储层段级别主要发育 II 类、III 类储层，测井资料储层段解释结果显示该井井中储层发育程度一般。由图 8-4-7 可知，HAX-2 井井旁储集体较发育，但井中储层段发育程度不高，井中测井资料划分储层段及储层级别解释结果不能代表井旁缝洞体的发育情况。

（4）水平井。

根据该井区不同的井眼轨迹，对 23 口井中的 3 口水平井进行讨论，3 口水平井分别是 HA9ABH、HAX-10H、HAX-11H。

该地区水平井是为试验地震资料中的"片状弱反射"而进行的钻井，其中 HA9ABH 井在井底接近积累振幅差小波分量值较大位置，HAX-10H 井在井底钻遇积累振幅差小

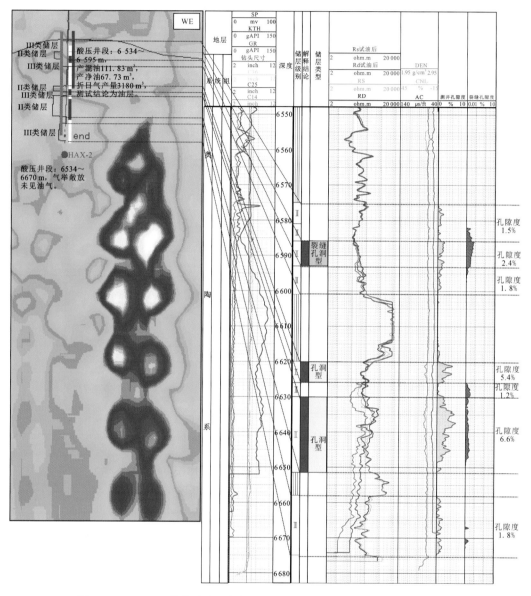

图 8-4-7　HAX-2 井点处积累振幅差小波分量剖面与测井储层对应关系图

波分量值较大位置，HAX-11H 井未钻遇积累振幅差小波分量值较大位置。

　　HA9ABH 井井眼轨迹钻遇地层积累振幅差小波分量剖面与积累振幅差小波分量平面属性如图 8-4-8 所示。上图为 HA9ABH 井井眼轨迹钻遇地层积累振幅差小波分量剖面图。由图可见，该井未钻遇缝洞储集体，井底位置接近缝洞储集体。井底积累振幅差小波分量值较高，为缝洞发育位置，且缝洞体的视厚度较厚，约为 121 m。由 HA9ABH 井井中测井资料划分储层段及储层级别解释结果可知，井中储层段发育程度很低，且储层段级别不高。HA9ABH 井井中钻遇地层积累振幅差小波分量响应特征与井中测井资料划分的储层段基本一致,测井资料划分储层段及解释结果可代表井眼位置储层的发育情况。

　　HA9ABH 井井眼轨迹钻遇地层积累振幅差小波分量平面属性如图 8-4-8 中的下图所示。积累振幅差小波分量平面属性计算结果显示该井井底旁边积累振幅差小波分量属性值较大,为缝洞体发育位置,平面属性面积较大,约为 0.011 693 km²。截至 2012 年 4 月 9 日,HA9ABH 井累计产出 155 天,累计产油 0.360×10⁴ t,累计产水 0.760×10⁴ t,累计产气 0.001×10⁸ m³。由累计产出情况可见,HA9ABH 井相对累计产出时间较长,累计产液量较高,约为 1.13×10⁴ t,平均日产液量较高,约为 72.85 t。

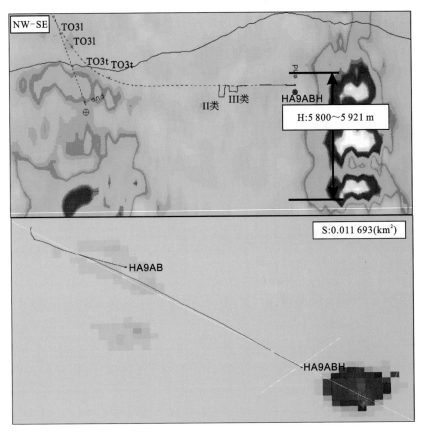

图 8-4-8　　HA9ABH 井井眼轨迹钻遇地层积累振幅差小波分量剖面与平面属性图

　　HAX-10H 井井眼轨迹钻遇地层积累振幅差小波分量剖面与平面属性如图 8-4-9 所示。图 8-4-9 中的上图为 HAX-10H 井井眼轨迹钻遇地层积累振幅差小波分量剖面图,由图可见,该井井底积累振幅差小波分量值较高,为缝洞发育位置,且缝洞体的视厚度相对较薄,约为 55 m。暂没有该井的测井资料。

　　HAX-10H 井井眼轨迹钻遇地层平面属性如图 8-4-9 所示,积累振幅差小波分量平面属性计算结果显示该井井底积累振幅差小波分量属性值较大,为缝洞体发育位置,其平面属性面积较大,约为 0.010 923 km²。截至 2012 年 4 月 9 日,HAX-10H 井累计产出 154 天,累计产油 0.393×10⁴ t,累计产水 0.010 4×10⁴ t,累计产气 0.001 4×10⁸ m³。由累计产出情况可见,HAX-10H 井相对累计产出时间较长,累计产液量较高,约为 0.42×10^4 t,平均日产液量约为 27.07 t。

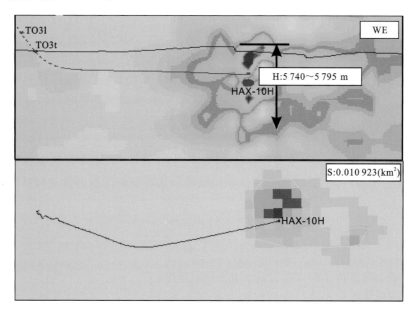

图 8-4-9　HAX-10H 井眼轨迹钻遇地层积累振幅差小波分量剖面与平面属性图

　　HAX-11H 井(图 8-4-10)也是根据地震资料中"片状弱反射"进行钻井。根据地震资料积累振幅差小波分量方法及测井资料解释结果,该井井中钻遇地层的缝洞储集体不发育,井底也没有缝洞储集体,且井中储层发育程度低。积累振幅差小波分量平面属性处理结果显示该井没有缝洞体的面积,即未钻遇缝洞储集体。未收集到该井的累计产量,故未与井中累积产量进行对比。

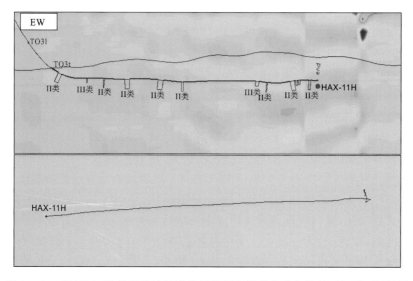

图 8-4-10　HAX-11H 井眼轨迹钻遇地层积累振幅差小波分量剖面与平面属性图

结合地震资料积累振幅差方法处理结果及井中测井资料储层解释情况,认为该地区井地震资料中"片状弱反射"部位储层不发育或发育程度低,研究二区地震资料的"片状弱反射"响应特征位置不适合钻井。

8.4.2　缝洞体视体积与累计产量之间的关系

井眼轨迹钻遇缝洞体的部位及缝洞体的视厚度研究表明,井点钻遇缝洞体的大小影响着井口的累计产出量,即井口累计产出量受缝洞体纵向上的厚度和横向上的延伸范围的影响。对于缝洞体的延伸范围,用计算的缝洞体的视体积来表达,即缝洞体纵向发育厚度、平面属性面积及测井资料处理后储层段的加权平均孔隙度之积。井口的累计产液量为井口的累计产油量、累计产水量及累计产气量之和,其中,累计产气量折算为累计产油量(按油气热值折算)。下面讨论应用体积法储量公式对缝洞体的储量进行估算。估算缝洞视体积的步骤如下:

(1)每一个 CDP 点上的视厚度为

$$H_i = \sum_j H_{ij} \tag{8-4-1}$$

式中:H_i 为第 i 道的总厚度;H_{ij} 为第 i 道 j 段的厚度。

(2)在积累振幅差小波分量数据体上对每一条线的每一个 CDP 点按厚度的变化求视体积

$$V = \sum_j S_i H_i \tag{8-4-2}$$

式中:S_i 为 CDP_i 面元上的面积;H_i 为第 i 道的总厚度。

由式(8-4-2)可以进一步计算出储集空间体积

$$V_2 = V \cdot \phi \tag{8-4-3}$$

式中:ϕ 为储层平均孔隙度。

应用式(8-4-3)对钻遇缝洞中心位置且有测井资料及累计产液量的 8 口井(表 8-4-1)进行缝洞视体积计算,将计算的缝洞视体积与累计产液量进行对比。由于 8 口井的累计产出时间相差较大,因此选择平均日产液量来进行对比。

8 口井的视体积及累计产液量统计情况见表 8-4-1,根据该表建立 8 口井钻遇缝洞初级体的视体积及其平均日产液量的直方图,如图 8-4-11 所示,其中视体积单位为 10^4 m^3,日产液量单位为 t/d。由直方图可见,井所在部位缝洞储集体视体积与日产液量有一定的对应关系,即缝洞体的视体积大,日产液量高,反之日产液量低。

但存在异常情况,如 HA6AB-11 井视体积较大,但日产液量不高。结合测井资料分析异常的原因。HA6AB-11 井点处纵向上及平面上积累振幅差方法处理结果如图 8-4-12 所示。左图为井点处纵向积累振幅差小波分量剖面图,纵向上,HA6AB-11 井井眼轨迹井底位置钻遇缝洞体,其纵向发育厚度较厚,视厚度约为 225 m。右图为积累振幅差小波分量平面属性图,平面上,井点位置位于钻遇缝洞体的中心位置,且平面属性图显示该井钻遇井旁缝洞体的平面属性连续分布面积较大,约为 0.085 638 km^2。计算的 HA6AB-11 井的缝洞体视体积为 137.4×10^4 m^3,其视体积是 8 口井中最大的。但其平均日产液量约为 60.40 t,并非 8 口井中最高的。该井在测井资料上(图 8-4-13)见 HA6AB-11 井井底自然伽马值较高,计算的孔隙度较大,应为含泥溶洞。因此,HA6AB-11 井视体积较大但日产液量不高的原因是,目前尚不能从地震资料的积累振幅差属性上区分缝洞体是否被泥质充填。

表 8-4-1　钻遇缝洞中心位置井视体积与井口累计产量统计表

井号	测井	地震资料			视体积 /10⁴ m³	累计产量数据				计算累计产液量	
	孔隙度/%	面积 /km²	纵向范围 /m	厚度 /m		累产油 /10⁴ t	累产水 /10⁴ t	累产气 /10⁸ m³	天数 /天	累产液量/10⁴ t	平均日产液/(t/d)
HA6AB-11	7.13	0.085 638	5 820～6 045	225	137.4	0.577 7	0.276 9	0.007 6	154	0.930 2	60.40
HA6AB-4	2.12	0.100 096	5 920～6 220	300	63.7	3.914 2	0.079 9	0.044 7	587	4.441 4	75.66
HAX	3.2	0.049 681	5 745～5 980	235	37.4	3.563 4	2.627 2	0.011 6	644	6.306 3	97.92
HAX-9	3.31	0.049 962	5 780～5 915	135	22.3	0.580 2	0.025 9	0.003 4	217	0.640 1	29.50
HA6AB-2	2	0.033 183	5 837～6 083	246	16.3	6.586 9	0.023 9	0.065 4	743	7.264 7	97.77
HA6AB-5	2.21	0.049 763	5 888～6 020	132	14.5	1.848 9	0.333 4	0.025 0	340	2.432 5	71.54
HA6AB-14	1.88	0.023 08	5 810～5 900	90	3.9	0.336 7	0.064 3	0.000 9	87	0.409 7	47.10
HAX-8	2.66	0.015 698	5 820～5 884	64	2.7	0.086 1	0.003 1	0.000 0	57	0.089 5	15.71

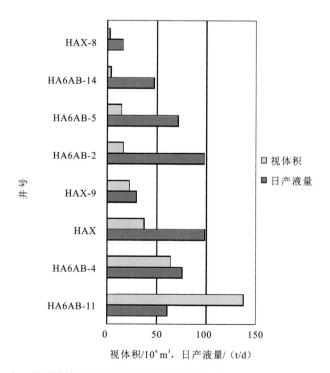

图 8-4-11　哈 7 井区计算积累振幅差小波分量视体积与平均日产液量之间关系直方图

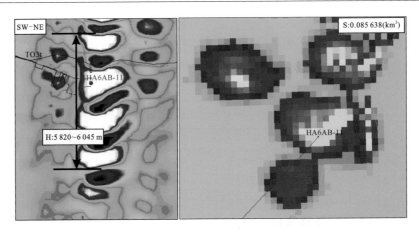

图 8-4-12　HA6AB-11 井点积累振幅差小波分量剖面与平面属性图

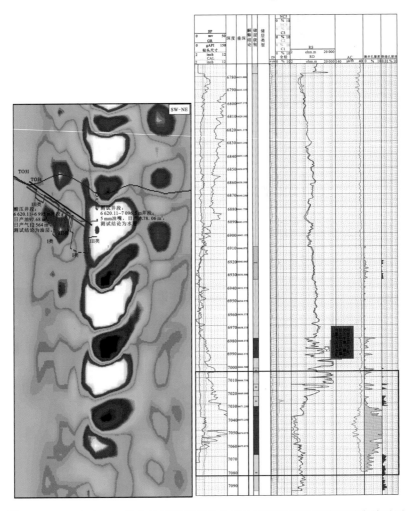

图 8-4-13　HA6AB-11 井点处积累振幅差小波分量剖面与测井储层对应关系图

8.4.3 哈 7 井区高密度覆盖区可供钻探的井位

根据前面的讨论,得出高产稳产井应具备三个基本条件,即积累振幅差小波分量平面属性面积较大,纵向储集体发育厚度较厚;井点位于构造较高部位;井点距离断层位置较近。根据这三个基本条件,提出了以下哈 7 井区 13 个可供参考的井点位置,参考点缝洞体的延伸范围见表 8-4-2。以参考位置 1 及参考位置 2 为例进行说明。

参考位置 1 积累振幅差方法处理结果如图 8-4-14 所示,图(a)为参考井点平面位置,参考井点构造部位较高(结合一间房顶面构造图),离断层位置较近,且距相邻井点的位置较远,位于 HA6AB-11 井井口位置的正北向约 2 004.9 m;图(b)为积累振幅差小波分量剖面图,该点位置的缝洞体较发育,纵向发育厚度较厚,视厚度约为 172 m;图(c)为积累振幅差小波分量平面属性图,该参考点的积累振幅差小波分量平面属性面积较大,积累振幅差小波分量平面属性刻画面积约 0.057 02 km²。

参考位置 2 积累振幅差方法处理结果如图 8-4-15 所示,图(a)为参考井点平面位置,参考井点构造部位较高(结合一间房顶面构造图),离断层位置较近,且距相邻井点的位置较远,位于 HA7AB 井井口位置的南西向约 1 348.0 m,HAX-11H 井口位置的北西向约 1 435.4 m;图(b)为积累振幅差小波分量剖面图,该点位置的缝洞体较发育,纵向发育厚度较厚,视厚度约为 204 m;图(c)为积累振幅差小波分量平面属性图,该参考点的积累振幅差小波分量平面属性面积较大,积累振幅差小波分量平面属性刻画面积约 0.050 425 km²。

类似的可进一步钻探的参考坐标位置还有 11 个。

表 8-4-2 参考井点位置及大小范围统计表

序号	面积/km²	纵向范围/m	备注
1	0.057 024	5 848~6 020	部位高,离断层近
2	0.050 425	5 865~6 069	部位不高,离断层近
3	0.040 275	5 840~5 920	部位不高,离断层近
4	0.039 193	5 827~6 035	部位高,离断层近
5	0.038 907	5 772~5 919	部位高,离断层近
6	0.040 061	5 820~6 110	部位高,离断层近
7	0.046 354	5 940~6 151	部位高,离断层近
8	0.013 799	5 932~6 095	部位高,离断层近
9	0.033 232	5 840~5 960	部位高,离断层近,离 HA9ABH 近
10	0.066 013	5 915~6 131	部位太低,不要了
11	0.011 441	5 859~5 984	部位高,离断层近
12	0.021 883	5 825~5 905	部位高,离断层远
13	0.020 926	5 754~5 814	部位高,离断层远

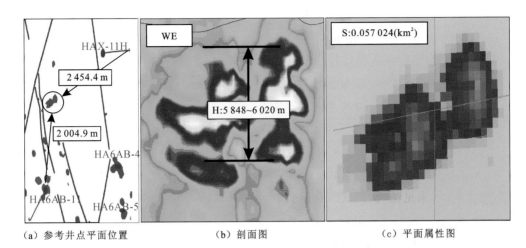

（a）参考井点平面位置　　　　（b）剖面图　　　　（c）平面属性图

图 8-4-14　参考位置 1 积累振幅差小波分量剖面及平面属性图

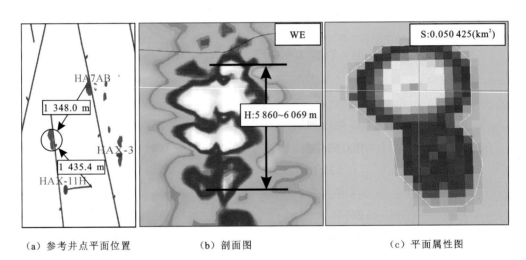

（a）参考井点平面位置　　　　（b）剖面图　　　　（c）平面属性图

图 8-4-15　参考位置 2 积累振幅差小波分量剖面及平面属性图

8.4.4　预测井位钻探结果小结

到目前为止，在上述 13 个参考井点中的 4 个参考井点上已钻 5 口井，HA7AB-2 井（参考位置 1）、HA7AB-2C 井（参考位置 1 侧钻）、HA1G-2 井（参考位置 4）、HA9AB-3 井（参考位置 9）和 HA7AAB 井（参考位置 8）；其中 HA7AB-2C 井、HA1G-2 井和 HA9AB-3 井 3 口井获高产油气流；HA7AB-2 井和 HA7AAB 井钻遇水层，试油折日产水均在 100 m³ 以上。说明应用动态波形匹配积累振幅差小波分解谱方法对缝洞储集体的预测是成功的。

1) HA7AB-2 井和 HA7AB-2C 井

参考位置 1 动态波形匹配积累振幅差方法处理结果如图 8-4-14 所示。该参考井点构造部位较高,离断层位置较近,且距相邻井点的位置较远;缝洞体较发育,纵向发育厚度较厚,视厚度约为 172 m;积累振幅差小波分量平面属性刻画面积约 0.057 02 km²。

HA7AB-2 井位于 1 号参考井点中心南东向约 171.86 m。HA7AB-2 井试油情况:2013 年 7 月 17 日对裸眼段 6 563.89~6 704 m 进行酸压测试,气举求产,油压 0.31~0.28 MPa,日产水 105.72 m³,未见油气,测试结论为水层;2013 年 5 月 29 日对井段 6 757.25(裸眼封隔器封位)~6 801.5 m 进行放喷测试,6 mm 油嘴求产,油压 0.1 MPa,日产水 19.8 m³,未见油气,测试结论为水层。图 8-4-16 为 HA7AB-2 井测井资料,由图可知 HA7AB-2 井一间房组 6 697~6 706 m 井段储层发育。

因 HA7AB-2 井钻遇水层,故在原直井井眼基础上于 6 191 m 处 270°方位上开窗侧钻 HA7AB-2C 井。HA7AB-2C 井试油情况:对 6 728~6 892 m 井段进行酸压试油,2014 年 1 月 22 日 5:00~17:00 用 3 mm 油嘴放喷求产,油压 20.536~20.706 MPa,产油 24.1 m³,折日产油 48.2 m³,累计产油 63.53 m³,放喷口点火可燃,焰高 1~1.5 m,测试结论为油层。图 8-4-17 为 HA7AB-2C 井测井资料,由图可知 HA7AB-2C 井一间房组 6 849 m 以下井段储层发育。

2) HA1G-2 井

4 号参考井点动态波形匹配处理结果如图 8-4-18 所示。该参考井点构造部位较高,离断层位置较近,且距相邻井点的位置较远;缝洞体较发育,纵向发育厚度较厚,视厚度约 208 m;平面属性刻画面积约 0.039 193 km²。

HA1G-2 井位于 4 号参考井点中心北西向约 52.86 m,几乎与 4 号参考井点中心重合。HA1G-2 井试油情况:2013 年 8 月 2 日对井段 6 592~6 690 m 进行酸压测试,4 mm 油嘴求产,油压 14.28~13.67 MPa,日产油 95.2 m³,日产气 4 183 m³,测试结论为油层。图 8-4-19 为 HA1G-2 井测井资料,由图可知 HA1G-2 井一间房组 6 622.5~6 657.5 m 井段储层发育。

3) HA9AB-3 井

9 号参考井点动态波形匹配处理结果如图 8-4-20 所示。该参考井点构造部位较高,离断层位置较近,距相邻井点的位置较近;缝洞体较发育,纵向发育厚度较厚,视厚度约 120 m;平面属性刻画面积约 0.033 232 km²。

HA9AB-3 井位于 9 号参考井点中心南东向约 544.13 m。HA9AB-3 井试油情况:2015 年 2 月 20 日至 2015 年 2 月 28 日对裸眼井段 6 578.5~6 632 m 进行酸压测试,4 mm 油嘴求产,油压 10.43 MPa,套压 7.00 MPa,折日产油 92.16 m³,折日产气 7 740 m³,取样口硫化氢浓度 12 000 ppm,测试结论为油层。图 8-4-21 为 HA9AB-3 井测井资料,由图可知 HA9AB-3 井一间房组 6 607~6 620.3 m 井段储层发育。

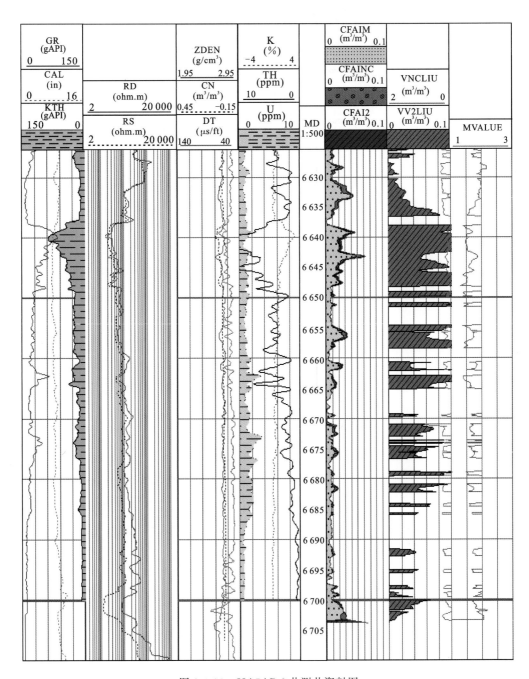

图 8-4-16　HA7AB-2 井测井资料图

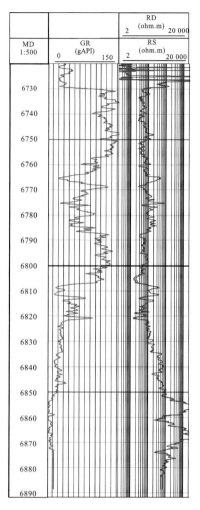

图 8-4-17　HA7AB-2C 井测井资料图

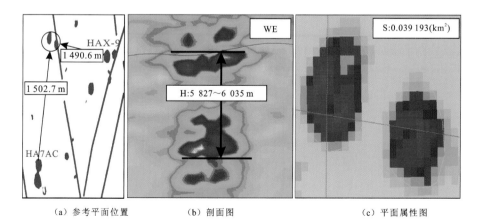

（a）参考平面位置　　　　　（b）剖面图　　　　　（c）平面属性图

图 8-4-18　4 号参考点积累振幅差小波分量剖面及平面属性图

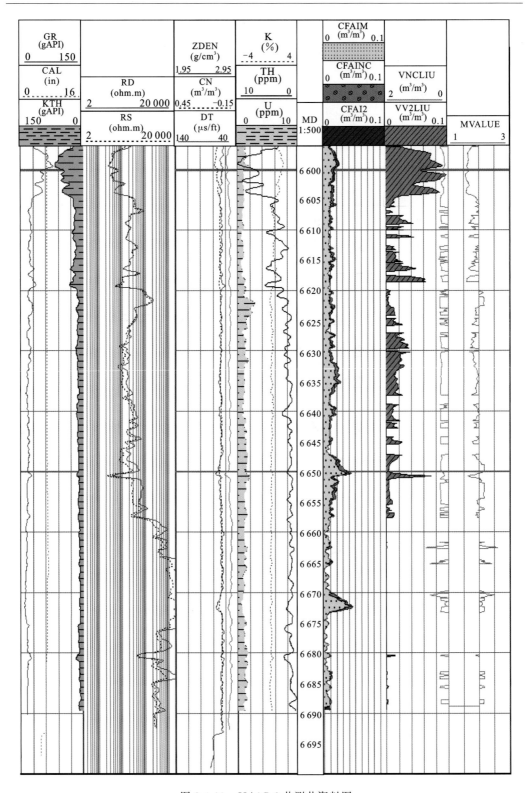

图 8-4-19　HA1G-2 井测井资料图

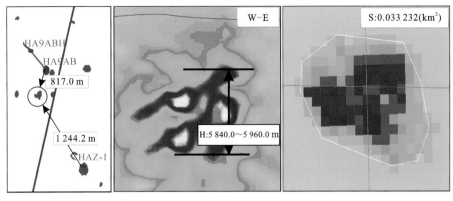

（a）参考井点平面位置　　　　　　（b）剖面图　　　　　　（c）平面属性图

图 8-4-20　9 号参考点积累振幅差小波分量剖面及平面属性图

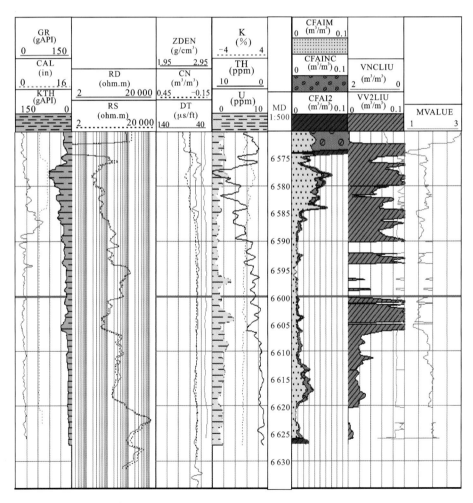

图 8-4-21　HA9AB-3 井测井资料图

参 考 文 献

蔡琳,张承森,刘瑞林,等,2014.碳酸盐岩地层水平井电阻率各向异性校正方法研究及应用.石油天然气学报,36(12):122-126。

贾承造,1999.塔里木盆地构造特征与油气聚集规律.新疆石油地质,20(3):177-183.

康玉柱,1999.塔里木盆地奥陶系形成大油气田地质条件.新疆地质,17(2):2-14.

李宁,2013.中国海相碳酸盐岩测井解释概论.北京:科学出版社.

柳建华,刘瑞林,吴兴能,等,2007.化学元素测井资料在地层界面处的响应特征研究.石油天然气学报,29(1):84-87.

刘瑞林,杨峰平,信毅,等,2004.动态波形匹配预测火山岩地层的横向变化.地球物理学进展,19(4):946-952.

刘瑞林,傅海成,刘兴礼,等,2009a.塔中奥陶系碳酸盐岩有效储层测井评价方法.塔里木油田会战20周年论文集(勘探分册).北京:石油工业出版社.

刘瑞林,樊政军,柳建华,2009b.一种校正泥浆侵入影响计算视地层水电阻率与含水饱和度的投影作图方法.石油天然气学报,31(6):104-107.

刘瑞林,谢芳,肖承文,等.2017.基于小波变换图像分割技术的电成像测井资料裂缝、孔洞面孔率提取方法研究.地球物理学报,60(12):4945-4955.

楼雄英,许效松,2004.塔里木盆地早古生代晚期构造-沉积响应.沉积与特提斯地质,24(3):72-79.

潘文庆,王招明,孙崇浩,等,2011.塔里木盆地下古生界碳酸盐岩层序界面类型划分及其意义.石油与天然气地质,32(4):531-541.

漆立新,樊政军,李宗杰,等.2010.塔河油田碳酸盐岩储层三孔隙度测井模型的建立及其应用.石油物探,49(5):489-494.

王谦,刘瑞林,胡国山,2004.塔河油田奥陶系水平井成像测井响应特征.石油天然气学报,26(4):70-73.

王招明,张丽娟,王振宇,等,2007.塔里木盆地奥陶系礁滩体特征与油气勘探.中国石油勘探,12(6):1-7.

王招明,肖承文,刘瑞林,等,2013.一种识别缝洞型碳酸盐岩储层流体性质的方法:中国专利.ZL201110352765.8.

吴兴能,刘瑞林,雷军,等,2008.电成像测井资料变换为孔隙度分布图像的研究.测井技术,32(1):53-56.

肖承文,刘瑞林,杨海军,等,2012.一种逐点刻度电成像资料计算视地层水电阻率谱及参数的方法:中国专利.ZL201010522233.X.

肖承文,刘瑞林,谢会文,等.2017.多地震道积累振幅差分解谱寻找井旁缝洞储集体的方法:中国专利.ZL201510219574.2.

谢芳,柳建华,刘瑞林,2015.塔河油田奥陶系碳酸盐岩地层燧石的测井识别.新疆石油地质,36(4):487-492.

谢芳,张承森,刘瑞林,等.2018.碳酸盐岩缝洞储集层电成像测井产量预测.石油勘探与开发,45(2):1-8.

徐国强,李国蓉,刘树根,等,2005a.塔里木盆地早海西期多期次风化壳岩溶洞穴层.地质学报,79(4): 557-568.

徐国强,刘树根,李国蓉,等,2005b.塔中、塔北古隆起形成演化及油气地质条件对比.石油与天然气地质,26(1):114-119.

万天丰,1982.关于共轭断裂剪切角的讨论.地质科技情报,30(1):106-113.

万天丰,1988.古构造应力场.北京:地质出版社.

杨海军,李勇,刘胜,等,2000.塔中地区中、上奥陶统划分对比的主要认识.新疆石油地质,21(3): 208-212.

俞仁连,2005.塔里木盆地塔河油田加里东期古岩溶特征及其意义.石油实验地质,27(5):468-472.

俞仁连,傅恒,2006.构造运动对塔河油田奥陶系碳酸盐岩的影响.天然气勘探与开发,29(2):1-5.

张抗,2003.塔河油田似层状储集体的发现及勘探方向.石油学报,24(5):4-9.

张丽娟,李勇,周成刚,等,2007.塔里木盆地奥陶纪岩相古地理特征及礁滩分布.石油与天然气地质,28(6):731-737.

张丽莉,刘瑞林,1999.两种图像分割算法在FMI图像处理中的应用.江汉石油学院学报,21(4):88-90.

赵良孝,补勇.1994.碳酸盐岩储层测井评价技术.北京:石油工业出版社.

钟广法,刘瑞林,柳建华,等,2004.塔北隆起奥陶系古岩溶的电成像测井识别.天然气工业,24(6): 57-60.

周云才,李风珍,2007.边缘提取算法究及其在FMI图像处理中的应用.计算机与数字工程,35(7): 133-134.

赵新建,刘兴礼,刘瑞林,等,2012.斯通利波在碳酸盐岩储层有效性评价中的影响因素分析.石油天然气学报,34(7):94-97.

赵宗举,潘文庆,张丽娟,等,2009.塔里木盆地奥陶系层序地层格架.大地构造与成矿学,33(1): 175-188.

朱小露,贺洪举,刘瑞林,等,2013.川中地区震旦系灯影组白云岩储层成像孔隙度分布谱响应特征研究.石油天然气学报,35(4):83-88.

翟晓先,俞仁连,何发岐,等,2002.塔河地区奥陶系一间房组微裂隙颗粒灰岩储集体的发现与勘探意义.石油实验地质,24(5):387-392.

LONGGMAN M W,1990.碳酸盐岩成岩作用控制的地层圈闭.李祜佑,赵幼航,译.北京:石油工业出版社.

AGUILERA M S, AGUILERA R, 2003. Improved models for petrophysical analysis of dual porosity reservoirs. Petrophysics,44(1):21-35.

AGUILERA R F, AGUILERA R, 2004. A triple porosity model for petrophysical analysis of naturally fractured reservoir. Petrophysics,45(2):157-166.

AGUILERA R, 1976. Analysis of naturally fractured reservoir from conventional well logs. Journal of Petroleum technology,28(7):764-772.

ANDERSON K R, GABY J E, 1983. Dynamic waveform matching. Information Sciences,31(3):221-242.

BELLMAN R E, DREYFUS S E, 1962. Applied Dynamic Programming. Princeton, New Jersey: Princeton University Press.

CRANE B, 1997. A Simplified Approach to Image Processing. Upper Saddle River, New Jersey: Prentice Hall PTR.

CRONWELL V A, KORTUM D J, BRADLEY D J, 1984. The use of a medical computer tomography

(CT) system to observe multiphase flow in porous media. The 59th SPE Annual Technical Conference and Exhibition, Houston, Texas, September 16-19.

DOYLE W, 1962. Operations Useful for Similarity-Invariant Pattern Recognition. Journal of the A cm, 9 (2): 259-267.

HONARPOUR M M, CROMWELL V, HATTON D, et al. , 1985. Reservoir rock descriptions using computed tomography (CT). The 60th SPE Annual Technical Conference and Exhibition.

LIU R L, LI N, FENG Q F, et al. , 2009. Application of the triple porosity model in well-log effectiveness estimation of the carbonate reservoir in Tarim Oilfield. Journal of Petroleum Science & Engineering, 68 (1-2): 40-46.

LIU R L, WU Y Q, LIU J H, et al. , 2005. The segmentation of FMI image based on 2D dyadic wavelet transform. Applied Geophysics, 2(2): 89-93.

LUTHI S M, 1990. Fracture apertures from electrical borehole scans. Geophysics, 55(7): 821-833.

MALLAT S, HWANG W L, 1992a. Singularity detection and processing with wavelets. IEEE Trans. Information Theory, 38(2): 617-643.

MALLAT S, ZHONG S, 1992b. Characterization of signals from multi scales edges. IEEE Trans PAMI, 14(7): 710-732.

POUPON A, LEVEAUX J, 1971. Evaluation of water saturation in shaly formations. The Log Analyst, 12 (4): 3-8.

RIDLER T W, CALVARD S, 1978. Picture thresholding using an iterative selection method. IEEE Transactions on Systems Man & Cybernetics, 8(8): 630-632.

SWANSON B F, 1985. Microporosity in reservoir rocks-its Measurement and Influence on Electrical resistivity. Dallas Texas, SPWLA Twenty-Sixth Annual Logging Symposium: 42-52.

SARG J F, 1988. Carbonate sequence stratigraphy. Sea-Level Changes, 42(42): 155-181.

SIBBIT A M, FAVRE O, 1985. The Dual Laterolog Response in Fractured Rocks. Dallas Texas, SPWLA Twenty-Sixth Annual Logging Symposium.

SUTERA S P, SKALAK R, 1993. The history of poiseuille's law. Annual Review of Fluid Mechanics, 25 (1): 1-20.

XIE F, XIAO C W, LIU R L, et al. , 2017. Multi-threshold de-noising of electrical imaging well logging data based on wavelet packet transform. Journal of Geophysics and Engineering, 14: 900-908.